DK 621.827-231.331.1:531.132.2

AF773386

FORSCHUNGSBERICHTE
DES WIRTSCHAFTS- UND VERKEHRSMINISTERIUMS
NORDRHEIN-WESTFALEN

Herausgegeben von Staatssekretär Prof. Dr. h. c. Dr. E. h. Leo Brandt

Nr. 449

Oberbaurat Prof. Dr.-Ing. Walther Meyer zur Capellen
und Mitarbeiter

Bewegungsverhältnisse an der geschränkten Schubkurbel

Als Manuskript gedruckt

SPRINGER FACHMEDIEN WIESBADEN GMBH

ISBN 978-3-663-03562-6 ISBN 978-3-663-04751-3 (eBook)
DOI 10.1007/978-3-663-04751-3

G l i e d e r u n g

Vorwort

Die vorliegende Arbeit stellt einen Teilbericht einer größeren vom Minister für Wirtschaft und Verkehr des Landes Nordrhein-Westfalen geförderten Arbeit über "Grundsätzliche Ermittlung der Bewegungen, Belastungen und Schwingungsverhältnisse an Vier- und Mehrgelenkketten" dar. Dieser 1. Bericht beschränkt sich auf die Bewegungsverhältnisse an der geschränkten Schubkurbel und befaßt sich vor allem mit der Bewegungsanalyse, mit den Höchstwerten von Geschwindigkeiten und Beschleunigungen sowie mit der für die Bewegungscharakteristik und für die Dynamik der Getriebe so wichtigen harmonischen Analyse.

Bei der Ausarbeitung unterstützten mich die Herren Dipl.Ing. Otto DINGERKUS, Dipl.-Ing. Erich-Günter HOTH und Dipl.-Ing. Helmut RANKERS. Ihnen sei an dieser Stelle herzlich gedankt.

Aachen, im November 1956

Einleitung

Von denjenigen periodischen Getrieben, welche eine drehende Antriebsbewegung in eine schwingende Abtriebsbewegung verwandeln, ist der Schubkurbeltrieb, bei dem das Abtriebsglied, das Schubglied, eine geradlinige Bewegung vollführt, das bekannteste. Während nun bei Kraft- und Arbeitsmaschinen die zentrische Form im Vordergrund steht, d. h. die Form, bei welcher die Richtung der Geradführung durch den Mittelpunkt der Kurbel geht, begegnet man bei Verarbeitungsmaschinen sehr häufig dem geschränkten oder exzentrischen Schubkurbeltrieb. Dessen Bewegungsverhältnisse sollen hier nun abschließend behandelt werden. Dabei wird unter "Bewegungsverhältnissen" zunächst der zeitliche Verlauf von Weg, Geschwindigkeit und Beschleunigung des Abtriebsgliedes verstanden. Wenn vom Bewegungsgesetz die Rede ist, so wird im allgemeinen darunter der Wegverlauf verstanden, da er in erster Linie die Bewegung charakterisiert. Man kann jedoch nicht an der zeitlichen Änderung des Weges, d.h. an der Geschwindigkeit vorbeigehen, zumal sie auch für kinetische Untersuchungen Bedeutung hat. Darüber hinaus muß der zeitlichen Änderung der Geschwindigkeit, d.h. der Beschleunigung Aufmerksamkeit gewidmet werden, vor allem, weil sie für das dynamische Verhalten eines Getriebes wesentlich ist.

So lag das ursprüngliche Ziel der vorliegenden Untersuchung in der Ermittlung der Größtwerte von Geschwindigkeit und Beschleunigung bei der geschränkten Schubkurbel in Erweiterung einer früheren Arbeit [5] *). Es ergaben sich hierbei jedoch eine Reihe weiterer, den Bewegungsablauf kennzeichnender Dinge, u.a. auch die Bewegung der Koppelebene und die harmonische Analyse der Bewegungsverhältnisse, eine Entwicklung, welche zunächst wieder durch das dynamische und schwingungstechnische Verhalten eines Getriebes gefordert wird und welche einen wesentlichen Beitrag zur Form der Bewegungsgesetze überhaupt liefert, wie in einem weiteren, nicht nur auf den Schubkurbeltrieb beschränkten Bericht gezeigt werden soll. So bleibt zwar das ursprüngliche Ziel bestehen, aber es wird durch eine Reihe anderer Betrachtungen ergänzt und vervollständigt.

---

*) vgl. Literaturverzeichnis am Schluß des Berichtes

Bezeichnungen

Es sollen die folgenden, wesentlichen Bezeichnungen benutzt werden, vgl. a. Abbildung 1:

A_0A = Kurbel I von der Länge a, AB= Koppel (Schubstange)II von der Länge c, Schubglied (Gleitstein)III

λ = a/c = Schubstangenverhältnis, e = Schränkung

ε = e/c = Schränkungsverhältnis,

α = Kurbelwinkel, φ = Koppelwinkel = $\sphericalangle$ ABF,

ω = Winkelgeschwindigkeit der Kurbel.

Weitere Bezeichnungen vgl. unten im Text.

1. Das Weggesetz

1.1 Die Totlagen

Die äußersten Lagen des Punktes B bzw. des Schubgliedes III, d.h. die Totlagen B_a und B_i, Abbildung 2, werden durch die Schnittpunkte der Kreise um A_0 mit c+a, bzw. c-a gefunden. Die Abstände der Punkte B_a, B_i vom Fußpunkt F sind dann gegeben durch

$$x_a = \sqrt{(c+a)^2 - e^2} = c\sqrt{(1+\lambda)^2 - \varepsilon^2}, \tag{1a}$$

$$x_i = \sqrt{(c-a)^2 - e^2} = c\sqrt{(1-\lambda)^2 - \varepsilon^2}, \tag{1b}$$

für die äußere (Index a), bzw. für die innere Totlage (Index i), und die zugehörigen Kurbelwinkel sind gegeben durch

$$\sin\alpha_a = -\sin\varphi_a = -\varepsilon/(1+\lambda), \quad \sin\alpha_i = \sin\varphi_i = \varepsilon/(1-\lambda), \tag{2}$$

1.2 Der Weg

Wir wollen den Weg s des Schubgliedes von der äußeren Totlage B_a aus rechnen, d.h. es wird, Abbildung 1,

$$s = x_a - x = \sqrt{(c+a)^2 - e^2} - (a\cdot\cos\alpha + c\cdot\cos\varphi), \tag{3a}$$

oder, dimensionslos geschrieben,

$$\frac{s}{a} = \frac{1}{\lambda}\left[\sqrt{(1+\lambda)^2 - \varepsilon^2} - (\lambda \cos\alpha + \cos\varphi)\right] =$$
$$= \frac{1}{\lambda}\left[\sqrt{(1+\lambda)^2 - \varepsilon^2} - \cos\varphi\right] - \cos\alpha \qquad (3b)$$

Rechnet man den Weg des Schubgliedes III von der Steglage $\alpha = 0$ aus, wobei $x_o = x(o) = a+c\cdot\cos\varphi_o$ wird, so gilt auch

$$\frac{u}{a} = \frac{(x_o - x)}{a} = 1 - \cos\alpha + \frac{1}{\lambda}(\cos\varphi_o - \cos\varphi), \qquad (3c)$$

φ_o vgl. Gleichung 4d

Hierbei sind der Kurbelwinkel α und der Koppelwinkel φ gemäß Abbildung 1 verbunden durch

$$e + a \sin\alpha = c \sin\varphi \qquad (4a)$$

oder
$$\sin\varphi = \lambda \sin\alpha + \varepsilon, \qquad (4b)$$

d.h. auch
$$\cos\varphi = \sqrt{1 - (\lambda \sin\alpha + \varepsilon)^2}, \qquad (4c)$$

und
$$\cos\varphi_o = \sqrt{1 - \varepsilon^2}; \ \sin\varphi_o = \varepsilon . \qquad (4d)$$

Über den Verlauf des Weges in Funktion von α für verschiedene λ und ε, vgl. Abbildungen 25, 26 und 40.

1.3 Der Gesamthub

Der gesamte Hub h ist durch $h = x_a - x_i$ dargestellt, oder wenn wir diesen auf den Gesamthub 2a bei der zentrischen Schubkurbel (vgl. a. Abs. 1.42) beziehen:

$$H = \frac{h}{2a} = \frac{1}{2\lambda}\left[\sqrt{(1+\lambda)^2 - \varepsilon^2} - \sqrt{(1-\lambda)^2 - \varepsilon^2}\right]. \qquad (5)$$

Ähnlich, wie an anderer Stelle entwickelt [12], kann diese Beziehung zwischen den drei Veränderlichen H, λ und ε durch eine Fluchtentafel, Abbildung 3, dargestellt werden. Über Näherung vgl. Abschnitt 1.6.

1.4 Sonderstellungen

Wenn auch in den Kurbelstellungen $\alpha = 0, \pi/2, \pi, 3\pi/2$ über Geschwindigkeit und Beschleunigung besondere Aussagen gemacht werden können, so empfiehlt sich das für den Weg nicht. Falls notwendig, braucht man ja nur diese Werte α oben einzusetzen. Immerhin sind noch 2 Stellungen von Interesse:

1.41 Hubmitte

Wann steht das Schubglied bzw. der Punkt B in der Mitte des Gesamthubes h ? Es muß, vgl. a. Abb. 4a, $x = x_m = (x_a + x_i)/2$, also nach Gleichung 3b und 5

$$\lambda \cos\alpha + \cos\varphi = 0{,}5 \left[\sqrt{(1+\lambda)^2 - \varepsilon^2} + \sqrt{(1-\lambda)^2 - \varepsilon^2} \right] \quad (6)$$

sein. Nimmt man Gleichung 4c hinzu, so ergibt sich für $\cos\alpha$ oder $\sin\alpha$ eine lästige quadratische Gleichung ohne übersichtliches Ergebnis. Nur folgt für den Winkel γ, den der Strahl A_oB_m mit der Führung von B bildet, ein einfacher Wert: $\mathrm{tg}\,\gamma = e/x_m$ oder nach Einsetzen der Werte für x_m bzw. x_a und x_i auch $\mathrm{tg}\,\gamma = \varepsilon$ H.

1.42 Koppel berührt Kurbelkreis

Diese Stellungen sind in Hinblick auf Angaben über Geschwindigkeit und Beschleunigung von gewisser Bedeutung. Sie lassen sich, vgl. Abb. 4b, wie folgt geometrisch konstruieren: Lege $c = B_tA_1$ beliebig hin, errichte in A_1 auf B_tA_1 die Senkrechte von der Länge a. Dadurch liegt A_o fest. Der Halbkreis über B_tA_o als Durchmesser trifft den Kurbelkreis noch in A_2, dem zweiten Berührungspunkt, und trifft den Kreis um A_o mit e in F, so daß mit FB_t die Führung festlegt. Es ergibt sich beiläufig für den Winkel $\delta = A_1B_tA_o = A_2B_tA_o$ die einfache Beziehung $\mathrm{tg}\,\delta = a/c = \lambda$. Wesentlich ist jedoch, daß $\alpha_1 + \varphi_1 = \pi/2$ für A_1 und $\alpha_2 + \varphi_2 = 3\,\pi/2$ für A_2 wird. Dies bedeutet aber nach Gleichung 4b, daß $\pm\cos\alpha = \lambda \sin\alpha + \varepsilon$ sein oder nach Quadrieren und goniometrischer Umformung, daß $1 - \sin^2\alpha = (\lambda \sin\alpha + \varepsilon)^2$ sein muß. Die Auswertung dieser in $\sin\alpha$ quadratischen Gleichung führt dann auf

$$\sin\alpha_1 = \cos\varphi_1 = \frac{-\varepsilon\lambda + \sqrt{1+\lambda^2-\varepsilon^2}}{1+\lambda^2}, \quad (7a)$$

$$\sin\alpha_2 = -\cos\varphi_2 = -\frac{\varepsilon\lambda + \sqrt{1+\lambda^2-\varepsilon^2}}{1+\lambda^2}, \quad (7b)$$

so daß auch $\cos\varphi_1 \cos\varphi_2 = \frac{1-\varepsilon^2}{1+\lambda^2}$ wird. Ferner folgt für die unten benötigten reziproken Werte

$$\frac{1}{\cos\varphi_1} = \frac{\varepsilon\lambda + \sqrt{\ldots}}{1-\varepsilon^2}, \quad \frac{1}{\cos\varphi_2} = \frac{-\varepsilon\lambda + \sqrt{\ldots}}{1-\varepsilon^2} \quad (7c)$$

worin $\sqrt{\ldots}$ den Wurzelausdruck in Gleichung 7a, b bedeutet, und

$$\cos\alpha_1 = \sin\varphi_1 = (\varepsilon + \lambda\sqrt{\ldots})/(1+\lambda^2), \qquad (8a)$$

$$-\cos\alpha_2 = \sin\varphi_2 = (\varepsilon - \lambda\sqrt{\ldots})/(1+\lambda^2). \qquad (8b)$$

Ferner folgt $\sin\gamma_t = \varepsilon/\sqrt{1+\lambda^2}$; γ_t vgl. Abbildung 4b.

1.5 Sonderfälle

Hier sollen die Fälle diskutiert werden, die sich für besondere Maßbeziehungen im Getriebe ergeben:

1.51 Durchschlagendes Getriebe

Die oben unter 1.1 angegebene Konstruktion der Totlagen versagt, wenn der Kreis mit c - a die Bahn von B nicht mehr trifft. Er berührt, wenn c - a = e ist, und dann ergibt sich ein durchschlagendes Getriebe mit einer Verzweigungslage in diesem Grenzfall der "inneren Totlage" (vgl. Abb. 5a). Der Punkt B = B_i kann, wenn A auf dem Kurbelkreis weiter wandert, sich sowohl weiter nach rechts bewegen, als auch nach links (vgl. jedoch Abs.2.31).

Es liegt hier also für die weiteren Betrachtungen ein Grenzfall vor, und es muß somit

$$a + e \leqq c \quad \text{oder} \quad \lambda + \varepsilon \leqq 1 \qquad (9)$$

sein. Doch sollen noch einige Bemerkungen zu diesem Grenzfall gemacht werden:

Der Gesamthub, d.h. die Strecke B_iB_a, da ja B_i immer die rechte Grenzlage war, folgt nach Einsetzen in Gleichung 5 zu

$$h = 2\sqrt{ac} \quad \text{oder} \quad H = h/2a = \sqrt{1/\lambda}, \qquad (10)$$

wobei die Strecke $\sqrt{ac}$ leicht geometrisch konstruiert werden kann (Abb. 5b). Es ist auch $B_iA_a = \sqrt{ac}$ (Abb. 5a). Wenn, wie bei Geschwindigkeit und Beschleunigung angenommen, φ immer kleiner oder gleich 90° bleiben, d.h. also die Wurzel in Gleichung 4c nur das positive Vorzeichen haben soll, so bekommt die Weg-Kurve einen Knick, vgl.u.; sollen jedoch beide Vorzeichen gültig sein (was mathematisch an sich notwendig ist, da ja der Kreis um A mit c die Bahn von B immer in 2 Punkten, falls $\lambda + \varepsilon < 1$ ist, und in 2 zusammenfallenden Punkten trifft, wenn $\lambda + \varepsilon = 1$ ist, getrieblich aber nur im letzten Fall einen Sinn hätte), so kann der Weg nach Gleichung 3b noch umgeformt werden, wenn man $\beta = \pi/2 - \alpha$ einführt. Dann wird mit $\varepsilon = 1 - \lambda$ in Gleichung 4b doch

$$\sin \varphi = 1 + \lambda (1-\sin \alpha) = 1 + \lambda (1 - \cos \beta) = 1 + 2 \lambda \sin^2 \frac{\beta}{2},$$

und unter Benutzung dieser Beziehung folgt nach einigen Umformungen schließlich

$$\frac{s}{a} = -\cos \alpha + \frac{2}{\sqrt{\lambda}}\left[1 - \sin \frac{\beta}{2} \sqrt{1 - \lambda \sin^2 \frac{\beta}{2}}\right]; \frac{\beta}{2} = \frac{\pi}{4} - \frac{\alpha}{2}; \qquad (11).$$

Soll, wie ja als Grenzfall hier angenommen werden muß, $\cos \varphi$ nur positiv sein, so darf in dieser Gleichung nur der Betrag von $\sin \frac{\beta}{2}$ eingesetzt werden. Es ergibt sich dann in Abbildung 6a die ausgezogene Kurve mit einem Knick, andernfalls die gestrichelte Kurve, wonach das Gesamtspiel erst nach zwei Umdrehungen, d.h. nach $\alpha = 4\pi$ abgelaufen ist [1].

1.52 Das zentrische Getriebe

Für e = 0 oder $\varepsilon = 0$ erhalten wir das bekannte, in den Kraftmaschinen meist benutzte zentrische Getriebe, Abbildung 7. Der Gesamthub folgt, wie bekannt zu H = 1, d.h. h = 2a, und für den Weg ergibt sich

$$\frac{s}{a} = 1 - \cos \alpha + \frac{1}{\lambda}\left[1 - \sqrt{1 - \lambda^2 \sin^2 \alpha}\right], \qquad (12)$$

vgl. die bekannte Darstellung gemäß Abbildung 35. Die in Gleichung 12 angegebene Beziehung kann auch durch eine Fluchtentafel [3; 11], vgl. Abbildung 8, dargestellt werden.

Die Mitte des Gesamthubes läßt sich hier leicht ermitteln; es folgt, vgl. a. Abbildung 9,

$$\cos \alpha_m = \lambda/2 = a/2c, \quad \cos \varphi_m = 1 - \lambda^2/2. \qquad (13)$$

Diese Angaben werden im Hinblick auf Geschwindigkeit und Beschleunigung gemacht (vgl. u.).

1. Wie z. B. auch bei dem GALLOWAY - Getriebe

1.53 Koppel unendlich

Für $c \rightarrow \infty$ wird formal $\lambda = 0$, und getrieblich entsteht bekanntlich die Kreuzschleife, Abbildung 10, wobei $\sin \varphi = \varepsilon$ = constant ist. Es liegt dann ein cosinus-Getriebe vor, denn es folgt

$$\frac{x}{a} = \frac{\cos(\alpha + \varphi)}{\cos \varphi}.$$

Für $\varepsilon = 0$ entsteht die gerade Kreuzschleife, Abbildung 10b, andernfalls die schiefe, Abbildung 10a.

1.54 Das gleichschenklige Getriebe

Hierbei ist die Koppellänge gleich der Kurbellänge, d.h. $c = a$ oder $\lambda = 1$. Da aber $\lambda + \varepsilon \leqq 1$ sein soll, haben wir den zentrischen, gleichschenkligen Schubkurbelbetrieb mit $\varepsilon = 0$ (Abb. 11) oder die Kardanbewegung: Alle Punkte der Koppelebene beschreiben Ellipsen, nur der Punkt C, wobei $CA = a$ ist (und alle Punkte auf der Peripherie des kleinen Kardankreises, der Gangpolbahn Kg) doppeltzählende Strecken. Für $\alpha = \pi/2$ ergibt sich die Verzweigungslage. Schlägt das Getriebe durch, so folgt für den Weg nach den obigen Gleichungen oder unmittelbar

$$s = 2a\,(1 - \cos \alpha) \tag{14}$$

so daß wiederum ein cosinus-Getriebe vorliegt. Wenn aber $\varphi \leqq \frac{\pi}{2}$ bleiben soll, also die Kurbel sich von $\alpha = \frac{\pi}{2}$ bis $\alpha = \frac{3\pi}{2}$ dreht ohne daß sich das Schubglied weiter bewegt so folgt gemäß Gleichung 11

$$\frac{s}{a} = 1 - \cos \alpha + (1 - |\cos \alpha|)$$

d.h.
$$s = 2a \text{ für } \frac{\pi}{2} \leqq \alpha \leqq \frac{3\pi}{2}.$$

1.55 Geradführung berührt Kurbelkreis

Hierbei wird $a = e$, d.h. $\lambda = \varepsilon$ (Abb. 12), so daß dann gemäß der oben aufgestellten Bedingung $\lambda + \varepsilon \leqq 1$ hier jetzt $\lambda = \varepsilon \leqq 1/2$ sein muß. Nach Gleichung 1 wird sonach

$$x_a = c\sqrt{1 + 2\lambda}\,, \quad x_i = c\sqrt{1 - 2\lambda}\,, \tag{15a}$$

und der bezogene Gesamthub

$$H = \frac{h}{2a} = \frac{1}{2\lambda}\left(\sqrt{1 + 2\lambda} - \sqrt{1 - 2\lambda}\right), \tag{15b}$$

so daß auch der Winkel γ für die Hubmitte (vgl. Abs. 1.41) leicht anzugeben ist. Auch folgt hierfür

$$\sin\varphi = \lambda\,(1 + \sin\alpha) = \lambda\,(1 + \cos\beta) = 2\,\lambda\,\cos^2\frac{\beta}{2},$$

mit $\beta = \pi/2 - \alpha$. Die Koppel berührt den Kurbelkreis, vgl. Gleichung 7a, b und Abbildung 12, wenn $\sin\alpha_1 = (1-\lambda^2)/(1+\lambda^2)$ und $\sin\alpha_2 = -1$, d.h. $\alpha_2 = 3\,\pi/2$ ist.

Auch hierauf wird bei den Geschwindigkeiten und Beschleunigungen zurückgegriffen.

Für den Grenzfall $\lambda = \varepsilon = 1/2$ wird zudem nach Gleichung 10 bzw. 15b der Gesamthub $B_aB_i = h = c\,\sqrt{2}$.

1.6 Näherungen

Hierbei können vor allem die Fälle interessieren, bei denen die Koppel groß gegenüber Kurbel oder Schränkung oder gegenüber beiden ist, d.h. bei denen λ und (oder) ε klein sind. Man kann nun in Gleichung 3a aus der Wurzel (c + a) herausziehen und dann die Glieder mit a und mit c zusammenfassen:

$$s = a\,(p - \cos\alpha) + c\left[p - \sqrt{1 - (\lambda\sin\alpha + \varepsilon)^2}\right],$$

$$p = \sqrt{1 - \varepsilon^2/(1+\lambda)^2},$$

unter Beachtung von Gleichung 4b. Nimmt man jetzt λ und ε klein an und entwickelt die Wurzeln in die binomische Reihe, so ergibt sich, wenn die höheren Potenzen von λ und ε vernachlässigt werden, also $\lambda^2 \approx 0$ und $\varepsilon^2 \approx 0$ gesetzt werden kann, aber naturgemäß $c\,\lambda^2 = a\,\lambda$, $c\,\varepsilon^2 = \varepsilon\,e$, $c\,\lambda\varepsilon = e\,\lambda = a\,\varepsilon$ und $\varepsilon/(1+\lambda)^2 \approx \varepsilon$ wird, schließlich mit $\sin^2\alpha = (1 - \cos 2\alpha)/2$:

$$\frac{s}{a} = A_o + A_1\cos\alpha + B_1\sin\alpha + A_2\cos 2\alpha \tag{16}$$

worin

$$A_o = (1 + \lambda/4),\ A_1 = -1,\ B_1 = \varepsilon,\ A_2 = -\lambda/4$$

ist; d.h. abgesehen vom konstanten Glied lagert sich über die cosinus-Grundschwingung für $\lambda = \varepsilon = 0$ mit der Amplitude (-)1 noch infolge der Schränkung die sinus-Grundschwingung von der Amplitude ε und infolge des endlichen, kleinen λ noch die erste Oberschwingung, d.h. die zweite Harmonische als reine cosinus-Schwingung mit der Amplitude (-) $\lambda/4$; (vgl. a. unten Abb. 18).

Entwickelt man den Gesamthub aus Gleichung 5 in ähnlicher Weise, so ergibt sich, wenn $\varepsilon^2 \lambda^2$, ε^4 usw. vernachlässigt werden, für den Gesamthub die Näherung

$$h = 2a + \varepsilon^2 a, \text{ bzw. } H = h/2a = 1 + \varepsilon^2/2 \qquad (17)$$

d.h. gegenüber dem zentrischen Getriebe und kleinen λ bewirkt die Schränkung eine Änderung des Hubes, die proportional ε^2 ist, also bei kleinem ε gering wird.

Beispiel: c = 100 mm, a = 20 mm und e = 20 mm, d.h. $\lambda = \varepsilon = 0{,}2$. Der genaue Wert wird H = 1,0231, d.h. h = 2a . H = 40,922 mm, der genäherte aber H = 1,02, d.h. h = 40,9 mm.

Die Änderung gegenüber dem zentrischen Getriebe, also gegenüber H = 1 ist wesentlich durch ε bedingt. Der Fehler durch die Näherung beträgt rund 0,3 Prozent.

Die Darstellung deutet bereits eine genäherte harmonische Analyse an, welche in Abschnitt 5 eingehend behandelt wird.

2. Die Geschwindigkeiten

2.1 Allgemeine Formel

Aus Gleichung 3a folgt durch Differentiieren nach der Zeit

$$v = \frac{ds}{dt} = \frac{ds}{d\alpha} \cdot \frac{d\alpha}{dt} = s'(\alpha) \cdot \omega, \qquad (18)$$

worin $\omega = d\alpha/dt$ die konstante oder veränderliche Winkelgeschwindigkeit der Kurbel bedeutet, also hier

$$v/\omega = a \sin\alpha + c \sin\varphi \cdot d\varphi / d\alpha, \qquad (19a)$$

oder wenn man Gleichung 4b nach α differentiiert, d.h.

$$\cos\varphi \cdot d\varphi / d\alpha = \lambda \cos\alpha \tag{19b}$$

einsetzt:

$$\frac{v}{v_A} = \sin\alpha + \sin\varphi \cdot \frac{\cos\alpha}{\cos\varphi} = \frac{\sin(\alpha + \varphi)}{\cos\varphi}, \text{ oder} \tag{19c}$$

$$= \sin\alpha + \frac{\lambda \sin\alpha \cos\alpha}{\cos\varphi} + \frac{\varepsilon \cos\alpha}{\cos\varphi}, \tag{19d}$$

wenn $v_A = a\,\omega$ die Geschwindigkeit des Punktes A ist.

Die Formel gemäß Gleichung 19c folgt auch unmittelbar nach dem Satz von EULER $\mathfrak{w}_B = \mathfrak{w} = \mathfrak{w}_A + \mathfrak{w}_{BA}$, oder nach der Methode der gedrehten Geschwindigkeiten (vgl. Abb. 13a, b, c). Der sinus-Satz im Geschwindigkeitsdreieck liefert mit den dort eingetragenen Winkeln wie oben

$$v : v_A = \sin(\alpha + \varphi) : \cos\varphi$$

und zudem $v_{BA} : v_A = \sin(90^\circ - \alpha) : \sin(90^\circ - \varphi) = \cos\alpha : \cos\varphi$.

Da aber $v_{BA} = c\;\omega_c$ ist mit ω_c als Winkelgeschwindigkeit der Koppel gegenüber der festen Ebene, so ist auch

$$\omega_c = \omega \frac{\lambda \cos\alpha}{\cos\varphi}, \tag{20}$$

wie bereits Gleichung 19b angibt, da $\omega_c = \frac{d\varphi}{dt} = \frac{d\varphi}{d\alpha} \cdot \frac{d\alpha}{dt}$ ist, (vgl. Abschnitt 4). Über den Geschwindigkeitsverlauf für verschiedene λ, vgl. Abbildungen 18, 25, 26, 35 und 41.

2.2 Sonderstellungen

2.21 Totlagen

In den Totlagen ist selbstverständlich $v = 0$, d.h. der Momentanpol fällt nach B_a bzw. B_i (durchschlagendes Getriebe vgl. u.). Damit hat die momentane Winkelgeschwindigkeit der Koppel den Wert $\omega_c = \lambda\omega$ für die äußere und $\omega_c = -\lambda\omega$ für die innere Totlage, wie auch unmittelbar aus dem Satz von EULER für diese Stellung folgt:

$$\mathfrak{w}_{BA} = \pm \mathfrak{w}_A!$$

2.22 Kurbel senkrecht zur Geradführung

Es ist $\alpha = \pi/2$ bzw. $\alpha = 3\,\pi/2$, der Momentanpol geht nach unendlich, d.h. es liegt eine momentane Translation vor: Es wird $\omega_c = 0$ und $v/v_A = \pm 1$.

2.23 Kurbel parallel zur Geradführung

Es ist $\alpha = 0$ bzw. $= \pi$ zu setzen (Abb. 14a und b), und Rechnung wie Zeichnung liefern sofort, da $\sin \varphi = \varepsilon$ wird, die Werte

$$v/v_A = \pm\, \varepsilon / \sqrt{1 - \varepsilon^2} \approx \pm\, \varepsilon\,, \tag{21}$$

wenn ε klein.

2.24 Koppel berührt den Kurbelkreis

In dieser oben (Abs. 1.42) erörterten Stellung soll, auch nach neuerem Schriftum [15], die Geschwindigkeit ein Maximum bzw. Extremum haben. Diese irrige Auffassung wird in Abschnitt 3.26 widerlegt, doch seien die Geschwindigkeitswerte hier bereits angegeben: Da $\alpha + \varphi = \pi/2$ bzw. $3\pi/2$ ist, folgt nach Gleichung 19c sofort $v/v_A = \pm 1/\cos \varphi$ oder nach den Gln. 7c:

$$\frac{v_1}{v_A} = \frac{\varepsilon\lambda + \sqrt{1 - \varepsilon^2 + \lambda^2}}{1 - \varepsilon^2}, \quad \frac{v_2}{v_A} = \frac{\varepsilon\lambda - \sqrt{\ldots}}{1 - \varepsilon^2}\,. \tag{22}$$

Die geometrische Geschwindigkeitskonstruktion zeigt Abbildung 15. Wenn die Geradführung noch den Kurbelkreis berührt (Abb. 12) also $\varepsilon = \lambda$ wird, so folgt einfach

$$v_1/v_A = (1+\lambda^2)/(1-\lambda^2) \text{ und - auch unmittelbar - } v_2/v_A = -1.$$

2.3 Sonderfälle

2.31 Durchschlagendes Getriebe

Nach Abschnitt 1.51 (Abb. 5a) wird in der Verzweigungslage $\varphi = \pi/2$, d.h. $\cos \varphi = 0$ und auch $\alpha = \pi/2$, also $\alpha + \varphi = \pi$, d.h. nach Gleichung 19c wird v hier unbestimmt, wie es ja auch dieser Verzweigungslage entspricht. Um nun diese Unbestimmtheit zu beseitigen, kann man entweder von den Krümmungen ausgehen oder von der Formel 11.

Zunächst zum ersten Weg (Abb. 16): Da v unbestimmt ist, gilt das gleiche auch vom Momentanpol P. Nehmen wir P beliebig an, so geht durch P die Polbahntangente und zwar aus Symmetriegründen parallel zur Geradführung von B. Außerdem beschreibt B eine Gerade, gehört also im Augenblick als Punkt B_i dem Wendekreis an und ist hier der Wendepol W selbst. Wir wenden nun die EULER-SAVARYsche Gleichung [1, 4, 7] $1/r - 1/r_o = 1/w$ an. Hierbei ist w die Wendekreissehne, hier speziell der Wendekreisdurchmesser PB_i, aber noch unbekannt, ferner $r = w - c$ der Abstand des bewegten Punktes A vom Pol P und $r_o = w - e$ der Abstand des zugehörigen Krümmungsmittelpunktes A_o vom Pol P.

Es ist also

$$\frac{1}{w - c} - \frac{1}{w - e} = \frac{1}{w}$$

oder ausmultipliziert und geordnet

$$w^2 - 2\,cw + ec = 0.$$

Diese quadratische Gleichung liefert die Werte

$$w = c \pm \sqrt{a\,c} = c \pm q, \tag{23}$$

wonach P_1 und P_2 (Abb. 17), leicht angegeben werden können. Zur Konstruktion der Strecke $q = \sqrt{ac}$ wird im Gegensatz zu Abbildung 5b der Kathetensatz benutzt. Mit P_1 und P_2 sind auch die Geschwindigkeiten bestimmt, man liest aus Abbildung 17 ab:

$$v_A : q = v_1 : w_1,\; w_1 = c + q,$$

$$v_a : q = v_2 : w_2,\; w_2 = c - q, \quad \text{oder}$$

$$v_1/v_A = 1 + \sqrt{1/\lambda},\; v_2/v_A = -\left(\sqrt{1/\lambda} - 1\right). \tag{24}$$

Beiläufig ist $v_1 + v_2 = 2\,v_A$.

Beim zweiten Weg differentiiert man Gleichung 11 nach α und findet

$$\frac{v}{v_A} = \sin\alpha + \frac{k}{\sqrt{\lambda}} \cdot \cos z \cdot \frac{1 - 2\lambda \sin^2 z}{1 - \sin^2 z},\; z = \frac{\beta}{2} = \frac{\pi}{4} - \frac{\alpha}{2}, \tag{25}$$

worin k gleich dem Vorzeichen von $\sin z = \sin \beta/2$ ist. Und setzt man hierin einmal $\alpha = \pi/2$ und einmal $\alpha = 5\,\pi/2$, d.h. $\beta = 0$ und $\beta = -2\pi$, so erhält man die gleichen Werte wie in Gleichung 24 angegeben.

Da im übrigen nur positive Vorzeichen von $\cos\varphi$ zugelassen waren, Abschnitt 1.51, so hat die s-Kurve einen Knick und die v-Kurve (Abb. 6), einen Sprung von $1 + \sqrt{1/\lambda}$ auf $-\left(\sqrt{1/\lambda} - 1\right)$.

2.32 Zentrisches Getriebe

Hier bleibt die Gleichung 19c erhalten, nur ist in Gleichung 19d jetzt $\varepsilon = 0$ zu setzen. Der Geschwindigkeitsverlauf wird jetzt symmetrisch (vgl. Abb. 35). Für $\lambda = 1$ wird ganz einfach $v/v_A = 2 \sin\alpha$, wenn das Getriebe durchschlagen kann, sonst aber wird

$$\frac{v}{v_A} = \sin\alpha \quad \text{für} \quad 0 \leqq \alpha \leqq \frac{\pi}{2} \text{ und } \frac{3\pi}{2} \leqq \alpha \leqq 2\pi,$$

$$\frac{v}{v_A} = 0 \text{ für } \frac{\pi}{2} \leqq \alpha \leqq \frac{3\pi}{2}.$$

In der Verzweigungslage wird nach der Gleichung 23 $w_1 = 2c$ und $w_2 = 0$, d.h. der Punkt B kann sich, wie bekannt, durch A_o hindurchbewegen oder aber bleibt stehen und die Kurbel dreht sich um $A_o = B_i = P_2$! Es ist auch nach Gleichung 24:

$$v_1/v_A = 2; \; v_2/v_A = 0.$$

Übrigens läßt sich auch die Geschwindigkeit in der Hubmitte angeben: Setzt man die Werte für α und φ aus Gleichung 13 in Gleichung 19c, d ein, so bleibt hier

$$\pm \frac{v}{v_A} = \sqrt{\frac{1 - \lambda^2/4}{1 - \lambda^2/2}} \tag{26}$$

2.33 $\lambda = 0$, Schiefe Kreuzschleife

Es gilt

$$\frac{v}{v_A} = \frac{\sin(\alpha + \varphi)}{\cos\varphi},$$

nur ist nach Abschnitt 1.53 der Parameter ε und damit auch φ konstant.

2.4 Näherung

Für die Geschwindigkeit folgt durch Differentiation von Gleichung 16 die Näherungsformel

$$v/v_A = B_{v1} \sin\alpha + A_{v1} \cos\alpha + B_{v2} \sin 2\alpha, \tag{27}$$

worin $B_{v1} = 1$, $A_{v1} = \varepsilon$ und $B_{v2} = \lambda/2$ wird (vgl. Abb. 18).

2.5 Extremalwerte

Wir kommen nun zu dem einen Kernpunkt der Betrachtungen, d.h. zu der Bestimmung der Lage der extremalen Geschwindigkeiten und dieser selbst. Die Extrema ergeben sich, wenn $dv/d\alpha = 0$, bzw. $dv/dt = 0$ wird, d.h., wenn die Beschleunigung b verschwindet. Eindeutige und allgemeine Angaben können aber nur dann gemacht werden, wenn die Winkelgeschwindigkeit ω des Antriebes konstant ist [2]. Immerhin hat das Übersetzungsverhältnis v/v_A auch dort ein Extremum, wo v bei konstantem ω ein Extrem hat.

2.51 Allgemeine Gleichungen

Setzt man den unten angegebenen Wert für b (Gl. 33) gleich Null, so ergibt sich zunächst für den Winkel $\alpha = \alpha^*$, der ein Extremum liefert, die Gleichung

$$\cos\alpha \cos^3\varphi + \lambda\cos^2\alpha - \sin\alpha \sin\varphi \cos^2\varphi = 0 \qquad (28)$$

oder wenn man vorübergehend $\sin\alpha = x$ setzt und Gleichung 4b berücksichtigt, so erhält man für x eine Bestimmungsgleichung sechten Grades von der Form

$$\begin{aligned} x^6\lambda^2(1-\lambda^2) + x^5.2\varepsilon\lambda^3(3\lambda^2-1) + x^4\lambda^2(15\lambda^2\varepsilon^2 - \lambda^2 + 1) \\ +x^3.\, 2\lambda\varepsilon(10\lambda^2\varepsilon^2 - 3\lambda^2 + \varepsilon^2 - 1) \\ +x^2\left[(1-\varepsilon^2)^2 + \lambda^2(15\varepsilon^4 - 12\varepsilon^2 - 1)\right] \\ +x.2\lambda\varepsilon(3\varepsilon^4 - 5\varepsilon^2 + 2) + \left[\lambda^2 - (1-\varepsilon^2)^3\right] = 0. \end{aligned} \qquad (29)$$

Vor der eigentlichen Lösung dieser weitläufigen Gleichung ist es nützlich einige Sonder- bzw. Grenzfälle zu betrachten, da hierdurch schon eine gewisse Übersicht gegeben wird.

2.52 Sonderfälle

2.521 $\varepsilon = 0$, zentrisches Getriebe

Wir erhalten die in $x^2 = \sin^2\alpha$ kubische Gleichung

$$x^6\lambda^4 - x^4\lambda^2 - x^2 + 1 = 0, \qquad (30)$$

deren Lösungen bereits in einer früheren Arbeit [5] auf etwas anderem Wege ermittelt wurden.

---

2. Hinsichtlich nicht konstantem ω vgl.a. [13]

2.522 $\lambda = 0$, Schiefe Kreuzschleife

Setzt man in Gleichung 28 jetzt $\lambda = 0$, also nach Gleichung 4b auch $\sin\varphi = \varepsilon$, so bleibt

$$\cos^2\varphi\,(\cos\varphi\cos\alpha - \varepsilon\sin\alpha) = 0, \text{ d.h. } \operatorname{ctg}\alpha = \frac{\varepsilon}{\cos\varphi} \text{ oder } \sin\alpha^* = \pm\sqrt{1-\varepsilon^2},$$

wie auch unmittelbar aus Abschnitt 2.33 folgt, es ist $\alpha^* + \varphi = \pi/2$.

2.523 $\sin\alpha = 0$, Kurbel parallel der Geradführung

Wenn $\alpha = 0$ oder gleich 180^0 ist, so wird $\sin\alpha^* = x = 0$ und nach Gleichung 28 oder 29 bleibt die Bedingung

$$\lambda^2 = (1 - \varepsilon^2)^3,$$

d.h. diese Stellung für ein Extremum in v tritt nur dann auf, wenn bei gegebenem ε der Parameter λ den aus dieser Bedingung folgenden Wert hat. Es zeigt sich dabei, vgl. a.u., daß nur der Winkel $\alpha = \alpha^* = 180^0$ und nicht 0^0 ein Extremum liefert.

2.524 $\varepsilon = \lambda$, Kurbelkreis berührt Geradführung

Hierbei läßt sich aus Gleichung 29 der Faktor $(x+1)$ ausklammern, d.h. es muß $x+1=0$, also $x = \sin\alpha = -1$ oder $\alpha = \alpha^* = 270^0$ sein. Der restliche Faktor liefert dann den Winkel α^* für das andere Extremum.

2.525 $\varepsilon + \lambda = 1$, Grenzfall des durchschlagenden Getriebes

Dieser Sonderfall, oben bereits mehrfach erörtert, liefert die Grenzkurve der überhaupt noch möglichen Werte (in den Abb. 19 und f. gestrichelt angedeutet). Die Gleichung 29 schreibt sich dann

$$(1-x)^4 \cdot \left[-x^2\lambda^2(1+\lambda) + 2x\lambda(\lambda^2 - 2\lambda - 1) + (1 - 7\lambda + 5\lambda^2 - \lambda^3)\right] = 0 \quad (31)$$

wobei bereits durch $\lambda(1+\lambda)$ dividiert wurde. D.h. unabhängig von λ liegt das eine Extremum bei $x = 1$, d.h. $\alpha = \alpha^* = 90^0$, während der andere Wert aus der quadratischen Gleichung in der eckigen Klammer folgt, und zwar zu

$$\sin\alpha = \frac{(1-\lambda)^2 - 2 + \sqrt{2(1-\lambda)}}{\lambda(1+\lambda)}, \quad (32)$$

wobei das negative Vorzeichen der Wurzel keinen reellen Wert α liefert. Für $\lambda = 1$ und $\lambda = 0{,}5$ erhält man z.B. den gleichen Winkel $\alpha = \alpha^* = 270^\circ$ (vgl. Abb. 20a).

2.526 $\lambda = 1$, Gleichschenklig-zentrisches Getriebe

Der Wert $\lambda = 1$ führt sofort auf $x^2 = 1$, d.h. $\alpha^* = 90^\circ$ bzw. 270°, wie bereits oben beim durchschlagenden Getriebe erörtert.

2.527 Näherung

Setzt man den Wert b aus der unten in Gleichung 40 angegebenen Näherung gleich Null, so erhält man

$$\cos\alpha + \lambda\cos 2\alpha - \varepsilon\sin\alpha = 0 \qquad (28^*)$$

als genäherte Bestimmungsgleichung für die Winkel α^* bei kleinem λ und ε, wie in Abbildung 20b durch eine Fluchtentafel dargestellt ist.

2.53 Allgemeiner Weg, Kurbelstellung

Nach Diskussion der Sonderfälle kann nunmehr Gleichung 28 bzw. 29 gelöst werden. Hierbei wird ε jeweils konstant gehalten und dann λ variiert, so daß eine Reihe von Gleichungen zu lösen waren. Als Methode wurde das NEWTONsche Näherungsverfahren in Verbindung mit dem HORNERschen Schema zur Berechnung der Polynome verwandt. Hierdurch erhalten wir Scharen von Kurven $\alpha^* = f(\varepsilon, \lambda)$ für jeweils konstantes ε. Es ergeben sich jedesmal zwei Werte $x = \sin\alpha$, und da ein bestimmter sinus auf zwei Winkel führt, muß durch Einsetzen in v geprüft werden, welcher von den beiden Werten richtig ist. Es zeigt sich dann ein Geschwindigkeits-Maximum für die Winkel $\alpha^* = 0 \div 90^\circ$, (1. Quadrant), ein Geschwindigkeits-Minimum für die Winkel $\alpha^* = 90^\circ \div 360^\circ$ (2. - 4. Quadrant) vorliegt. Hiernach sind dann die Tafeln gemäß Abbildung 19 und 20a entworfen.

2.54 Die extremalen Geschwindigkeiten selbst

Setzt man die vorstehend gewonnenen Werte $\alpha = \alpha^*$ in die Gleichung 19c unter Beachtung von Gleichung 4b ein, so erhält man die Extremalwerte v^* selbst, wie sie in den Tafeln gemäß Abbildung 21 und 22 niedergelegt sind.

2.55 Stellung des Schubgliedes

Setzt man weiterhin die Werte α^* in die Gleichung 3b für den Hub s ein, so erhält man die zugehörige Stellung s^*. Diese wurde hier nun nicht auf a sondern 2a, den Gesamthub bei der zentrischen Schubkurbel bezogen, und es ergeben sich hiernach die Kurventafeln 23 und 24 für $s^*/2a$. Man erkennt, daß für die Werte v_{min} die Stellung s^* durch kleine ε nur geringfügig beeinflußt wird.

Der zeitliche Verlauf von Weg und Geschwindigkeit, d.h. also in Abhängigkeit vom Kurbelwinkel α, ist für kleine Parameter in Abbildung 18 und für etwas extreme Werte λ und ε in Abbildung 25a und 26a dargestellt worden, während die Abbildungen 25b und 26b die zugehörigen Geschwindigkeits-Weg-Diagramme zeigen.

In diesem Zusammenhang sei noch kurz auf das Folgende hingewiesen: Für kleine λ und ε galten die Näherungsformeln 16 für s und 27 für v. Setzt man nun vorübergehend $s/a = \xi$ und $v/v_A = \eta$, so ist die Lage eine Punktes des v-s-Diagramms durch den Vektor $\mathfrak{r} = \mathfrak{i}\,\xi + \mathfrak{j}\,\eta$ gegeben [3]. Beachtet man die genannten Gleichungen für s und v, so zeigt sich, daß für $\lambda = 0$ (unabhängig von ε) sich die Vektorspitze auf einem Kreis bewegt (Kreisschwingung), das Diagramm wird durch einen Kreis dargestellt. Ist aber $\lambda \neq 0$, so verschiebt sich zwar nur der Anfangspunkt des Vektors $\mathfrak{r}$ um $\lambda/4$, aber es überlagert sich über den Kreis eine Ellipse, eine elliptische Schwingung mit doppelter Frequenz, so daß also als v-s-Kurve weder ein Kreis noch eine Ellipse entsteht.

2.56 Allgemeine kinematische Deutung

Nach dieser rein zahlenmäßigen, rechnerischen Erörterung, die zu den in den Kurventafeln niedergelegten Ergebnissen führte, sei die Frage nach den extremalen Geschwindigkeiten in einen allgemeinen kinematischen Zusammenhang gestellt: Wenn die Geschwindigkeit des geradgeführten Punktes B ein Extremum hat, seine Beschleunigung also gleich Null ist, so muß der Punkt B in dieser Getriebestellung den Beschleunigungspol J der Koppel darstellen. Dieser ist auch bekanntlich der Schnittpunkt von Wendekreis und Gleichenkreis, d.h. der geometrischen Oerter, die keine oder die nur Normalbeschleunigung besitzen.

Da nun hier der Punkt A, vgl. Grundfigur Abbildung 1, konstante Geschwindigkeit, also nur Normalbeschleunigung hat, geht somit der Gleichenkreis

3. $\mathfrak{i}$ und $\mathfrak{j}$ sind die Einheitsvektoren in den Achsenrichtungen

durch A, J ≡ B und den Momentanpol P eben in dieser betrachteten Getriebestellung. Hierüber wird an anderer Stelle in allgemeinem Zusammenhang berichtet [14].

3. Die Beschleunigung

3.1 Allgemeine Formel

Aus Gleichung 19b und c folgt durch Differentiieren mit $b_A = a\,\omega^2$ als der konstanten Beschleunigung des Punktes A für die Beschleunigung b des Punktes B der Wert

$$b/b_A = \cos\alpha - \sin\alpha \operatorname{tg}\varphi + \lambda \frac{\cos^2\alpha}{\cos^3\varphi} = \frac{\cos(\alpha+\varphi)}{\cos\varphi} + \frac{\lambda\cos^2\alpha}{\cos^3\varphi} \qquad (33)$$

Die Beschleunigung kann bekanntlich auch zeichnerisch leicht nach dem Satz von EULER [4] ermittelt werden (Abb. 27):

Es gilt $\mathfrak{b}_B = \mathfrak{b} = \mathfrak{b}_A + \mathfrak{b}_{BA} = \mathfrak{b}_A + \mathfrak{b}_{nBA} + \mathfrak{b}_{tBA} = B1 + 12 + 23.$

Dabei hat b_{nBA} den Betrag v_{BA}^2/c (Abb. 27b), und ist von B nach A gerichtet, ferner steht b_{tBA} senkrecht zu AB. Mit Hilfe dieses Beschleunigungsplanes (Abb. 27c), ist ferner die Beschleunigung eines beliebigen Punktes konstruiert und außerdem der Beschleunigungspol angegeben, mit Hilfe dessen ja Beschleunigungen weitere Koppelpunkte in der betrachteten Stellung ermittelt werden können.

3.2 Sonderstellungen

3.21 Totlagen

Hier folgt aus der vorgeschriebenen Konstruktion unmittelbar (vgl. Abb. 2a und b), oder wenn in Gleichung 33 die Werte α_a und α_i nach Gleichung 2 eingesetzt werden,

$$b_a/b_A = (1+\lambda)/\cos\varphi_a = (1+\lambda)^2 \Big/ \sqrt{(1+\lambda)^2 - \varepsilon^2}\,, \qquad (34a)$$

4. vgl. z.B.: DUBBELs Taschenbuch Bd I, 11. Auflg. 1953/55

$$b_i/b_A = (-)(1-\lambda)/\cos\varphi_i = (-)(1-\lambda)^2 \Big/ \sqrt{(1-\lambda)^2 - \varepsilon^2} \qquad (34b)$$

Diese Beziehung läßt sich auch in ein einfaches Nomogramm verwandeln (Abb. 28), wenn man einen rechten Winkel als Ablesemittel zuläßt. Dort sind die Absolutbeträge der bezogenen Beschleunigungen gemäß Gleichung 34 kurz mit σ_a bzw. σ_i bezeichnet.

3.22 Kurbel parallel zur Geradführung

Hier wird $\alpha = 0$ bzw. gleich 180°. Rechnerisch folgt dann $\sin\varphi = \varepsilon$ und $b/b_A = \pm 1 + \lambda/\cos^3\varphi$, d.h.

$$b/b_A = 1 + \lambda \Big/ (1-\varepsilon^2)^{\frac{3}{2}} \text{ bzw. } b/b_A = -1 + \lambda/(1-\varepsilon^2)^{\frac{3}{2}} \qquad (35)$$

Diese Werte stimmen für kleine ε mit denen in der Totlage überein.

3.23 Kurbel senkrecht zur Geradführung

Der Momentanpol liegt unendlich fern, es ist $v_B = v_A$ und $v_{BA} = 0$, und nach Zeichnung oder rechnerisch für $\alpha = \pi/2$ bzw. $3\pi/2$ folgt, da dann auch $\sin\varphi = \varepsilon \pm \lambda$ wird. (Gl. 4b),

$$b/b_A = \mp \operatorname{tg}\varphi = \mp (\varepsilon \pm \lambda) \Big/ \sqrt{1-(\varepsilon \pm \lambda)^2}. \qquad (36)$$

Berührt hierbei die Geradführung den Kurbelkreis, so bleibt

$$b/b_A = -2\lambda \Big/ \sqrt{1-4\lambda^2} \text{ für } \alpha = \pi/2, \text{ bzw. } b/b_A = 0 \text{ für } \alpha = 3\pi/2,$$

wie bereits bei den Geschwindigkeitsextrema oben erwähnt.

3.24 $\sin\varphi = 0$, Die Koppel fällt auf die Geradführung

Nach Gleichung 4b wird $\sin\alpha = -\varepsilon/\lambda$, d.h. $\pi \leqq \alpha \leqq 2\pi$. Dies gilt nur, wenn $\varepsilon < \lambda$, also $e < a$ ist, d.h., wenn die Geradführung den Kurbelkreis überhaupt schneidet. Dann ergibt sich mit $\cos\varphi = 1$:

$$b/b_A = \cos\alpha\,(1 + \lambda\cos\alpha); \; \cos\alpha = \pm\sqrt{1-\varepsilon^2/\lambda^2}, \qquad (37)$$

oberes Vorzeichen für den vierten, unteres für den dritten Quadranten.

3.25 Die Nullstellen

Die Nullstellen der Beschleunigung sind durch die Lagen der Geschwindigkeitsextrema $\alpha = \alpha^*$ bereits oben ermittelt worden.

3.26 Koppel berührt Kurbelkreis

Da, vgl. auch Abschnitt 1.42 und 2.24, in dieser Stellung $\alpha + \varphi = \pi/2$ bzw. gleich $3\,\pi/2$ wird, liefert Gleichung 33 den Wert

$$\frac{b}{b_A} = \lambda \frac{\cos^2\alpha}{\cos^3\varphi} = \lambda \frac{\cos^2\alpha}{\sin^3\alpha}$$

wobei für $\cos\alpha$ und $\sin\alpha$ die in den Gleichungen 7 und 8 angegebenen Ausdrücke für die Winkel α_1 und α_2 einzusetzen sind. Beim zentrischen Getriebe wird $\mathrm{tg}\,\alpha = \pm 1/\lambda$ und $b/b_A = \pm \lambda^3 \sqrt{1+\lambda^2}$, d.h. es kann in diesen Stellungen weder beim exentrischen noch beim zentrischen Getriebe die Beschleunigung gleich Null sein, also auch die Geschwindigkeit des Schubgliedes <u>kein Extremum</u> haben. Eine Ausnahme bildet nur (wie oben schon erwähnt) der Fall $\varepsilon = \lambda$, d.h. wenn die Geradführung den Kurbelkreis berührt, also $\cos\alpha_2 = 0$ wird, ferner der Fall $\lambda = 0$, d.h. die Kreuzschleife. Bei dieser wird die betrachtete Stellung erreicht, wenn die Kurbel mit der Führungsrichtung des Gleitsteines (Abb. 10) zusammenfällt.

Wohl ist für kleine λ auch b/b_A klein, so daß die Behauptung, v hätte in den betrachteten Stellungen ein Extremum, nur <u>genähert</u> richtig ist.

Die in Abbildung 27 dargestellte Beschleunigungskonstruktion, angewendet auf diesen Fall, zeigt, da b_A senkrecht AB steht, daß jetzt auch $b = \pm b_{nBA}/\cos\varphi$ wird.

3.3 Sonderfälle

3.31 Durchschlagendes Getriebe (Grenzfall)

Für $\varepsilon = 1 - \lambda$ erhält man nach Differentiation von Gleichung 25 unter Beachtung, daß $\cos\varphi \gtreqless 0$ bleibt, den Verlauf

$$\frac{b}{b_A} = \cos\alpha + \frac{1}{2\sqrt{\lambda}} \frac{|\sin z|}{\sqrt{1-\lambda\sin^2 z}^{\,3}} \left[\lambda(1-\lambda)\sin\alpha + (1+\lambda\sin\alpha)^2\right], \quad (38)$$

wobei $z = \beta/2 = \pi/4 - \alpha/2$ wie oben gesetzt ist. Wenn auch formal Gleichung 38 für $\alpha = \pi/2$ den Wert $b = 0$ liefert, so folgt aus dem Sprung in der Geschwindigkeitskurve (vgl. Abb. 6b), daß dort die Beschleunigung unendlich wird (Abb. 6c). Soll das Getriebe durchschlagen, so ist der tatsächliche Wert von sinz und nicht sein Betrag einzusetzen (vgl. die gestrichelte Kurve).

3.32 Grenzfall $\lambda = 0$, Kreuzschleife

Da dann $\sin\varphi = \varepsilon$ = const. gilt, bleibt

$$b/b_A = \cos\alpha - \mathrm{tg}\,\varphi \sin\alpha = \frac{\cos(\alpha+\varphi)}{\cos\varphi}, \qquad (39)$$

$\cos\varphi = \sqrt{1-\varepsilon^2}$, so daß für diesen Grenzfall die Extrema für $\alpha = -\varphi$ bzw. $\alpha = \pi - \varphi$ mit den Werten $b/b_A = \pm 1/\cos\varphi$ auftreten, wie auch aus Abschnitt 2.33 sofort folgt.

3.33 Das zentrische Getriebe

Zunächst bleibt Gleichung 33 ungeändert, nur ist eben $\sin\varphi = \lambda \sin\alpha$ zu setzen, und in den Totlagen wird $b_a = b_A(1+\lambda)$, $b_i = -b_A(1-\lambda)$ (vgl. a. hierzu Abschnitt 3.34, 3.6 und 3.7).

3.34 Näherungen

Nach Gleichung 27 folgt durch Differentiieren die Näherung

$$b/b_A = \cos\alpha - \varepsilon \sin\alpha + \lambda \cos 2\alpha, \qquad (40)$$

welche also für kleine Werte λ und ε gilt (Abb.18). Diese Darstellung hat auch gewisse Vorteile für die Diskussion des b - s - Diagramms.

3.4 Das b - s - Diagramm

Bei Verbrennungskraftmaschinen u.ä. ist es üblich, nicht nur die Geschwindigkeit, sondern vor allem auch die Beschleunigung des geradgeführten Punktes über dem Weg s aufzutragen.

3.41 Der allgemeine Fall

Der allgemeine, z.B. in den Abbildungen 25 und 26 dargestellte Fall, der keine Vernachlässigung erlauben soll, gibt verschlungene b-s-Kurven, welche in den Totlagen senkrechte Tangenten haben. Denn bildet man ihre Steigung

$$\frac{db}{ds} = \frac{db/d\alpha}{ds/d\alpha} = \frac{b'(\alpha)}{v/\omega} \;,$$

so zeigt sich unter Verwendung der unten in Gleichung 46 angegebenen Entwicklung für $db/d\alpha = b'(\alpha)$, daß in den Totlagen zwar $v = 0$ ist, aber $b'(\alpha)$ von Null verschieden ist, d.h., daß dort $db/ds =$ wird. Im übrigen ist es für das Zeichnen der b-α -Kurve (zeitlicher Verlauf von b) nützlich zu wissen, daß ihre Steigung in der äußeren Totlage den Wert

$$\frac{db}{d\alpha} = b_A \cdot \frac{3\lambda\varepsilon\,(1+\lambda)}{\sqrt{(1+\lambda)^2 - \varepsilon^2}} \;,$$

in der inneren Totlage den Wert

$$\frac{db}{d\alpha} = b_A \cdot \frac{3\lambda\varepsilon\,(1-\lambda)}{\sqrt{(1-\lambda)^2 - \varepsilon^2}} \;,$$

hat, d.h. Null, wenn ε oder λ gleich Null sind, und unendlich in der inneren Totlage für den Grenzfall $\varepsilon = 1 - \lambda$, wie bereits oben (S. 27) erwähnt.

Ferner ergeben sich für die bezogenen Beschleunigungen [5] $\bar{b} = b/b_A$ mit $\bar{s} = s/a$ in den Stellungen $\alpha = 90^\circ$ bzw. 270° die Steigungen

$$d\bar{b}/d\alpha = -1, \quad d\bar{s}/d\alpha = 1, \quad \text{d.h.} \quad d\bar{b}/d\bar{s} = -1, \quad \text{bzw.}$$

$$d\bar{b}/d\alpha = 1, \quad d\bar{s}/d\alpha = -1, \quad \text{d.h. ebenfalls} \quad d\bar{b}/d\bar{s} = -1 \quad \text{im}$$

b - α - Diagramm bzw. $\bar{b}$ - $\bar{s}$ - Diagramm.

3.42 Näherung

In Gleichung 40 lassen sich die beiden ersten Glieder zu $\cos\alpha - \varepsilon \sin\alpha = C_\varepsilon \cdot \cos(\alpha + \gamma)$ zusammenfassen unter Verwendung bekannter goniometrischer Formeln, wobei $C = \sqrt{1 + \varepsilon^2}$ und $\operatorname{tg} \gamma = \varepsilon$ ist, Konstruktion vgl. Abbildung 29b. Die gleiche Umformung gilt für die Näherung von s

5. Vorübergehend ist hier der einfachen Bezeichnungsweise wegen $b/b_A = \bar{b}$ und $s/a = \bar{s}$ gesetzt

gemäß Gleichung 16. Setzt man hiernach vorübergehend $s/a - A_o = \xi$, $A_o = 1 + \frac{\lambda}{4}$ und $b/b_A = \eta$, also

$$\xi = - C_\varepsilon \cos(\alpha + \nu) - \frac{\lambda}{4}\cos 2\alpha, \qquad (41a)$$

$$\eta = C_\varepsilon \cos(\alpha + \nu) + \lambda \cos 2\alpha, \qquad (41b)$$

so ist im ξ - η - Diagramm bzw. b - s - Diagramm, ein Punkt durch den Vektor (Abb. 29a),[6)]

$$\mathfrak{r} = \mathfrak{i}\,\xi + \mathfrak{j}\,\eta = C_\varepsilon\,(-\mathfrak{i} + \mathfrak{j})\cos(\alpha + \nu)$$
$$+ (-\mathfrak{i}\,\lambda/4 + \mathfrak{j}\,\lambda)\cos 2\alpha$$
$$= \mathfrak{r}_1 + \mathfrak{r}_2 = \mathfrak{r}_{10}\cos(\alpha + \nu) + \mathfrak{r}_{20}\cos 2\alpha \qquad (42)$$

dargestellt. Der erste Vektor stellt eine lineare Schwingung dar, die mit der positiven ξ-Achse einen Winkel von 45° bildet (Abb. 29a) und die Amplitude $r_{10} = C_\varepsilon \sqrt{2}$ hat; der zweite Vektor stellt ebenfalls eine lineare Schwingung dar, deren Winkel mit der ξ -Achse durch die Steigung $-\lambda : \lambda/4 = -4$ (Abb. 29c) gegeben ist, deren Amplitude den Wert $C_\lambda = \lambda\sqrt{17/16}\ (\approx \lambda)$ [7)] hat und deren Frequenz doppelt so groß wie die der ersten Schwingung ist (vgl. a. Abb. 29c und a). Nur für $\lambda = 0$ ergibt sich als Beschleunigungsbild eine Gerade.

Verläßt man die Parameterdarstellung in Gleichung 41 und eliminiert man α, so ergibt sich für die ξ - η - Kurve eine Kurve vierten Grades.

3.43 Das zentrische Getriebe

In den Totlagen ist jetzt db/ds nicht mehr unendlich, sondern es wird auch $db/d\alpha$, vgl. oben, gleich Null, d.h. wir haben für db/ds einen unbestimmten Ausdruck. Wertet man diesen aus, so ergibt sich die bereits an anderer Stelle [5] mitgeteilten Steigungen:[8)]

$$\left.\begin{array}{l}\text{in der äußeren Totlage, } \alpha = 0 : d\bar{b}/d\bar{s} = -\left[1 + 3\lambda(1-\lambda)\right], \\ \text{in der inneren Totlage, } \alpha = \pi : d\bar{b}/d\bar{s} = -\left[1 - 3\lambda(1+\lambda)\right],\end{array}\right\} \qquad (43)$$

so daß sich für $\lambda = 0$ als Grenzkurve die 45°-Gerade ergibt.

---

6. $\mathfrak{i}$. $\mathfrak{j}$ sind Einheitsvektoren in der ξ - bzw. η - Richtung
7. $C_\lambda^2 = \lambda^2 + (\frac{\lambda}{4})^2$
8. vgl. auch Anmerkung 5, Seite 29

Für kleines λ, wie es bei Dampfmaschinen, Verbrennungskraftmaschinen usw. häufiger vorkommt, liefert die Elimination von α aus den Gleichungen 41 mit $\varepsilon = 0$ eine Kurve zweiter Ordnung und zwar eine Parabel in allgemeiner Lage. Die Steigungen im $\bar{b} - \bar{s}$ - Diagramm folgen hieraus zu

$$d\bar{b}/d\bar{s} = -(1+4\lambda):(1+\lambda) \quad \text{für } \alpha = 0^\circ,$$
$$d\bar{b}/d\bar{s} = -(1-4\lambda):(1-\lambda) \quad \text{für } \alpha = 180^\circ, \qquad (44)$$

genähert $-(1+3\lambda)$ bzw. $-(1-3\lambda)$ in Übereinstimmung mit der aus Gleichung 43 resultierenden Näherung für $\lambda^2=0$. Aus den Steigungen gemäß Gleichung 44 ergibt sich dann die bekannte Parabelkonstruktion (Abb. 30), die aber nur [5] für kleine λ (λ höchstens 0,3) gilt, vgl. auch Abschnitt 3.7 über die Extrema der Beschleunigung.

3.5 Winkelgeschwindigkeit des Antriebes veränderlich

Mit Rücksicht darauf, daß bei Kraftmaschinen, aber auch bei Verarbeitungsmaschinen, nicht immer mit konstanter Winkelgeschwindigkeit bei der Kurbel gerechnet werden kann, seien kurz die Formeln für diesen Fall angegeben, wobei dann die Kurbel eine Winkelbeschleunigung $d\omega/dt = d^2\alpha/dt^2 = \dot{\omega}$ hat. Nach Gleichung 18 war $v = s'(\alpha).d\alpha/dt = s'\omega$. Die Differentiation liefert

$$b = \frac{dv}{dt} = s''(\alpha)\,\omega^2 + s'(\alpha)\,\dot{\omega}$$

oder auch

$$b = a\,\omega^2 \cdot \mu + a\,\dot{\omega} \cdot \nu = \mu b_{nA} + \nu\, b_{tA}$$

wobei μ die rechte Seite von Gleichung 33 und $\nu = v/v_A$ aus Gleichung 19c folgt, d.h. gegenüber den vorstehenden Herleitungen kommt noch das zweite Glied hinzu.

3.6 Die Extrema der Beschleunigungen

3.61 Allgemeiner Weg

Sei jetzt wieder vorausgesetzt, daß ω konstant ist, so liegt ein Extremum in b vor, wenn $db/dt = 0$ oder auch $\frac{d}{d\alpha}(b/b_A)$ gemäß Gleichung 33 gleich Null wird. Die Ableitung lautet

$$\frac{d}{d\alpha}\left(\frac{b}{b_A}\right) = - \frac{\sin(\alpha + \varphi)}{\cos \varphi} - \frac{3\lambda \cos\alpha}{\cos^5 \varphi}(\sin\alpha \cos^2\varphi - \lambda \sin \varphi \cos^2\alpha), \quad (46)$$

so daß das Verschwinden dieser dritten Ableitung von b auf

$$\sin(\alpha + \varphi) \cos^4\varphi + 3\lambda \cos\alpha (\sin\alpha \cos^2\varphi - \lambda \sin\varphi \cos^2\alpha) = 0 \quad (47a)$$

oder

$$\sin\alpha \cos^5\varphi + \cos\alpha \sin\varphi \cos^4\varphi + 3\lambda \sin\alpha \cos\alpha \cos^2\varphi - 3\lambda^2 \cos^2\alpha \sin\varphi = 0 \quad (47b)$$

führt.

Da $\sin\varphi = \varepsilon + \lambda \sin\alpha$ ist, stellt die Gleichung 47 eine Gleichung 10. Grades in $\sin\alpha$ dar. Vor deren Lösung seien einige Sonderfälle und Sonderlagen behandelt, um aus diesen gewisse Anhalte für die Lösungen zu bekommen.

3.62 Sonderfälle

3.621 $\lambda = 0$

Dieser Sonderfall stellt ja die Kreuzschleife dar, und Gleichung 47a führt formal auf $\sin(\alpha + \varphi) = 0$, d.h. die Extrema liegen in den Totlagen, also für $\alpha = -\varphi$ und $\alpha = 180^\circ - \varphi$ vor, wobei ja $\sin\varphi = \varepsilon$ = constant ist. Für die Extremalbeschleunigungen selbst folgt, wie bereits angegeben

$$b/b_A = \pm 1/\sqrt{1-\varepsilon^2}.$$

3.622 $\varepsilon = 0$

Diese zentrische Schubkurbel war früher behandelt und wird folgend nochmals diskutiert.

3.623 $\varepsilon + \lambda = 1$

Die Bedingung für ein Extremum bei diesem Grenzfall, der zu einer Verzweigungslage führt (vgl. S. 12 und 18) stellt immerhin noch eine Gleichung 5. Grades in $\sin\alpha$ dar, liefert aber die Grenzkurven. Dabei muß, wie schon erwähnt, für $\alpha = \pi/2$ die Beschleunigung nach unendlich gehen. Wenn zudem $\varepsilon = 0$, d.h. $\lambda = 1$ ist, so ergeben sich wie einfach nach S. 20 zu übersehen außer den Unendlichkeitsstellen noch die Extrema für $\alpha = 0^\circ$ und $\alpha = 180^\circ$.

3.63 Sonderlagen

3.631 $\sin \alpha = 0$

Führt auf $\sin \varphi (\cos^4 \varphi - 3 \lambda^2) = 0$, d.h.

a) $\sin \varphi = 0$ und $\varepsilon = 0$, also zentrischer Trieb mit Extrema in den Totlagen,
b) $\sin \varphi \neq 0$, d.h. $\sin \varphi = \varepsilon$ bedingt $\lambda = (1 - \varepsilon^2)/\sqrt{3}$.

3.632 $\cos \alpha = 0$

Führt auf $\cos \varphi = 0$, d.h. auf den Grenzfall $\lambda = 1 - \varepsilon$ (vgl. 3.623).

3.633 $\sin \varphi = 0$

Führt wieder auf den zentrischen Trieb oder wenn $\sin \alpha = 0$ sein soll, auf Werte λ oder ε, die nicht mehr der Bedingung $\varepsilon + \lambda = 1$ gehorchen.

3.64 Allgemeine Zusammenstellung

3.641 Der Kurbelwinkel

Zur weiteren Auswertung wurden für α = const. und beliebiges φ aus Gleichung 47 die zugehörigen Werte λ berechnet und daraus ε gemäß $\varepsilon = \sin \varphi - \lambda \sin \alpha$ gefunden. Für die so erhaltenen Werte α = const. wurde dann über die vorgesehenen Werte ε interpoliert. Die Ergebnisse sind in den Abbildungen 31a, b, c, d, zusammengestellt, d.h. Winkel $\bar{\alpha}$ für ein Maximum oder Minimum in Funktion von λ bei jeweils constantem ε. Bei Einsetzen in die Gleichung für die Beschleunigung zeigt sich dann

a) ein absolutes Maximum in der Nähe der äußeren Totlage, (Abb. 31a),
b) ein absolutes Minimum in der Nähe der inneren Totlage, (Abb. 31b),
c) ein relatives Maximum (Abb. 31c),
d) ein relatives Minimum (Abb. 31d),

vgl.a. hierzu Abbildung 25a wobei die beiden letzten Extrema nicht vorhanden sind, und Abbildung 26 a, in dem alle Extrema auftreten. Der Grenzfall, bei dem die letzten Extrema (a und d) zusammenfallen, ist durch die dünngezeichnete Kurve in den Abbildungen 31c und 31d angegeben (vgl. a. hierzu die v-s- und b-s-Diagramme gemäß Abb. 25b, c und 26b, c).

Wie für die Extrema der Geschwindigkeit so ist auch der Kurbelwinkel $\bar{\alpha}$ für die Extrema der Beschleunigung bei kleinem ε und λ besonders dargestellt (vgl. Abb. 32).

3.642 Die Extremalbeschleunigung

Geht man jetzt mit den gefundenen Werten $\bar{\alpha}$ in die Formel für die Beschleunigung hinein, so erhält man wieder vier Scharen extremaler Beschleunigungen gemäß Abbildungen 33 a-d. Hierbei gehen für den Grenzfall $\lambda + \varepsilon = 1$ gewisse Beschleunigungen nach unendlich, wie bereits mehrfach erwähnt (für $\alpha = \pi/2$).

Im übrigen muß im Einzelfall entschieden werden, ob das absolute Maximum oder das absolute Minimum den größten Wert b liefert: So ergibt $\lambda = 0{,}6$ und $\varepsilon = 0{,}3$ das absolute Maximum $b/b_A = 1{,}7$ und das absolute Minimum $b/b_A = -2{,}17$, d.h. das letztere liefert den größten Betrag!

3.643 Der zugehörige Hub

Einsetzen der gefundenen Werte in den Weg (Gl.3b) liefert den bezogenen Hub s/2a in Funktion von λ und ε , wie die Abbildungen 34a, b, c, d wiederum zeigen. Da sich die Kurven z.B. in Abbildung 34d zum Teil überschneiden, kann man auch den $\bar{\alpha}$ -Wert aus Abbildung 31 ablesen und nach der Wegformel s/2a ausrechnen, bzw. zeichnerisch gewinnen.

3.65 Nochmals der zentrische Trieb

Wenn auch der zentrische Trieb bereits an anderer Stelle behandelt wurde [5], so sei dieser der Vollständigkeit halber nochmals herausgehoben: In der äußeren Totlage liegt das absolute Maximum $b_a = b_o$, in der inneren das absolute Minimum $b_i = b_{180}$, das letztere aber nur bis zu einem Grenzwert λ_i : Dieser folgt daraus, daß die Steigung für die innere Totlage gemäß Gleichung 43 gerade gleich Null ist, und die Gleichung $1 - 3\lambda(1+\lambda) = 0$ liefert

$$\lambda_i = 0{,}5\ (\sqrt{7/3} - 1) = 0{,}2637.$$

Diese Grenze zeigt z.B. die Kurve $\varepsilon = 0$ für den Kurbelwinkel $\bar{\alpha}$ beim absoluten Minimum der Beschleunigung (Abb. 31b). Sie beginnt dort bei $\lambda = \lambda_i$ und $\alpha = 180^o$. Wenn $\lambda > \lambda_i$ ist, so liegt das absolute Minimum nicht mehr in der Totlage. Daher ist die b/b_A -Kurve in Abbildung 33b auch zunächst die Gerade $b_i/b_A = -(1-\lambda)$ bis $\lambda = \lambda_i$, um erst dann gekrümmt zu werden, während b_i/b_A dann ein relatives Maximum darstellt (vgl. Abb. 33c): Die Kurve $\varepsilon = 0$ ist die Gerade $-(1-\lambda)$. In gleicher Weise ist die

Grenzkurve $\varepsilon = 0$ in Abbildung 33a wieder eine Gerade und zwar $b_a/b_A = 1 + \lambda$ vgl. auch Abbildung 35a, b, c für $\varepsilon = 0$ und $\lambda = 1/2$.

Wie sich im übrigen die genäherten Berechnungsmethoden und die genauen beim zentrischen Getriebe unterscheiden, mögen noch die Abbildungen 35d bis 35f zeigen, welche einer früheren Veröffentlichung [5] entnommen wurden:

Abbildung 35d, e und f veranschaulichen die Auswirkung der genauen Berechnung der Größtgeschwindigkeit nebst zugehörigem Kurbelwinkel und Hub; Index 1 bezieht sich auf die genaue Berechnung, Index 2 auf die Näherungsrechnung mit $\lambda^2 = 0$ und Index 3 auf die Näherung, bei welcher davon ausgegangen wird, daß in der untersuchten Stellung die Koppel den Kurbelkreis berührt. Man erkennt, daß die letztere Annahme die ungenauesten Werte liefert. Beim zentrischen Getriebe ist der Betrag des Minimums von v^* gleich dem des Maximums (Symmetrie).

Abbildung 35g und h beziehen sich auf die extremalen Beschleunigungen. Die Näherung mit $\lambda^2 = 0$ ist durch Index 2 angegeben. Dabei stellt, wie oben gesagt, b_a das absolute Maximum der Beschleunigung dar, b_i das absolute Minimum bis $\lambda = 0{,}2637$, von dort ab aber das relative Maximum und b_1 dagegen das absolute Minimum.

Es handelt sich also bei diesen Abbildungen - abgesehen von den Angaben über die Näherungswerte - um Einzelbilder aus den oben zusammengestellten Kurventafeln für beliebige ε .

4. Die Drehung der Koppelebene

In Hinblick auf kinetische und dynamische Untersuchungen ist auch die Bewegung der Koppelebene von Interesse. Diese kann als jeweilige Schiebung und Drehung aufgefaßt werden, wie das ja der Satz von EULER (S. 17 und S. 25) zum Audruck bringt. So sind die kennzeichnenden Größen der Koppelebene ihr Drehwinkel φ , der bereits wiederholt benutzt wurde, ferner die Winkelgeschwindigkeit $d\varphi/dt = \dot{\varphi} = \omega_c$ und die Winkelbeschleunigung $d^2\varphi/dt^2 = \ddot{\varphi} = \dot{\omega}_c$.

4.1 Die Winkelgeschwindigkeit der Koppel

4.11 Allgemeine Gleichung

Die Formel ω_c war bereits in Gleichung 20 (S. 17) angegeben, und man kann dimensionslos schreiben

$$\frac{\dot{\varphi}}{\dot{\alpha}} = \frac{d\varphi/dt}{d\alpha/dt} = \frac{\omega_c}{\omega} = \lambda \frac{\cos\alpha}{\cos\varphi} \qquad (48a)$$

oder auch in Hinblick auf die zeichnerische Ermittlung aus v_{BA} und v_A (S.18), da $\dot{\varphi} = \omega_c = v_{BA}/c$ ist,

$$\frac{\omega_c}{\omega} = \frac{v_{BA}}{\omega \cdot c} = \lambda \frac{v_{BA}}{v_A} \, . \qquad (48b)$$

D.h. man trägt bei ω = "1", also $v_A \mathrel{\hat{=}}$ Kurbelradius gezeichnet, v_{BA} über α auf, schreibt an v_A die Zahl λ an und hat damit eine maßstäbliche Darstellung dieses Verhältnisses - das im übrigen unabhängig davon ist, ob die Antriebskurbel sich mit konstanter oder veränderlicher Geschwindigkeit bewegt (vgl. hierzu Abb. 36b). Es ergeben sich für einige Stellungen recht einfache Werte:

1) Parallel-Lage, d.h. $\alpha = 90^\circ$ bzw. 270°: Es wird $\omega_c = 0$, da der Momentanpol unendlich fern liegt.

2) Kurbel parallel zur Geradführung, d.h. $\alpha = 0$ bzw. 180°:

$$\omega_c / \omega = \mp\lambda / \sqrt{1 - \varepsilon^2} \, .$$

3) Totlagen: Es gilt $\varphi_a = 2\pi - \alpha_a$, $\varphi_i = \pi - \alpha_i$ und damit $\omega_{ca}/\omega = \lambda$ und $\omega_{ci}/\omega = -\lambda$, wie auch leicht aus der zeichnerischen Lösung folgt.

4.12 Extremale Winkelgeschwindigkeiten

4.121 Allgemeine Gleichung

Wie oben interessieren auch hier die Extrema der Winkelgeschwindigkeit. Diese ergeben sich daraus, daß die Winkelbeschleunigung

$$d\omega_c/dt = d^2\varphi/dt^2 = \ddot{\varphi}$$

gleich Null gesetzt wird. Greifen wir auf die Gleichung 53 vor, so liefert diese die Bedingung

$$\sin\alpha \cos^2\varphi = \lambda \sin\varphi \cos^2\alpha$$

oder nach Einsetzen von $\sin\varphi$ und $\cos\varphi$ gemäß Gleichung 4b die in $\sin\alpha$ quadratische Gleichung

$$\sin^2\alpha - 2A\sin\alpha + 1 = 0, \qquad (49)$$

worin $A = (1 - \lambda^2 - \varepsilon^2)/2\varepsilon\lambda$ zu setzen ist. Die Lösung führt für den gesuchten Winkel α' auf

$$\sin \alpha' = A - \sqrt{A^2 - 1}. \tag{50}$$

Beachtet man, daß

$$1 - \sin \alpha' = \sqrt{A-1} \cdot (\sqrt{A+1} - \sqrt{A-1}),$$

$$1 + \sin \alpha' = \sqrt{A+1} \cdot (\sqrt{A+1} - \sqrt{A-1})$$

ist, und führt vorübergehend wieder (S.12) $\beta = \pi/2 - \alpha$ ein, so gilt mit $z = \beta/2$:

$$\frac{1 - \sin\alpha'}{1 + \sin\alpha'} = \frac{1 - \cos\beta}{1 + \cos\beta} = \frac{\sin^2 z}{\cos^2 z} = tg^2 z = \sqrt{\frac{A - 1}{A + 1}} \quad \text{oder auch}$$

$$tg \frac{\beta}{2} = tg \left(\frac{\pi}{4} - \frac{\alpha'}{2}\right) = \pm \sqrt[4]{\frac{1 - (\lambda + \varepsilon)^2}{1 - (\lambda - \varepsilon)^2}} = \pm \sqrt[4]{\frac{(1-a-e)(1+a+e)}{(1-a+e)(1+a-e)}} \tag{51}$$

Hiernach kann also bei gegebenen Maßen die gesuchte Winkelstellung errechnet werden (Abb. 37) und daraus dann gemäß Gleichung 48a auch ω_c ermittelt werden. Da die Gleichung 50 für einen spitzen und einen stumpfen Winkel erfüllt ist, ergibt sich der Winkel α' und $180^\circ - \alpha'$, d.h. die Kurbelstellungen sind symmetrisch zur Parallellage $\alpha = \pi/2$ und die zugehörigen extremalen Winkelgeschwindigkeiten unterscheiden sich nur durch das Vorzeichen: Beim spitzen Winkel α' ist ω_c positiv (Maximum), beim Winkel $\pi - \alpha'$ aber negativ (Minimum) (vgl. Abb. 37 und 38).

Im übrigen läßt sich Gleichung 51 - das sei ohne Beweis mitgeteilt - nach einigen Umformungen auch schreiben

$$tg \left(\frac{\pi}{4} - \frac{\alpha'}{2}\right) = \pm \sqrt{tg \left(\frac{\pi}{4} - \frac{\alpha_a}{2}\right) tg \left(\frac{\pi}{4} - \frac{\alpha_i}{2}\right)}, \tag{51a}$$

worin α_a, α_i nach Gleichung 2 die Kurbelwinkel für die äußere bzw. innere Totlage darstellen. Ferner läßt sich der zugehörige Koppelwinkel $\varphi = \varphi'$, der für beide Extrema den gleichen Wert hat, ähnlich berechnen. Es gilt (ohne Beweis)

$$tg \left(\frac{\pi}{4} - \frac{\varphi'}{2}\right) = \sqrt[4]{\frac{(1-\varepsilon)^2 - \lambda^2}{(1+\varepsilon)^2 - \lambda^2}} = \sqrt[4]{\frac{(1-a-e)(1+a+e)}{(1-a+e)(1+a-e)}} \tag{51b}$$

Ebenso läßt sich $\sin \varphi'$ aus einer quadratischen Gleichung berechnen:
Es wird

$$\sin \varphi' = B - \sqrt{B^2 - 1}, \quad B = (1 - \lambda^2 + \varepsilon^2)/2\varepsilon \tag{51c}$$

4.122 Grenzfälle

1) $\varepsilon = 0$, d.h. das zentrische Getriebe liefert

$$\operatorname{tg}\left(\frac{\pi}{4} - \frac{\alpha'}{2}\right) = \pm 1, \text{ also } \alpha' = 0 \text{ und } \alpha' = 180^\circ$$

2) $\lambda = 0$, d.h. die Kreuzschleife liefert, wie zu erwarten, ω_c = constant = 0 und formal $\alpha' = 0$ bzw. $\alpha' = \pi$.

3) $\varepsilon + \lambda = 1$, d.h. das durchschlagende Getriebe führt auf ähnlichem Wege wie in Gleichung 25, S. 19 auf

$$\frac{\omega_c}{\omega} = k \sqrt{\lambda}\,\frac{\sqrt{1 - \sin^2 z}}{\sqrt{1 - \lambda \sin^2 z}}, \quad z = \frac{\beta}{2} = \frac{\pi}{4} - \frac{\alpha}{2} \tag{52}$$

worin k das Vorzeichen von $\cos \alpha$ bedeutet. Damit liefert die Sprungstelle $\alpha = \pi/2$ die extremalen Werte $\omega_c/\omega = \pm\sqrt{\lambda}$. Läßt man das Getriebe durchschlagen, so ist die Wurzel im Zähler durch cosz zu ersetzen und k = 1 zu setzen (vgl. Abb. 39).

4) $\lambda = 1$ (gleichschenkliger, zentrischer Trieb) führt auf $\omega_c/\omega = 1$ = const., wenn das Getriebe durchschlagen soll, andernfalls auf

$$\omega_c/\omega = 1 \cdot k, \; k = \operatorname{sign}(\cos\alpha)^{9)}.$$

4.2 Die Winkelbeschleunigung der Koppelebene

4.21 Allgemeine Gleichung

Durch Differentiation von Gleichung 48a erhält man die Winkelbeschleunigung $d^2 \varphi / dt^2$, wiederum dimensionslos geschrieben, bei konstantem ω :

$$\frac{\ddot{\varphi}}{\omega^2} = \frac{\dot{\omega}_c}{\omega^2} = \lambda \cdot \frac{\lambda \sin \varphi \cos^2\alpha - \sin\alpha \cos^2\varphi}{\cos^3\varphi} \tag{53}$$

9. Diese Grenzfälle sind auch für die harmonische Analyse, Abschnitt 5, von Wichtigkeit!

Zeichnerisch ergibt sich $\ddot{\varphi}$ aus der Konstruktion nach EULER, S.25 (Abb.27) aus $b_{tBA} = c\,\ddot{\varphi}$ (vgl. a Abb. 36b). Für einige Sonderstellungen ergeben sich einfache Werte:

1) Kurbel parallel der Geradführung, d.h. $\alpha = 0$ und $\alpha = \pi$:
In beiden Stellungen wird $\ddot{\varphi}$ positiv und zwar

$$\frac{\ddot{\varphi}}{\omega^2} = \frac{\varepsilon\,\lambda^2}{\sqrt{1-\varepsilon^2}}$$

2) In den Totlagen:

$$\frac{\ddot{\varphi}}{\omega^2} = \frac{\lambda(1+\lambda)}{\sqrt{(1+\lambda)^2 - \varepsilon^2}} = \lambda\,(1+\lambda)\,\mathrm{tg}\,\varphi_a \quad \text{für die äußere Totlage,}$$

$$\frac{\ddot{\varphi}}{\omega^2} = \frac{-\lambda(1-\lambda)}{\sqrt{(1-\lambda)^2 - \varepsilon^2}} = -\,\lambda\,(1-\lambda)\,\mathrm{tg}\,\varphi_i \quad \text{für die innere Totlage.}$$

Beim zentrischen Getriebe wird somit in den Totlagern die Winkelbeschleunigung gleich Null.

3) Über die Parallellagen vgl. Abschnitt 4.221

4.22 Die Extrema der Winkelbeschleunigung

4.221 Allgemeine Gleichung

Bildet man die Ableitung von $\ddot{\varphi}$, d.h. die dritte Ableitung $d^3\varphi/dt^3$ und setzt diese gleich Null, so läßt sich der Faktor $\cos\alpha$ abspalten, und es muß also $\cos\alpha = 0$, d.h. $\alpha = \pi/2$ und $\alpha = 3\pi/2$ sein (Parallellagen). Damit folgt aber nach Gleichung 53 oder unmittelbar:

$$\min \frac{\ddot{\varphi}}{\omega^2} = -\frac{\lambda}{\sqrt{1-(\varepsilon+\lambda)^2}} = -\,\lambda/\cos\bar{\varphi}_1. \qquad (54a)$$

$$\max \frac{\ddot{\varphi}}{\omega^2} = \frac{\lambda}{\sqrt{1-(\varepsilon-\lambda)^2}} = \lambda/\cos\bar{\varphi}_2\,. \qquad (54b)$$ [10]

Dabei sind $\bar{\varphi}_1$ und $\bar{\varphi}_2$ die Koppelwinkel für $\alpha = \pi/2$ bzw. $\alpha = 3\pi/2$.

10. für $\varepsilon = \lambda$ ist der maximale Wert gleich λ

Der absolut größte Wert ist jedoch der erstere! Da im übrigen die Winkelgeschwindigkeit ω_c für diese Stellungen gleich Null ist, hat die ω_c-Kurve in ihren beiden Schnittpunkten mit der α-Achse einen Wendepunkt, (vgl. a. Abb. 36a, b).

4.222 Grenzfälle

1) Hiernach hat die extremale Winkelbeschleunigung beim zentrischen Getriebe die Werte

$$\ddot{\varphi}/\omega^2 = \mp \lambda / \sqrt{1 - \lambda^2} .$$

2) Beim durchschlagenden Getriebe, $\varepsilon + \lambda = 1$, wird die minimale Beschleunigung unendlich. Zur Berechnung des Beschleunigungsverlaufes mag Gleichung 53 mit $\varepsilon = 1 - \lambda$ dienen (vgl. a. Abb. 39).

4.3 Antriebswinkelgeschwindigkeit veränderlich

Ist die Winkelgeschwindigkeit $\omega = \dot{\alpha}$ des Antriebes nicht constant, also $\dot{\omega} = \ddot{\alpha} \neq 0$, so folgt aus Gleichung 48a durch differentiieren

$$\frac{\ddot{\varphi}}{\omega^2} = F \cdot \frac{\ddot{\alpha}}{\omega^2} + G,$$

worin F die rechte Seite von Gleichung 48a und G die rechte Seite von Gleichung 53 ist.

5. Harmonische Analyse

5.1 Allgemeine Bemerkungen

Bei dynamischen Untersuchungen, insbesondere bei Betrachtung des Verhaltens eines Getriebes gegenüber Schwingungen ist die harmonische Analyse des Bewegungsgesetztes notwendig, wie z.B. aus dem Kraftmaschinenbau bekannt ist (vgl. jedoch auch [6]). Außerdem ist der Anteil der einzelnen Harmonischen, wie in späteren Berichten gezeigt wird (vgl. a. [13]), ein Charakteristikum für jede Getriebeart. Deswegen darf in dieser Arbeit nicht darauf verzichtet werden.

Bekanntlich kann jede in dem Intervall $0 \leqq \alpha \leqq 2\pi$ stückweis stetige Funktion $f(\alpha)$ in die Fourierreihe

$$\begin{aligned} f(\alpha) = A_0 &+ A_1 \cos\alpha + A_2 \cos 2\alpha + A_3 \cos 3\alpha + \dots \\ &+ B_1 \sin\alpha + B_2 \sin 2\alpha + B_3 \sin 3\alpha + \dots \end{aligned} \tag{55}$$

entwickelt, d.h. als Summe aus einem konstanten Glied und einer Reihe von cosinus- und sinus-Funktionen dargestellt werden. Rein formal [11] ergibt sich das Absolutglied als die mittlere Höhe des durch $f(\alpha)$ dargestellten Kurvenzuges und lassen sich die Amplituden A_n, B_n der einzelnen Harmonischen, n = 1, 2, ..., ebenfalls durch bestimmte Integrale ausdrücken. Es gilt

$$A_o = \frac{1}{2\pi} \int_0^{2\pi} f(\alpha)\, d\alpha \tag{56a}$$

$$A_n = \frac{1}{\pi} \int_0^{2\pi} f(\alpha) \cos n\alpha \, d\alpha, \quad B_n = \frac{1}{\pi} \int_0^{2\pi} f(\alpha) \sin n\alpha \, d\alpha. \tag{56b}$$

Nun kann man zwar, wenn hier in unserem Zusammenhang für $f(\alpha)$ der bezogene Weg s/a bzw. u/a oder die bezogene Winkelgeschwindigkeit ω_c / ω gesetzt wird, die Integrale nach Gleichung 56 mit Hilfe elliptischer Integrale auf sehr umständlichem Wege lösen, doch ist hier dieser Weg viel zu weitschweifig (vgl. u.).

5.2 Analyse der Schubbewegung

Um einen gleichen Beginn der Bewegungsgesetze für die verschiedenen Getriebe zu haben - entsprechend den Parametern λ und ε - wurde zur Analyse nicht der von der Totlage sondern von der Stellung $\alpha = 0$ aus gerechnete Weg gemäß Gleichung 3c, d.h. also $u/a = (x_o - x)/a$, harmonisch analysiert (vgl. hierzu Abb. 40).

5.21 Summenformel für den Weg

Da die Ermittlung der Koeffizienten durch rechnerische Integration sehr langwierig ist, kann auch ein anderer Weg beschrieben werden:

Entwickelt man den Wert $\cos\varphi$ gemäß Gleichung 4c in eine unendliche binomische Reihe, geordnet nach den wachsenden Potenzen von $(\varepsilon + \lambda \sin \alpha)^2$, entwickelt man ferner jede dieser Potenzen nach dem binomischen Lehrsatz in eine endliche Reihe und beachtet schließlich die Fourier-Entwicklung für $\sin^n\alpha$, vgl.z.B. [9], so erhält man schließlich die folgende Fourierreihe:

11. vgl. z.B. [10] oder auch des Verfassers Beitrag im DUBBELschen Taschenbuch Bd.I, 11. Auflage 1953/55

$$\frac{u}{a} = \frac{x_o - x}{a} = A_o + A_1 \cos\alpha + \sum_{p=1,2,..} B_{2p-1} \sin(2p-1)\alpha$$

$$+ \sum_{p=1,2,..} A_{2p} \cos 2p\alpha; \tag{57}$$

d.h. neben dem konstanten Glied treten von den cosinus-Gliedern nur die Grundschwingung für n = 1 und die geraden Oberschwingungen für n = 2,4,6, ... und von den sinus-Gliedern nur die ungeraden Schwingungen, d.h. für n = 1,3,5, ... auf. Hierbei ist immer

$$A_1 = - 1. \tag{58}$$

Die anderen Koeffizienten werden aber durch doppelt unendliche Reihen gebildet:

$$A_o = 1 - \sum_{i = 1,2,..} \frac{\lambda^{2i-1}}{2^i} \cdot \binom{2i}{i} . P_{2i}, \tag{59}$$

$$A_{2p} = (-1)^{p+1} \sum_{i = p,p+1,p+2,..} \frac{\lambda^{2i-1}}{2^{2i-1}} \cdot \binom{2i}{i-p} P_{2i} , \tag{60}$$

$$B_{2p-1} = (-1)^p \sum_{i = p,\, p+1,p+2,} \frac{\lambda^{2i-2}}{2^{2i-2}} \cdot \binom{2i-1}{i-p} P_{2i-1}, \tag{61}$$

obei die P_m folgendermaßen gebildet werden:

$$m = \sum_{k = i,i+1,i+2,..} (-1)^k . \binom{1/2}{k} . \binom{2k}{m} \varepsilon^{2k-m}, \quad m=2i-1 \text{ bzw. } m=2i \tag{62}$$

iese allgemeine Entwicklung hat den Vorteil, daß man erkennt, welche Harmoischen überhaupt auftreten, auch läßt sie sich für kleine Parameter λ und ε

gut verwenden, wie an anderer Stelle unter zahlenmäßiger Auswertung für einige Werte λ und ε gezeigt wird [2]. Für große λ und ε, vor allem auch für die Grenzfälle, welche ja zur gesamten Darstellung notwendig sind, ist jedoch auch diese Entwicklung unzweckmäßig (vgl. Abschnitt 5.23).

5.22 Analyse der Geschwindigkeit

Durch die Analyse des Weges ist die Analyse der Geschwindigkeit bereits mitgetätigt. Denn durch Differentiieren der allgemeinen Gleichung 55 folgt doch innerhalb der Konvergenzbedingungen

$$f'(\alpha) = df/d\alpha = -A_1 \sin\alpha - 2A_2 \sin 2\alpha - 3A_3 \sin 3\alpha - \dots + B_1 \cos\alpha + 2B_2 \cos 2\alpha + 3B_3 \cos 3\alpha + \dots \quad (63)$$

oder wenn wir sinngemäß die Koeffizienten dieser Entwicklung mit A_{vn} und B_{vn} bezeichnen, d.h.

$$f'(\alpha) = A_{v1} \cos\alpha + A_{v2} \cos 2\alpha + A_{v3} \cos 3\alpha + \dots + B_{v1} \sin\alpha + B_{v2} \sin 2\alpha + B_{v3} \sin 3\alpha + \dots \quad (64)$$

schreiben, so gilt zwischen den Koeffizienten der Ableitung (Geschwindigkeit) und den Koeffizienten der Funktion (Weg) die Relation

$$A_{vo} = 0, \; A_{vn} = n\,B_n, \; B_{vn} = -\,n\,A_n. \quad (65)$$

Wenden wir diese auf den Weg gemäß Gleichung 57 an, so wird

$$\frac{v}{v_A} = A_{v1} \cos\alpha + A_{v3} \cos 3\alpha + A_{v5} \cos 5\alpha + \dots + B_{v1} \sin\alpha + B_{v2} \sin 2\alpha + B_{v4} \sin 4\alpha + \dots, \quad (66)$$

wobei B_{v1} immer gleich eins sein muß, Gleichung 58.

Die Amplituden der höheren Harmonischen treten durch die Faktoren n gemäß Gleichung 65 hierbei stärker in den Vordergrund.

5.23 Analyse der Beschleunigung

Dies macht sich noch stärker bei der Beschleunigung bemerkbar. Denn durch nochmaliges Differentiieren zeigt sich für die Koeffizienten A_{bn}, B_{bn} der zweiten Ableitung (Beschleunigung)

$$A_{bo} = 0, \; A_{bn} = -\,n^2 A_n, \; B_{bn} = -\,n^2 B_n, \quad (67)$$

und da gerade die Beschleunigung für das dynamische Verhalten wesentlich ist, darf man die höheren Harmonischen nicht so ohne weiteres vernachlässigen. Für die Beschleunigung des Schubgliedes ergibt sich dann gemäß Gleichung 57:

$$\frac{b}{b_A} = A_{b1} \cos\alpha + A_{b2}\cos 2\alpha + A_{b4} \cos 4\alpha + ..$$

$$+ B_{b1} \sin\alpha + B_{b3}\sin 3\alpha + B_{b5} \sin 5\alpha + .. \qquad (68)$$

wobei A_{b1} immer gleich eins sein muß, Gleichung 58.

5.24 Sonderfälle

Vor der allgemeinen Darstellung der Fourier-Koeffizienten empfiehlt es sich zunächst noch einige Sonderfälle zu betrachten:

5.241 Das zentrische Getriebe, d.h. $\varepsilon = 0$

In bekannter Weise verschwinden hierbei die P_{2i-1}, Gleichung 62 und dabei die ungeraden sinus-Schwingungen im Weg, d.h. die B_{2p-1}. Außer der cosinus-Grundschwingung bleiben nur die geraden cosinus-Schwingungen und das absolute Glied. Die Summen für die A_{2p} werden jetzt kürzer, da jetzt ganz einfach

$$P_{2i} = (-1)^i . \binom{1/2}{i} \qquad (69)$$

gilt.

5.242 Die schiefe Kreuzschleife, d.h. $\lambda = 0$

Hier folgt doch nach Abschnitt 1.53, da ja der Weg von $\alpha = 0$ aus gerechnet werden soll

$$\frac{u}{a} = \frac{x_o - x}{a} = 1 - \frac{\cos(\alpha + \varphi)}{\cos\varphi} = 1 - \cos\alpha + \sin\alpha \; tg\varphi, \qquad (70)$$

d.h. aber

$$A_o = 1, A_1 = -1, B_1 = tg\,\varphi = \varepsilon / \sqrt{1 - \varepsilon^2}, \qquad (71)$$

alle anderen Koeffizienten verschwinden!

5.243 Grenzfall $\lambda + \varepsilon = 1$

Der oben mehrfach erörterte Sonderfall hat auch hier wieder nur die Bedeutung einer Abgrenzung. Es lassen sich zwar die Integrale für die Fourierkoeffizienten mit Hilfe der elementaren Funktionen auswerten, doch werden die Ausdrücke trotzdem noch umfangreich. So ergeben sich z.B.

$$A_o = 1 + \sqrt{\frac{2-\lambda}{\lambda}} - \frac{2}{\pi}\left[\sqrt{\frac{1}{\lambda}} + \frac{1}{\xi}\,\operatorname{ar\,Tin}\sqrt{\xi}\right],\ \xi = \frac{\lambda}{1-\lambda}, \tag{72}$$

ferner

$$B_1 = \frac{2}{\pi}\cdot\frac{1}{\xi}\left[\sqrt{\frac{1}{\lambda}} - \left(\frac{1}{\xi} - 2\right)\operatorname{ar\,Tin}\sqrt{\xi}\right], \tag{73}$$

und für die Koeffizienten höherer Ordnung weit längere Ausdrücke, so daß auf ihre Angabe hier verzichtet sei.

Wird jedoch schließlich $\lambda = 1$, also $\varepsilon = 0$, so kann u/a gemäß Abschnitt 1.54 leicht analysiert werden, da die Integrale geschlossen lösbar sind. Hieraus ergibt sich - in Übereinstimmung mit (72) und (73):

$$A_1 = -1,\ A_{2n} = \frac{8}{\pi}\cdot\frac{(-1)^n}{4n^2-1},$$

alle anderen Koeffizienten werden gleich Null.

Die Koeffizienten für die Geschwindigkeit folgen in der in Gleichung 65 und 66 angegebenen Weise, d.h. im letzten Fall wird $B_{v1} = 1$ und $B_{2n} = -n\,A_{2n}$. Da die Geschwindigkeit ja für $\alpha = \pi/2$ (im letzten Fall auch für $\alpha = 3\pi/2$) um einen endlichen Betrag springt, so ist die Konvergenz noch gewährleistet. Man kann auch formal die Koeffizienten für die Beschleunigung in der in Gleichung 67 angegebenen Weise berechnen. Aber sie sind nur formal Grenzwerte: Denn, wie oben mehrfach ausgeführt, wird die Beschleunigung unendlich, wenn die Geschwindigkeit springt. Die Fourierreihe konvergiert jetzt nicht mehr.

5.25 Instrumenteller Weg

Es wurden im Vorstehenden allgemeine Aussagen, in einigen Fällen auch spezielle Aussagen über die Fourierkoeffizienten gemacht - aber zur tatsächlichen Auswertung eigneten sich die Formeln bis eben auf einige Fälle kaum. Um nun die Werte doch zu bekommen, wurde ein instrumenteller Weg beschrieben.

Da die Bewegungsgesetze für die verschiedenen Parameter λ und ε sowieso interessierten, wurden für eine Reihe von diesen Parametern die Bewegungsgesetze zeichnerisch (für den Grenzfall $\lambda + \varepsilon = 0$ auch rechnerisch) ermittelt, d.h. der bezogene Weg u/a und die bezogene Geschwindigkeit v/v_a auf Grund der oben (Abb. 13) angegebenen Konstruktion [12]. Die Planimetrierung des Weges lieferte das konstante Glied A_0, Abschnitt 5.1. Mit dem harmonischen Analysator MADER-OTT [8, 10] wurden nun nicht die Weg-Diagramme sondern die Geschwindigkeits-Diagramme untersucht. Denn da die höheren Harmonischen sich stärker in der Geschwindigkeit auswirken als im Weg, hatte man die Gewähr, daß die höheren Harmonischen auch in genügender Anzahl erfaßt wurden. Zweifellos hätte die Analyse der Beschleunigung noch weitere Harmonische ergeben, aber dem stand die wesentlich umständlichere und daher auch weniger genaue Beschleunigungskonstruktion (Abb.27) entgegen.

Die Ergebnisse dieser instrumentellen Auswertung sind nun in den Kurventafeln (Abb. 43a - f) niedergelegt. Wenn hierbei höhere Harmonische fehlen, so sind ihre Anteile geringfügig - welche Harmonische überhaupt vorkommen können, das wurde ja oben erörtert. Wie bei den Geschwindigkeits- und Beschleunigungs-Extrema wurde auf der Abszissenachse λ aufgetragen, auf der Ordinatenachse die Koeffizienten, und als Parameter der Kurvenscharen wurde ε gewählt.

5.3 Analyse der Drehbewegung der Koppelebene

Die Drehbewegung der Koppelebene ist durch den Koppelwinkel φ , die Winkelgeschwindigkeit ω_c (Gl. 20, 48a) und die Winkelbeschleunigung $\dot{\omega}_c$ (Gl. 53) gekennzeichnet. Die Entwicklungen ähneln denen bei der Schubbewegung, und im einzelnen ergibt sich:

5.31 Summenformel für den Drehwinkel

Nach Gleichung 4b ist der Drehwinkel φ durch

$$\varphi = \arcsin(\varepsilon + \lambda \sin \alpha) = \arcsin z \qquad (75)$$

12. Einen kleinen Ausschnitt geben Abbildung 40 und 41. Weitere Abbildungen können vom Verfasser bezogen werden

bestimmt. Benutzt man nun die Reihe für arc sinz, welche nach steigenden ungeraden Potenzen von $z = \varepsilon + \lambda \sin\alpha$ fortschreitet und entwickelt z^n wie oben bei dem Weg nach dem binomischen Lehrsatz, beachtet ferner die ebenfalls oben angezogenen Entwicklungen von $\sin^n\alpha$, so ergibt sich schließlich für den Winkel φ in Bogenmaß

$$\varphi = A_{\varphi 0} + A_{\varphi 2}\cos 2\alpha + A_{\varphi 4}\cos 4\alpha + A_{\varphi 6}\cos 6\alpha + \ldots$$

$$+ B_{\varphi 1}\sin\alpha + B_{\varphi 3}\sin 3\alpha + B_{\varphi 5}\sin 5\alpha + \ldots \quad (76)$$

d.h. wir haben neben dem konstanten Glied nur gerade cosinus-Schwingungen und ungerade sinus-Schwingungen. Ferner gilt

$$A_o = \sum_{i=0,1,2,\ldots} \frac{\lambda^{2i}}{2^{2i}} \binom{2i}{i} Q_{2i} \quad (77)$$

$$A_{2p} = (-1)^p \sum_{i=p,p+1,\ldots} \frac{\lambda^{2i}}{2^{2i-1}} \binom{2i}{i-p} Q_{2i}, \quad p = 1,2,\ldots; \quad (78)$$

$$B_{2p+1} = (-1)^p \sum_{i=p,\,p+1,\ldots} \frac{\lambda^{2i+1}}{2^{2i}} \binom{2i+1}{i-p} Q_{2i+1}, \quad p=0,1,2,\ldots; \quad (79)$$

hierbei sind die Q wieder durch Reihen dargestellt, welche den Parameter ε enthalten:

$$Q_m = \sum_{k=i,i+1,\ldots} (-1)^k \binom{-1/2}{k} \binom{2k+1}{m} \frac{\varepsilon^{2k+1-m}}{2k+1}, \quad m=2i \text{ bzw. } 2i+1, \quad i=0,1,2,\ldots \quad (80)$$

Es ist auch $Q_o = \arcsin\varepsilon$.

5.32 Die Winkelgeschwindigkeit ω_{c-}

Durch Differentiation der Gleichung 76 nach α erhält man die bezogene Winkelgeschwindigkeit

$$\omega_c/\omega = A_{\omega 1}\cos\alpha + A_{\omega 3}\cos 3\alpha + A_{\omega 5}\cos 5\alpha + \dots$$
$$+ B_{\omega 2}\sin 2\alpha + B_{\omega 4}\sin 4\alpha + B_{\omega 6}\sin 6\alpha + \dots, \qquad (81)$$

wobei ähnlich wie oben bei der Schubbewegung

$$A_{\omega n} = n\,B_{\varphi n},\quad B_{\omega n} = -\,A_{\varphi n} \qquad (82)$$

gilt.

5.33 Die Winkelbeschleunigung $\dot{\omega}_c$

Aus Gleichung 81 erhält man wieder durch Differentiation die bezogene Winkelbeschleunigung $\dot{\omega}_c/\omega^2$, die wir hier der Einfachheit halber mit γ bezeichnen wollen:

$$\gamma = \dot{\omega}_c/\omega^2 = A_{\gamma 2}\cos 2\alpha + A_{\gamma 4}\cos 4\alpha + \dots$$
$$+ B_{\gamma 1}\sin\alpha + B_{\gamma 3}\sin 3\alpha + B_{\gamma 5}\sin 5\alpha + \dots \qquad (83)$$

wobei

$$A_{\gamma n} = -\,n^2 A_{\varphi n} = nB_{\omega n},\quad B_{\gamma n} = -\,n^2 B_{\varphi n} = -\,nA_{\omega n} \qquad (84)$$

wird.

5.34 Näherung

Läßt man die dritten Potenzen von ε und λ noch zu, d.h. noch ε^3, λ^3, $\varepsilon\lambda^2$, $\varepsilon^2\lambda$, so gilt nach Abschnitt 5.31 und 5.32 für die Winkelgeschwindigkeit die Näherung

$$\omega_c/\omega = A_{\omega 1}\cos\alpha + B_{\omega 2}\sin 2\alpha + A_{\omega 3}\cos 3\alpha, \qquad (85)$$

wobei

$$A_{\omega 1} = \lambda(1 + \lambda^2/8 + \varepsilon^2/2),\quad B_{\omega 2} = \varepsilon\lambda^2/2,\quad A_{\omega 3} = -\,\lambda^3/8 \qquad (86)$$

ist. Man erkennt hieraus, daß für noch kleinere λ und vor allem ε nur $A_1 = \lambda$ bleibt (bedingt durch $\cos\varphi \approx 1$, vgl. Gl. 48a) und daß der Einfluß von ε sich erst bei größeren Werten λ und ε bemerkbar macht. Deswegen ist auch in den unten folgenden Kurventafeln nicht λ sondern wie in den Abbildungen 37 und 38 der Parameter ε auf der Abszissenachse aufgetragen.

5.35 Sonderfälle

Einige Sonderfälle unterstützen wieder die Zusammenstellung:

5.351 Zentrisches Getriebe, d.h. $\varepsilon = 0$

Hierbei ist $\varphi(\alpha)$ eine ungerade Funktion $\varphi(\pi + \alpha) = -\varphi(\alpha)$. Es verschwinden in Gleichung 76 das konstante Glied $A_{\varphi o}$ und die Koeffizienten $A_{\varphi n}$, was sich entsprechend auf die Winkelgeschwindigkeit und Winkelbeschleunigung auswirkt [13].

5.352 Kreuzschleife, d.h. $\lambda = 0$

Hierbei bleibt ja φ constant und zwar gilt $\varphi = \arcsin \varepsilon = A_{\varphi o}$ (vgl. Abs. 1.53), wie auch formal aus Gleichung 80 folgt. D.h. alle anderen Koeffizienten verschwinden jetzt.

5.353 Grenzfall $\lambda + \varepsilon = 1$

Wie bei der Schubbewegung lassen sich die Koeffizienten durch Integration zwar gewinnen, doch werden auch hier die Ausdrücke unhandlich. So ist noch relativ einfach z.B.

$$B_{\varphi 1} = A_{\omega 1} = \frac{4}{\pi}\left[\sqrt{\frac{1}{\lambda}} - \frac{1-\lambda}{2\lambda} \ln \frac{1+\lambda}{1-\lambda}\right] \tag{87}$$

anzugeben. Wenn schließlich noch $\lambda = 1$, d.h. $\varepsilon = 0$, innerhalb dieser Grenzfälle angenommen wird, so folgt

$$A_{\omega\,(2n-1)} = (-1)^{n+1} \cdot \frac{4}{(2n-1)\pi}, \tag{88a}$$

$$B_{\varphi\,(2n-1)} = (-1)^{n+1} \cdot \frac{4}{(2n-1)^2\pi}, \quad n = 1,2, \ldots \tag{88b}$$

Es haben hier beiläufig φ und $\dot{\varphi}/\omega = \omega_c/\omega$ den einfachen Verlauf nach Abbildung 45.

5.36 Instrumenteller Weg

Aus gleichen Gründen wie bei der Schubbewegung (Abs. 5.23) wird auch hier die Winkelgeschwindigkeit ω_c zeichnerisch ermittelt, über α aufgetragen und dann mit dem harmonischen Analysator MADER-OTT analysiert. Bei Konstruktion der Geschwindigkeit gemäß Abbildung 13 wird ja auch v_{BA} gewonnen. Nun ist $v_{BA} = c\ \omega_c$, und wenn unmittelbar v_{BA}/v_A aufgetragen wird,

---

13. vgl.a. hierzu [2]

so gilt hierfür nach Gleichung 48b: $\omega_c / \omega = \lambda\, v_{BA}/v_A$. D.h. die aus der Analyse der Kurve v_{BA}/v_A (vgl. z.B. Abb. 42) gewonnenen Koeffizienten sind noch mit λ zu multiplizieren, um die Werte für $A_{\omega 1}$, $A_{\omega 3}$, ..., $B_{\omega 2}$, $B_{\omega 4}$, ... zu erhalten. Auf die Ermittlung von $A_{\varphi o}$, d.h. des konstanten Gliedes, wurde, da unwesentlich, verzichtet.

Die Ergebnisse sind in den Abbildungen 43 - 44 zusammengestellt.

5.4 Bewegung eines Koppelpunktes

In Hinblick auf die Berechnung der Massenkräfte bedarf man nicht nur der Beschleunigung des Schubgliedes und der Winkelbeschleunigung der Koppelebene, sondern auch der Beschleunigungen der einzelnen Massenpunkte, insbesondere der des Koppelschwerpunktes. Hierzu müssen deren Koordinaten bekannt sein.

5.41 Die Koordinaten

Aus Abbildung 46 folgt für die Koordinaten x und y eines Koppelpunktes K in einem festen x, y-System mit ξ und η als seinen Koordinaten in der Koppelebene

$$x = a \cos\alpha + \xi \cos\varphi + \eta \sin\varphi \qquad (89a)$$

$$y = a \sin\alpha - \xi \sin\varphi + \eta \cos\varphi \qquad (89b)$$

wobei φ mit dem Kurbelwinkel α durch Gleichung 46 verbunden ist. Nunmehr müssen im Rahmen der harmonischen Analyse die Koordinaten x und y je in eine Fourier-Reihe entwickelt werden, d.h. die durch die Gleichungen 89a und b gegebene Koppelkurve (eine zirkulare Kurve vierter Ordnung) wird durch eine zweidimensionale Fourier - Entwicklung dargestellt.

Die Reihe für $\sin\varphi$ gibt bereits die Gleichung 4b, d.h., es ist

$$\sin\varphi = \varepsilon + \lambda \sin\alpha. \qquad (90)$$

Das Glied $z = \cos\varphi$ kann auf Grund der Entwicklung des bezogenen Weges u/a gemäß Gleichung 57 ebenfalls leicht entwickelt werden, wenn man noch Gleichung 3c für u/a heranzieht. Der Vergleich beider Gleichungen liefert dann die Reihe

$$z = \cos\varphi = A_o^* + \sum_{p=1,2,...} B_{2p-1}^* \sin(2p-1)\alpha + \sum_{p=1,2,..} A_{2p}^* \cos 2p\,\alpha; \qquad (91)$$

Der Index * soll hier den Bezug auf z andeuten, und es stehen die neuen Koeffizienten mit den oben in den Kurventafeln 43 a/f dargestellten Werten in folgendem Zusammenhang:

$$A_o^* = \lambda (1 - A_o) + \sqrt{1 - \varepsilon^2}, \tag{92a}$$

$$B_{2p-1}^* = -\lambda B_{2p-1}, \quad A_{2p}^* = -\lambda A_{2p}, \tag{92b}$$

d.h. abgesehen vom konstanten Glied A_o^* hat man die bekannten Koeffizienten B_{2p-1} und A_{2p} nur mit $-\lambda$ zu multiplizieren.

Damit schreiben sich die Koordinaten des Koppelpunktes K auch

$$x = a \cos\alpha + \xi \left[A_o^* - \lambda \sum_{p=1,2,\ldots} B_{2p-1} \sin(2p-1)\alpha - \lambda \sum_{p=1,2,\ldots} A_{2p} \cos 2p\alpha \right]$$

$$+ \eta (\varepsilon + \lambda \sin\alpha), \tag{93a}$$

$$y = a \sin\alpha - \xi (\varepsilon + \lambda \sin\alpha) + \eta \left[A_o^* - \lambda \sum_{p=1,2,\ldots} B_{2p-1} \sin(2p-1)\alpha \right.$$

$$\left. - \lambda \sum_{p=1,2,\ldots} A_{2p} \cos 2p\alpha \right]. \tag{93b}$$

Hierbei wurden die Koordinaten ξ und η getrennt eingesetzt, um deren Einfluß zu übersehen. Andernfalls ließe sich auch schreiben:

$$x = A_{xo} + \sum_{p=1,2,\ldots} B_{x(2p-1)} \sin(2p-1)\alpha + A_{x1} \cos\alpha$$

$$+ \sum_{p=1,2,\ldots} A_{x(2p)} \cos 2p\alpha, \tag{94a}$$

$$y = A_{yo} + \sum_{p=1,2,\ldots} B_{y(2p-1)} \sin(2p-1)\alpha + \sum_{p=1,2,\ldots} A_{y(2p)} \cos 2p\alpha. \tag{94b}$$

Dabei gilt

$$A_{xo} = \xi A_o^* + \eta \varepsilon, \quad A_{yo} = \eta A_o^* - \xi \varepsilon, \quad A_o^* \text{ (vgl.Gl. 92a)}$$

$$B_{x1} = \lambda (\eta - \xi B_1), \; B_{y1} = a - \lambda(\xi + \eta B_1),$$

$$B_{x(2p-1)} = -\lambda \xi B_{2p-1}, \; B_{y(2p-1)} = -\lambda \eta B_{2p-1}, \qquad (95)$$

$$p = 2,3,\ldots$$

$$A_{x1} = a, \qquad A_{y1} = 0,$$

$$A_{x(2p)} = -\lambda \xi A_{2p}, \qquad A_{y(2p)} = -\lambda \eta A_{2p},$$

$$p = 1,2 \ldots .$$

So können alle Koeffizienten auf die oben in den Abbildungen 43 a/f dargestellten Koeffizienten A_o, B_{2p-1}, A_{2p} zurückgeführt werden.
Für $\xi = \eta = 0$ (Punkt A) bleibt nur noch $A_{x1} = a$ und $B_{y1} = a$, da ja der Punkt A den Kurbelkreis von der Parameterdarstellung $x = a \cos \alpha$, $y = b \sin \alpha$ beschreibt. Für $\xi = c$ und $\eta = 0$ (Punkt B) erhält man mit $c\lambda = a$ naturgemäß $y = -e$ und bis auf das konstante Glied und die Vorzeichen die Entwicklung von $u = \frac{u}{a} a$.

5.42 Die Bahnkurve

Den obigen Entwicklungen kann nun noch eine anschauliche Deutung gegeben werden: Bildet man den Vektor $\mathfrak{r} = \overrightarrow{A_o K}$, Abbildung 46, so ergibt sich als vektorielle Summe der Komponenten mit $\mathfrak{i}$ und $\mathfrak{j}$ als Einheitsvektoren in der x- bzw. y-Richtung doch

$$\begin{aligned} \mathfrak{r} &= \mathfrak{i}\, x + \mathfrak{j}\, y \\ &= \mathfrak{r}_o + \mathfrak{r}_1 + \sum_{p=2,3,\ldots} \mathfrak{r}_{2p-1} + \sum_{p=1,2,\ldots} \mathfrak{r}_{2p} \end{aligned} \qquad (96a)$$

Darin bedeutet $\mathfrak{r}_o = \mathfrak{i} A_{xo} + \mathfrak{j} A_{yo}$ einen konstanten Vektor, d.h., er kennzeichnet einen festen Punkt M_o, wobei $\overrightarrow{A_o M_o} = \mathfrak{r}_o$ ist.

Ferner stellt $\mathfrak{r}_1$ den veränderlichen Vektor

$$\mathfrak{r}_1 = \dot{\mathfrak{i}}\, a \cos\alpha + \dot{\mathfrak{i}}\, B_{x1} \sin\alpha + \dot{\mathfrak{j}}\, B_{y1} \sin\alpha$$

$$= \dot{\mathfrak{i}}\, a \cos\alpha + \mathfrak{B}_1 \sin\alpha \qquad (96b)$$

mit $\mathfrak{B}_1 = \dot{\mathfrak{i}}\, B_{x1} + \dot{\mathfrak{j}}\, B_{y1}$, d.h. die Bahn einer Ellipse dar. Wenn man also alle höheren Harmonischen vernachlässigt, so wäre die Bahn, d.h. die Koppelkurve, genähert eine Ellipse vom Mittelpunkt M_o mit der Gleichung 96b.

Dazu kommen aber noch lineare Schwingungen gekennzeichnet durch die Vektoren $\mathfrak{r}_{2p-1}$ für p = 2,3,... bzw. $\mathfrak{r}_{2p}$ für p = 1,2, ...; für diese gilt

$$\mathfrak{r}_{2p-1} = \mathfrak{B}_{2p-1} \sin(2p-1)\alpha\,, \qquad (97a)$$

$$\mathfrak{B}_{2p-1} = \dot{\mathfrak{i}}\, B_{x(2p-1)} + \dot{\mathfrak{j}}\, B_{y(2p-1)}, \qquad (97b)$$

$$\mathfrak{r}_{2p} = \mathfrak{A}_{2p} \cos 2p\alpha, \qquad (98a)$$

$$\mathfrak{A}_{2p} = \dot{\mathfrak{i}}\, A_{x2p} + \dot{\mathfrak{j}}\, A_{y2p}\,. \qquad (98b)$$

Die Anwendung zeigt Abbildung 47a und b:

Abbildung 47a läßt die Vektoren $\mathfrak{r}_o$ und $\mathfrak{r}_1$ erkennen, welche zur Darstellung der Koppelkurve genügen, d.h., die Ellipse ersetzt bereits die Koppelkurve. Demgegenüber mußte in Abbildung 47b bei einem anderen Koppelpunkt mit verschlungener Koppelkurve und dem gleichen Getriebe der Vektor $\mathfrak{r}_2$ (gemäß Gl. 98 für p = 1) hinzugenommen werden.

Über die Bedeutung der Fourierkoeffizienten für die Ermittlung des Flächeninhaltes einer Kurve vgl. den demnächst erscheinenden Forschungsbericht "Über den Flächeninhalt von Koppelkurven" [14].

5.43 Geschwindigkeit und Beschleunigung

Geschwindigkeit und Beschleunigung des Koppelpunktes erhält man aus den Gleichungen 89a, b durch Differentiieren, wobei $\omega = d\alpha/dt$ die konstante Winkelgeschwindigkeit der Kurbel ist:

---

14. FB Nr. 506

$$v_x = dx/dt = \omega(-a\sin\alpha + \xi z' + \eta\lambda\cos\alpha), \qquad (99a)$$

$$v_y = dy/dt = \omega(a\cos\alpha - \xi\lambda\cos\alpha + \eta z'), \qquad (99b)$$

$$b_x = dv_x/dt = \omega^2(-a\cos\alpha + \xi z'' - \eta\lambda\sin\alpha), \qquad (100a)$$

$$b_y = dv_y/dt = \omega^2(-a\sin\alpha + \xi\lambda\sin\alpha + \eta z''). \qquad (100b)$$

Hierin stellen z' und z'' die erste bzw. zweite Ableitung von $z = \cos\varphi$ gemäß Gleichung 91 nach α dar, so daß diese jeweils wieder durch eine Fourier-Reihe mit den Koeffizienten B_v^* , A_v^* bzw. B_b^*, A_b^* (Indices 2p, 2p-1 fortgelassen) bilden. Diese Koeffizienten sind dann in gleicher Weise mit den B_v, A_v bzw. B_b, A_b aus den Abbildungen 43a/f verknüpft, wie in den Gleichungen 92b angegeben, d.h., man hat die oben in den Abbildungen gegebenen Werte nur noch mit $-\lambda$ zu multiplizieren.

Damit sind auch die Harmonischen von Geschwindigkeit und Beschleunigung eines Koppelpunktes auf die in Abschnitt 5.2 gegebenen Harmonischen für die Bewegung des Schubgliedes zurückgeführt.

Auf die nicht sehr wesentlichen, bereits oben behandelten Vereinfachungen für den zentrischen Trieb ($\varepsilon = 0$) soll hier nicht nochmals eingegangen werden.

Prof. Dr.-Ing. W. MEYER zur CAPELLEN, Aachen

6. Literaturverzeichnis

[1] BEYER, R. — Kinematische Getriebesynthese, Berlin/Göttingen/Heidelberg 1953

[2] BIEZENO, C.B. und R. GRAMMEL — Technische Dynamik, 2. Aufl., Bd.II Berlin/Göttingen/Heidelberg 1953

[3] HOECKEN, K. — Konstruktionstafel. Autom. Techn. Zeitschrift, Bd. 38 (1936)

[4] MEYER zur CAPELLEN, W. — Abbildung durch die EULER-SAVARYsche Formel. Z.angew.Math.Mech.B.17 (1937) S.288-295

[5] MEYER zur CAPELLEN, W. — Größtwert von Geschwindigkeit und Beschleunigung beim Schubkurbeltrieb. Getriebetechnik Bd.5(1937),529-532

[6] MEYER zur CAPELLEN, W. — Der Kurbeltrieb als schwingungsfähiges System. Getriebetechnik Bd.8 (1940), S. 130

[7] MEYER zur CAPELLEN, W. — Nomogramme zur EULER-SAVARYschen Formel. Getriebetechnik Bd. 9(1941), 489-492

[8] MEYER zur CAPELLEN, W. — Mathematische Instrumente. 3. Aufl. Leipzig 1949

[9] MEYER zur CAPELLEN, W. — Integraltafeln. Berlin/Göttingen/Heidelberg

[10] MEYER zur CAPELLEN, W. — Instrumentelle Mathematik für den Ingenieur. Essen 1952.

[11] MEYER zur CAPELLEN, W. — Leitfaden der Nomographie. Berlin/Göttingen/Heidelberg 1953

[12] MEYER zur CAPELLEN, W. — Die Totlagen des ebenen Gelenkvierecks in analytischer Darstellung. Forschung auf d.Geb. des Ing.Wesens Bd. 22 (1956), Heft 2, S. 42 - 50

[13] MEYER zur CAPELLEN, W. Kinematik und Dynamik der Kurbelschleife. Werkstatt und Betrieb Bd. 89 (1956) S. 581 - 584 und S. 677 - 683

[14] MEYER zur CAPELLEN, W. Die Extrema der Geschwindigkeiten an Kurbeltrieben. Ing.-Arch., Bd. 25 (1957), H.2 140 - 154

[15] POLACZEK, K. Getriebelehre. München 1955

[16] WAGNER, K.W. Einführung in die Lehre von den Schwingungen und Wellen. Wiesbaden 1947

7. Anhang

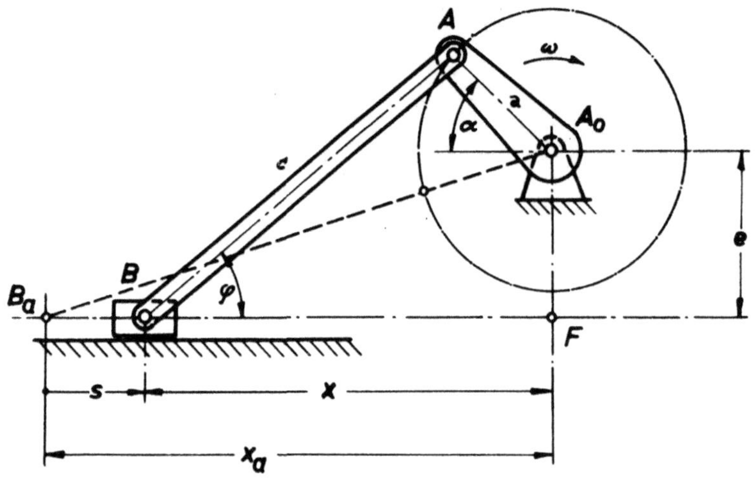

A b b i l d u n g 1

Geschränkte Schubkurbel mit Bezeichnungen

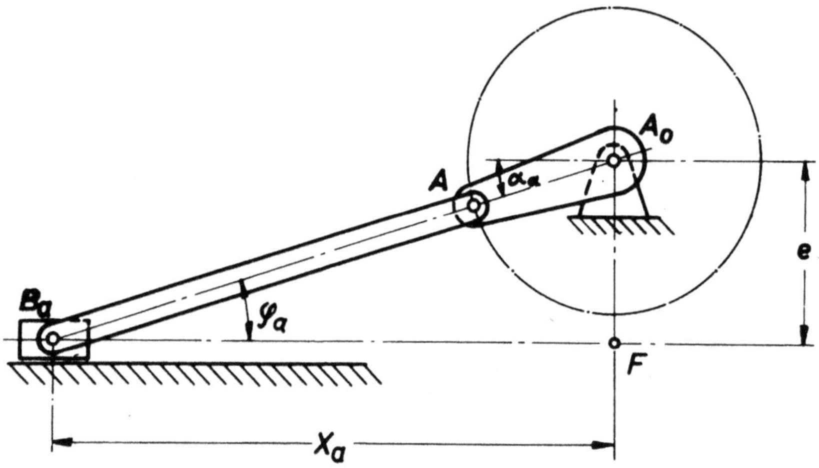

A b b i l d u n g 2a

Äußere Totlage des Schubgliedes

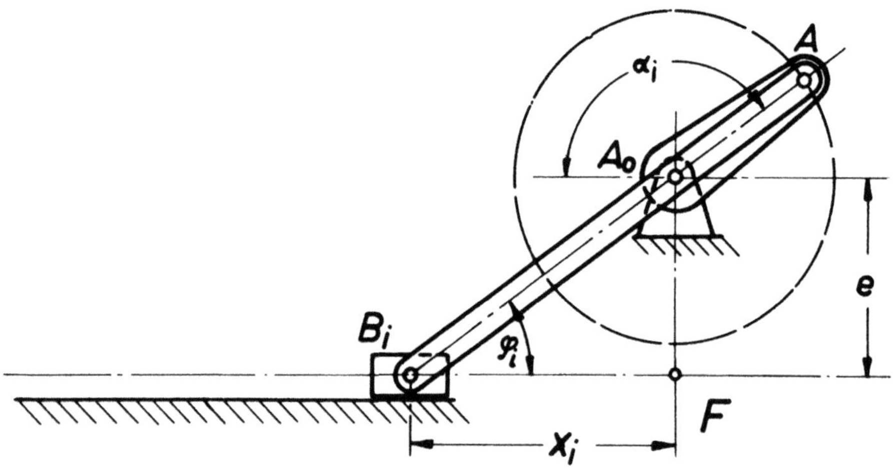

A b b i l d u n g 2b

Innere Totlage des Schubgliedes

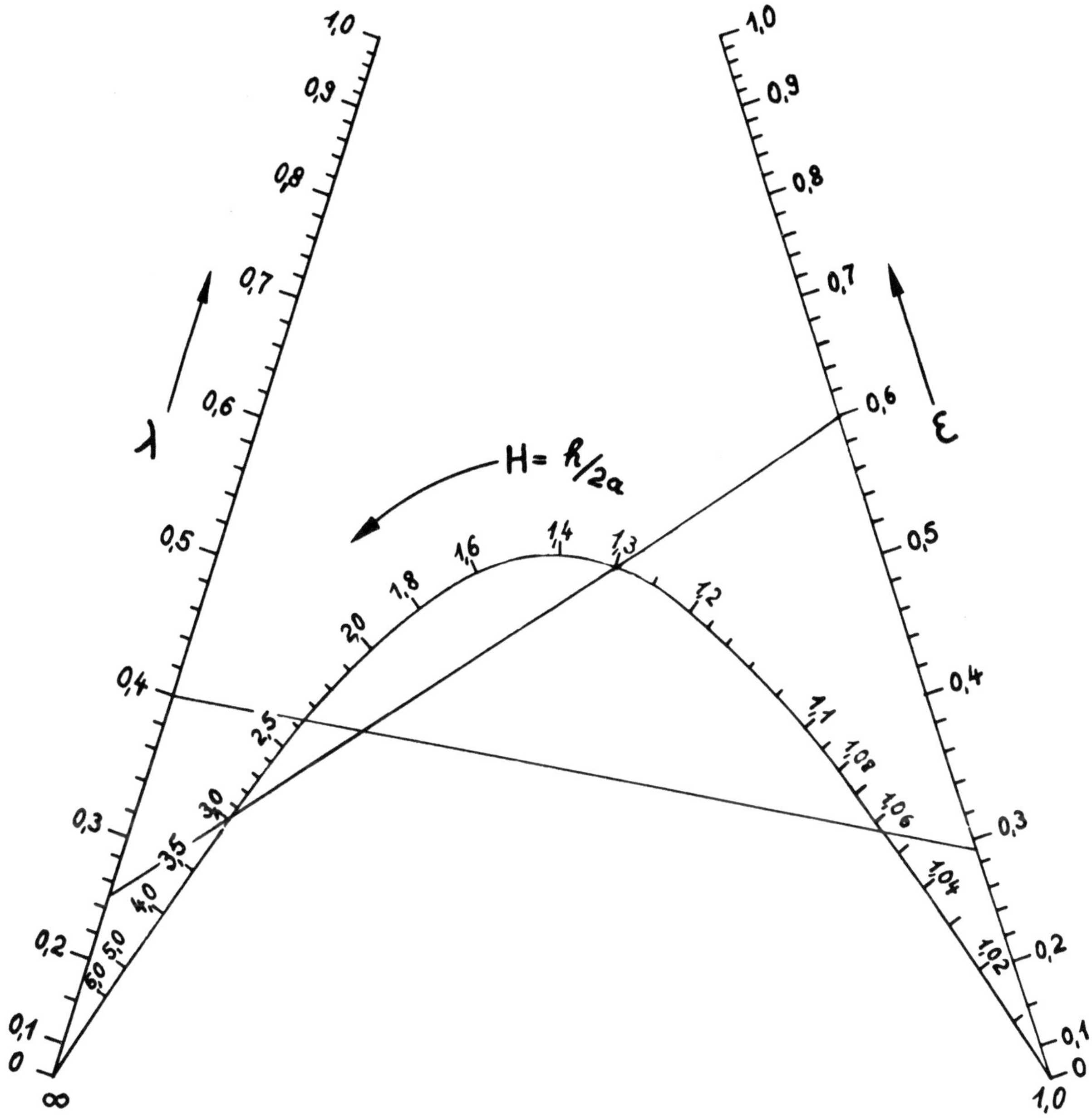

A b b i l d u n g 3

Fluchtentafel für die Beziehung zwischen Schubstangenverhältnis $\lambda = a/c$, Schränkungsverhältnis $\varepsilon = e/c$ und dem bezogenen Hub $H = h/2a$

Beachte: Die Fluchtgerade schneidet die gekrümmte Leiter zweimal, gültig ist hierbei nur der rechte Schnittpunkt.

Beispiele: 1. $\lambda = 0{,}25$ und $\varepsilon = 0{,}6$ liefern $H = 1{,}29$ d.h. $h = 1{,}29\ a$

2. $h = 1{,}055a$, d.h. $H = 1{,}055$ und $\lambda = 0{,}4$ liefern $\varepsilon = 0{,}29$

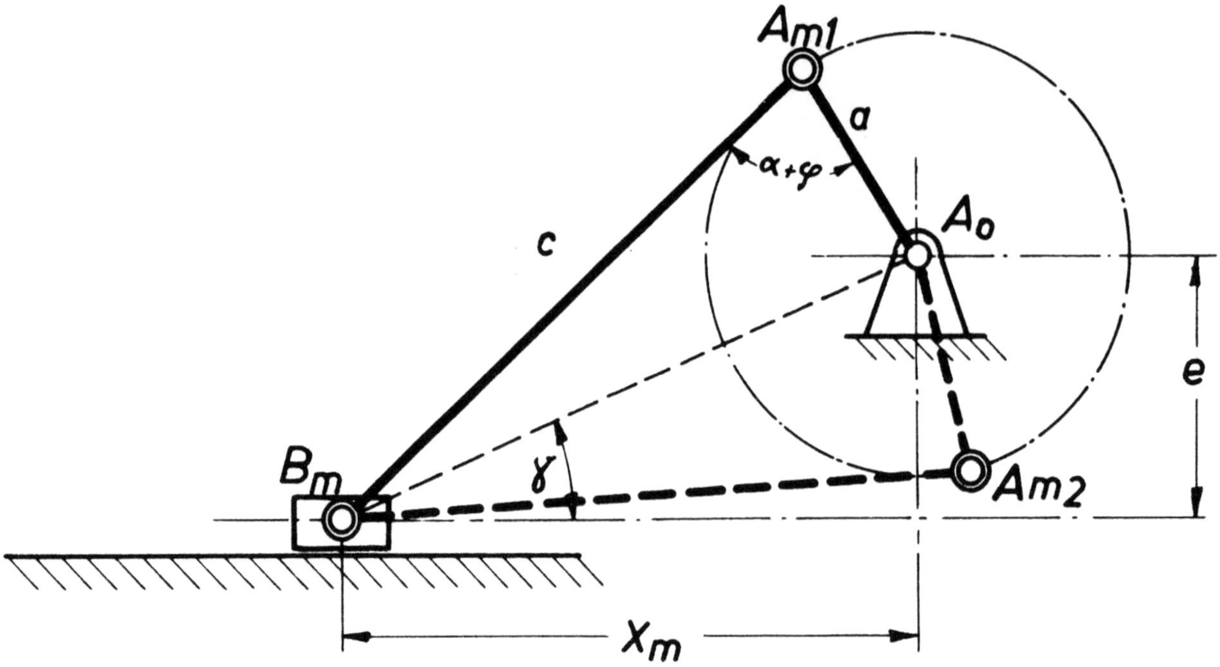

A b b i l d u n g 4a

Sonderstellung, Schubglied in Hubmitte

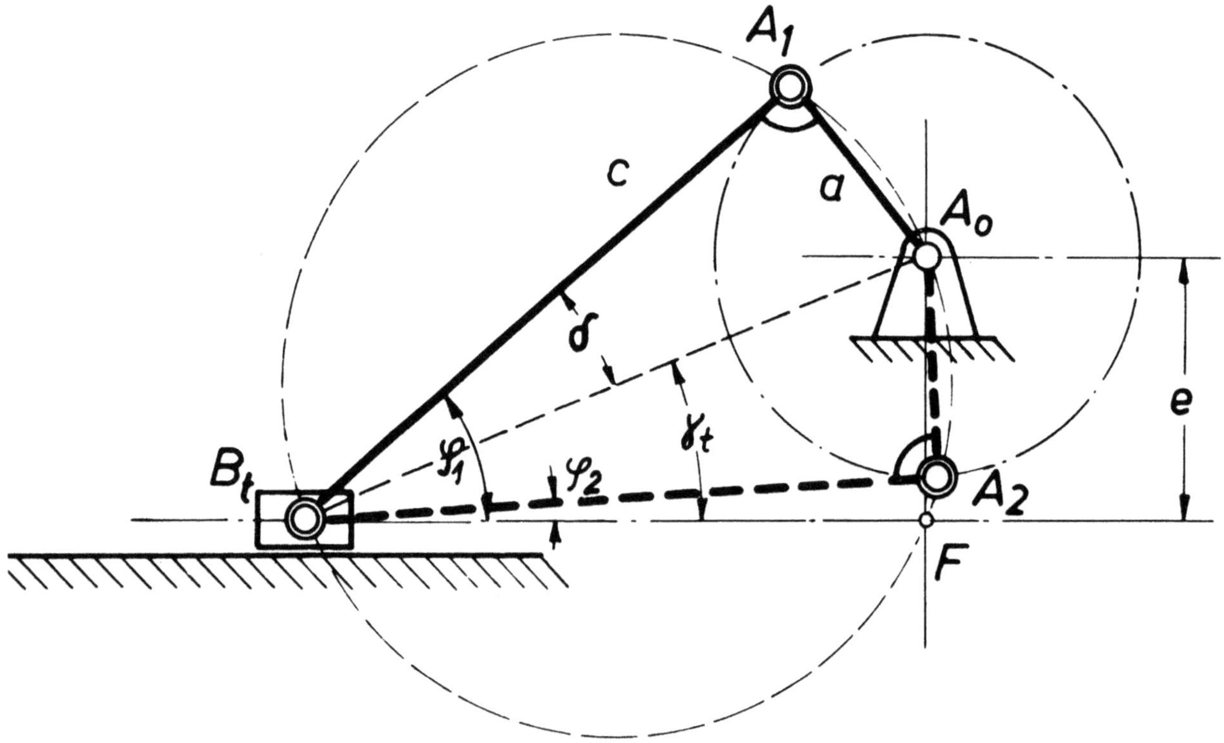

A b b i l d u n g 4b

Sonderstellung, Koppel berührt den Kurbelkreis

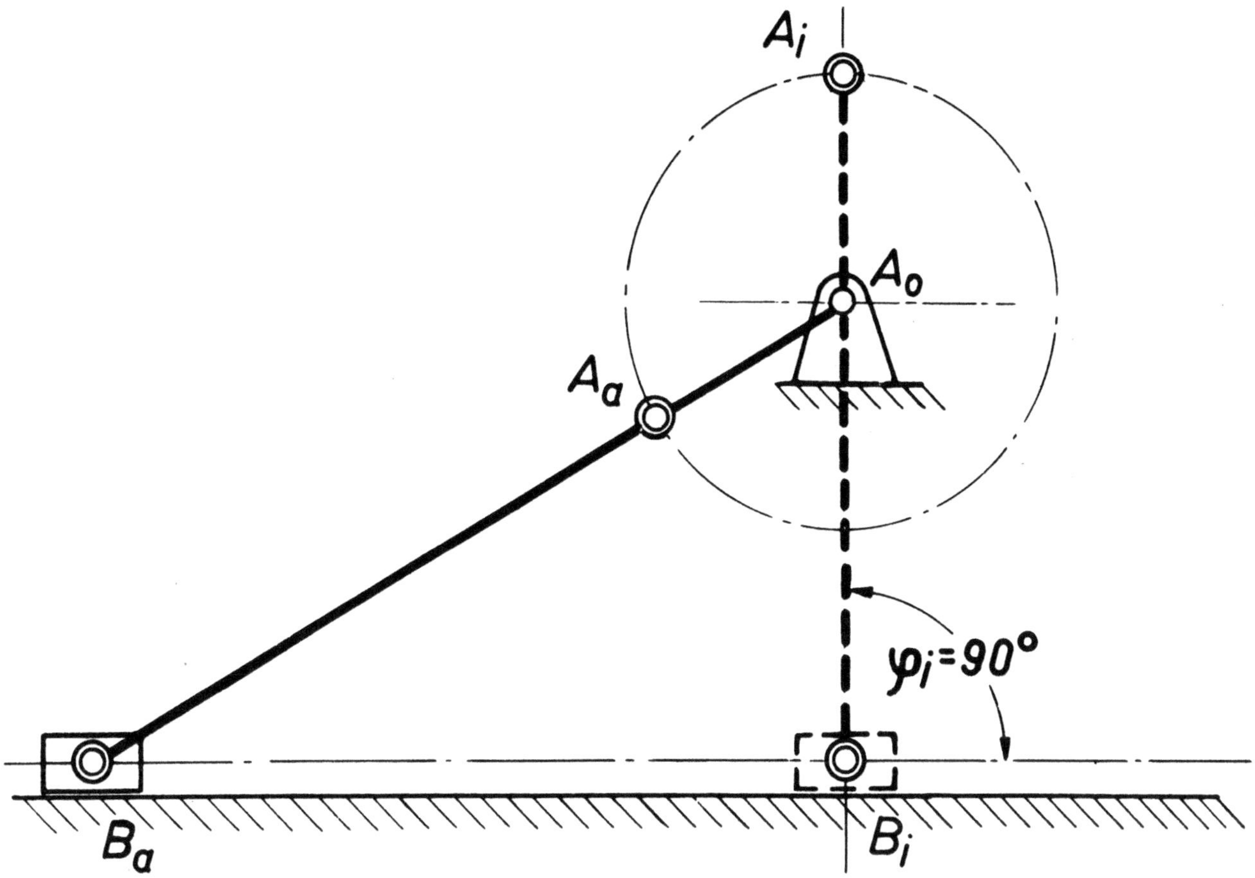

A b b i l d u n g 5a

Durchschlagende, geschränkte Schubkurbel, d.h. a + e = c
oder $\lambda + \varepsilon = 1$, in den Totlagen

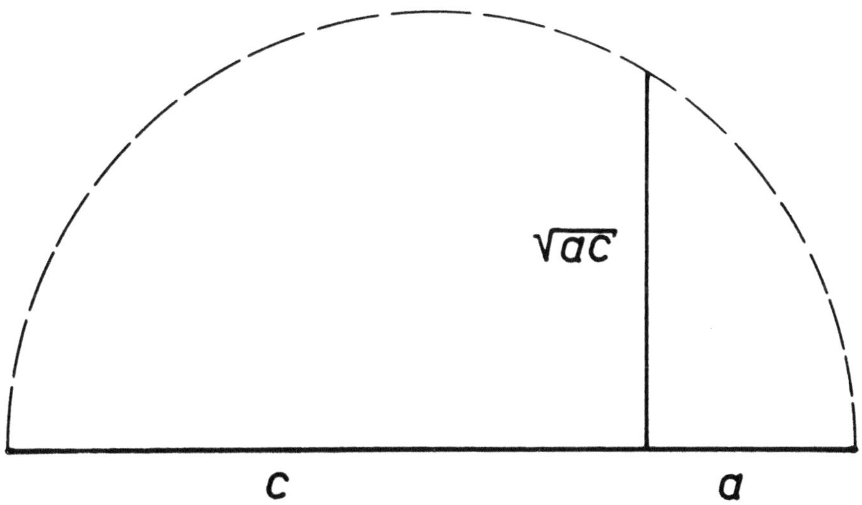

A b b i l d u n g 5b

Geometrische Konstruktion des Gesamthubes $h = 2\sqrt{ac}$

Gesamthub $h = 2\sqrt{ac}$

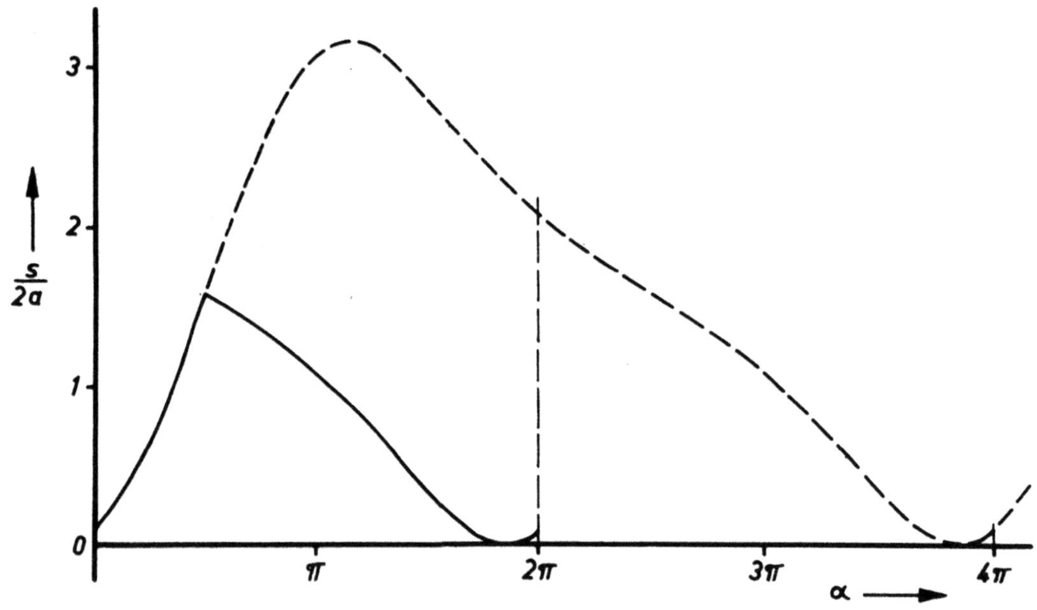

A b b i l d u n g 6a

Weg s beim durchschlagenden Getriebe für $\lambda = 0{,}4$, d.h. $\varepsilon = 0{,}6$. Die ausgezogenen Kurven gelten, wenn das Getriebe zwar die Verzweigungslage erreicht, aber nicht durchschlägt. Die gestrichelten Kurven gelten, wenn das Getriebe durchschlägt, also der Kurbelwinkel die Werte von $\alpha = 0$ bis $\alpha = 4\pi$ durchläuft

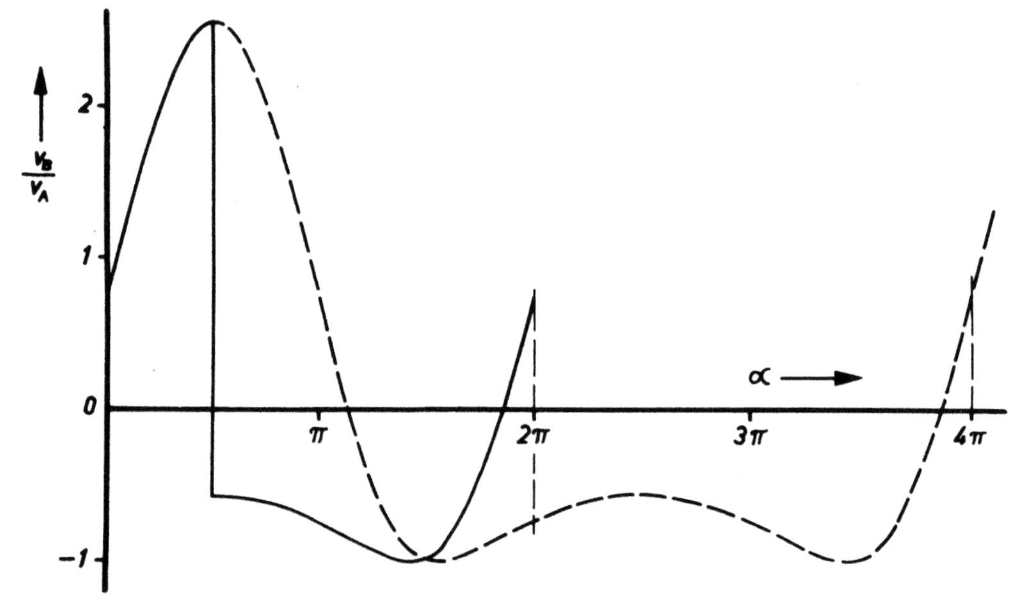

A b b i l d u n g 6b

Geschwindigkeit v zu Abbildung 6a

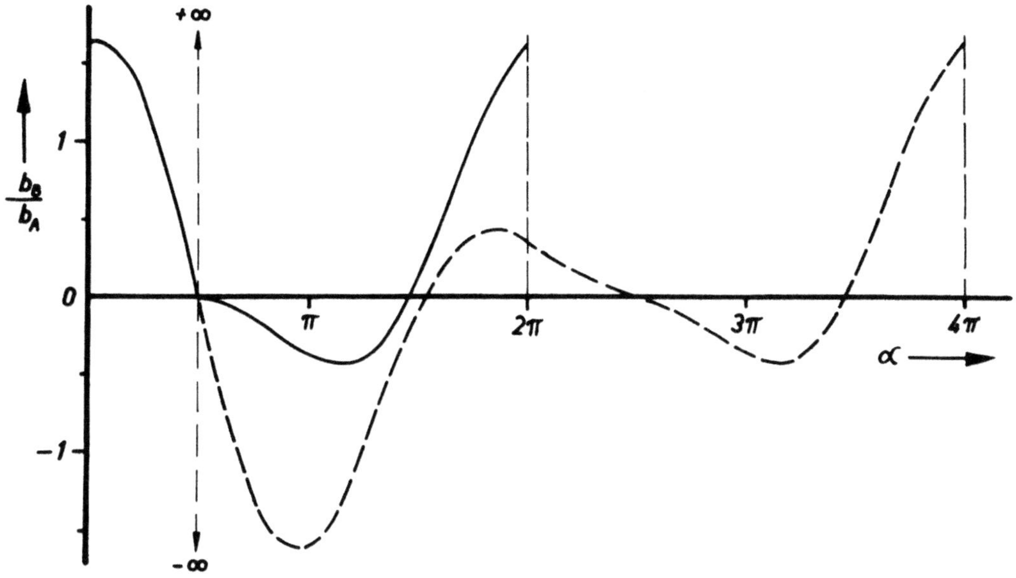

A b b i l d u n g 6c

Beschleunigung b des Schubgliedes beim durchschlagenden Getriebe für λ = 0,4, d.h. ε = 0,6. Die ausgezogenen Kurven gelten, wenn das Getriebe zwar die Verzweigungslage erreicht, aber nicht durchschlägt. Die gestrichelten Kurven gelten, wenn das Getriebe durchschlägt, also der Kurbelwinkel die Werte von $\alpha = 0$ bis $\alpha = 4\pi$ durchläuft

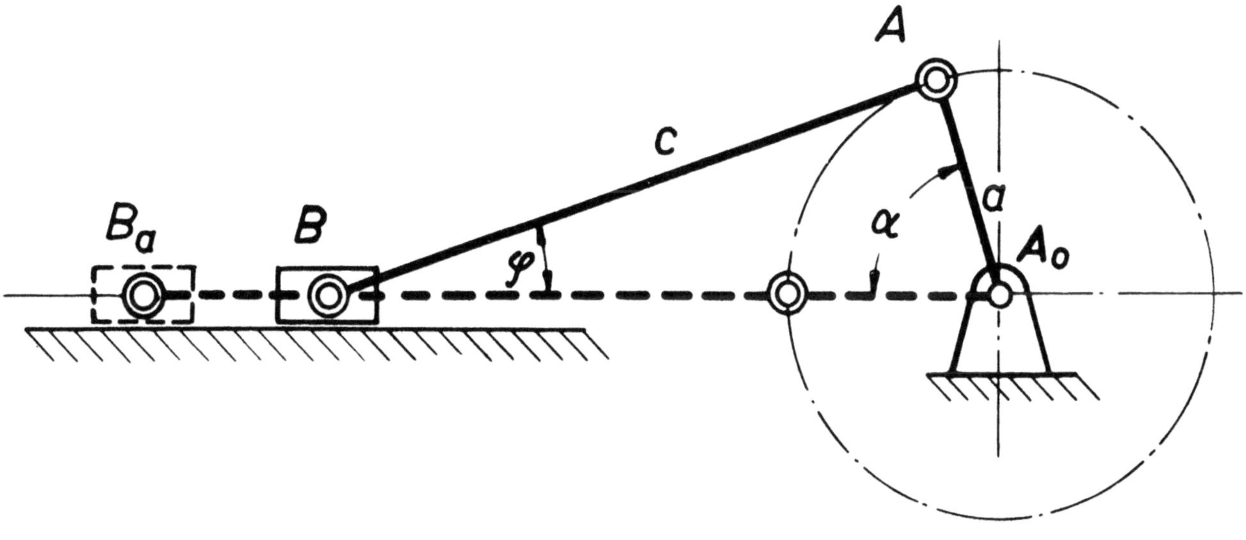

A b b i l d u n g 7

Zentrische Schubkurbel, d.h. ε = 0

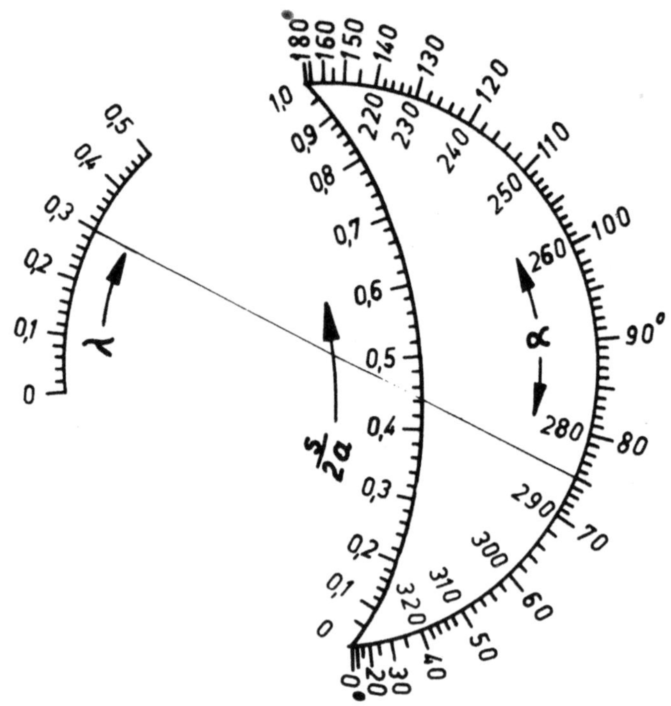

A b b i l d u n g 8

Nomogramm für die zentrische Schubkurbel

Beispiel: λ = 0,30 und α = 75° bzw. 285° liefert s/2a = 0,44

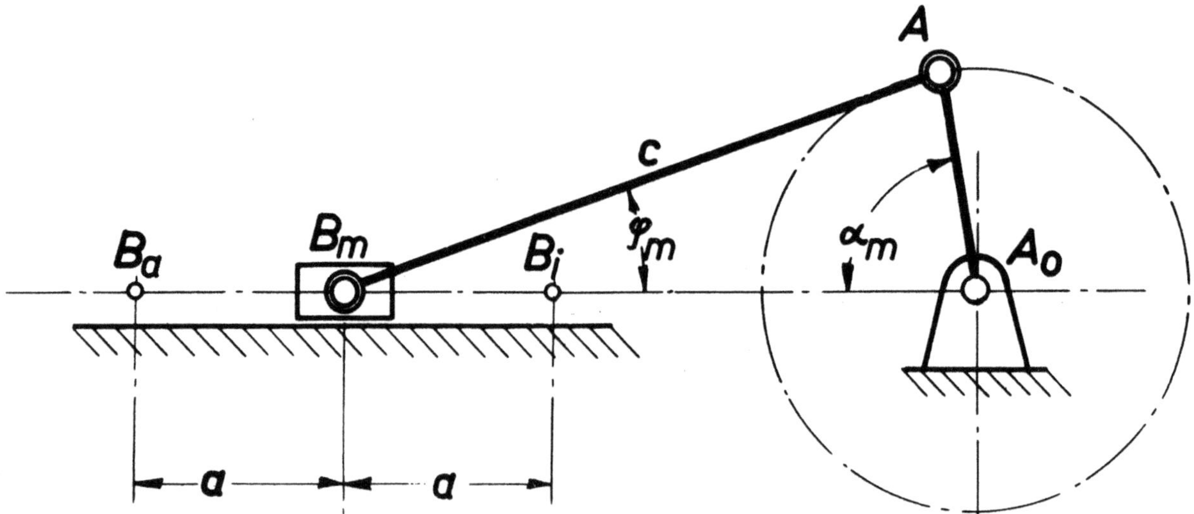

A b b i l d u n g 9

Schubglied in Hubmitte beim zentrischen Getriebe

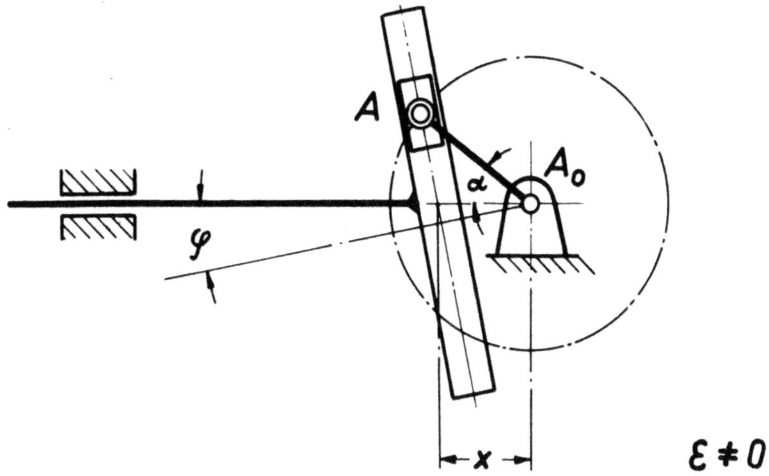

A b b i l d u n g 10a

Sonderfall $\lambda = 0$, $\varepsilon \neq 0$, d.h. schiefe Kreuzschleife

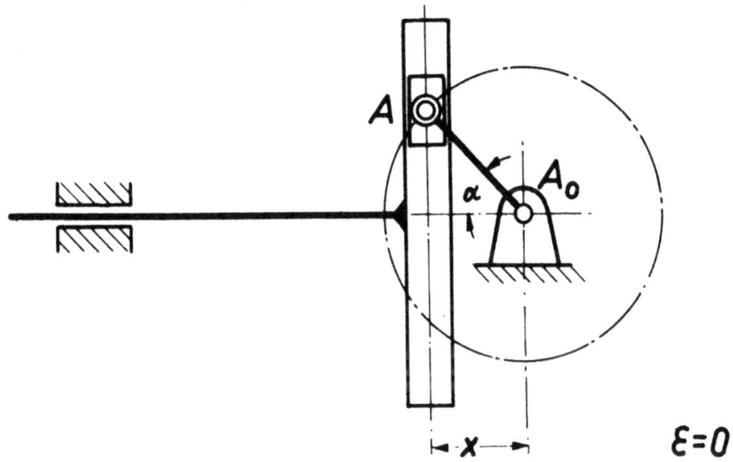

A b b i l d u n g 10 b

Sonderfall $\lambda = 0$, $\varepsilon = 0$, d.h. gerade Kreuzschleife

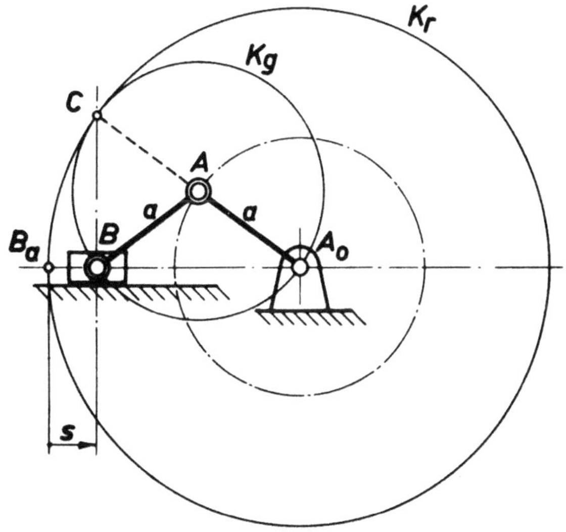

A b b i l d u n g 11

Sonderfall $\lambda = 1$, d.h. gleichschenkliger, zentrischer Schubkurbeltrieb mit Polbahnen K_r und K_g [Kardankreise]

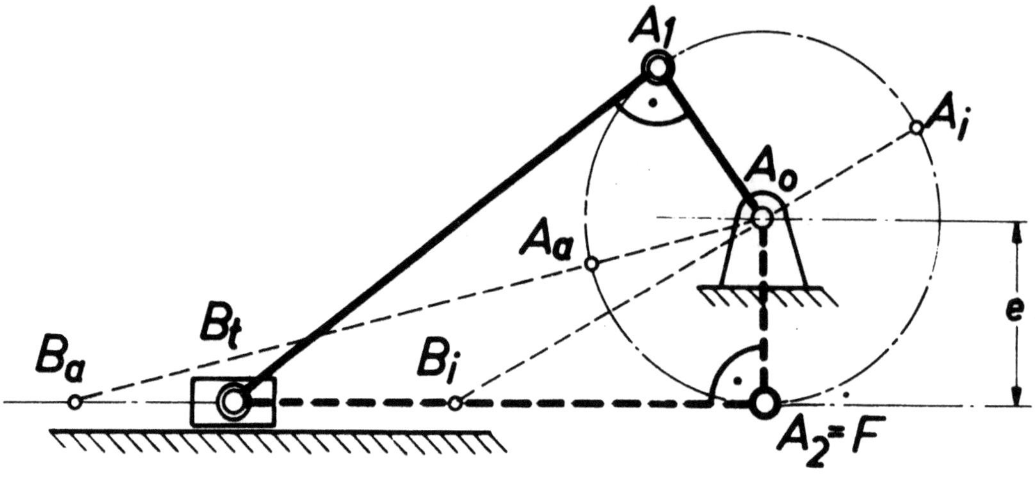

A b b i l d u n g   12

Sonderfall $\lambda = \varepsilon$, d.h. die Geradführung berührt den Kurbelkreis

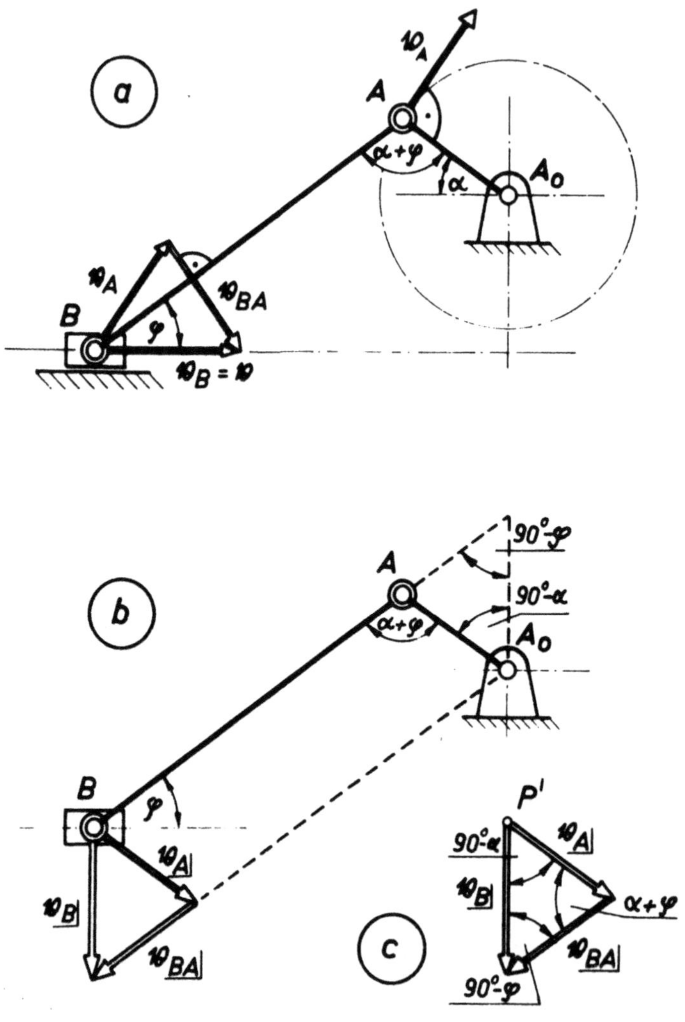

A b b i l d u n g   13

a) Graphische Geschwindigkeitsermittlung bei der Schubkurbel nach dem Satz von EULER

b) gedrehte Geschwindigkeit, c) Geschwindigkeitsdreieck

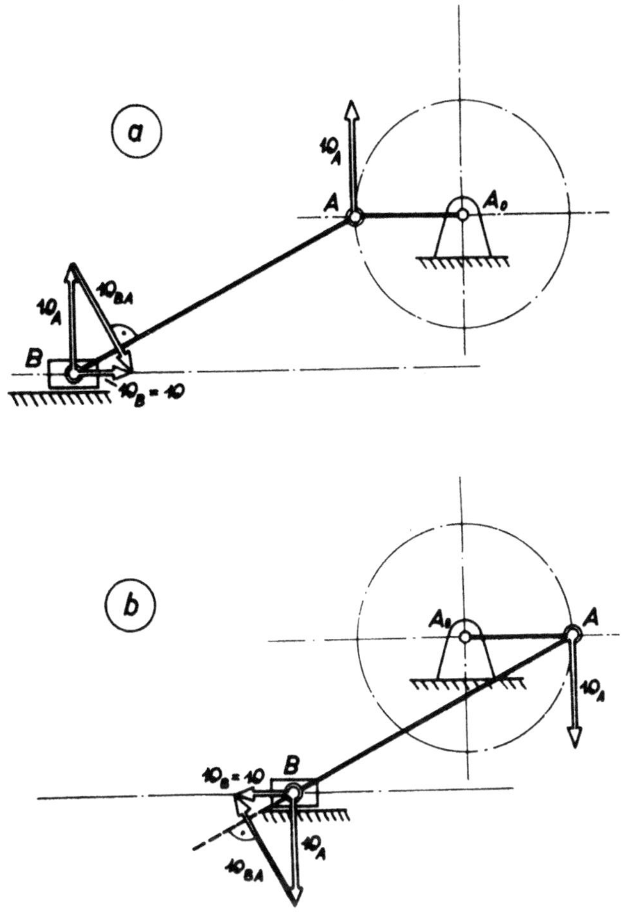

A b b i l d u n g 14

Geschwindigkeitsermittlung, wenn Kurbel parallel zur Geradführung,
a) d.h. $\alpha = 0^\circ$ b) $\alpha = 180^\circ$

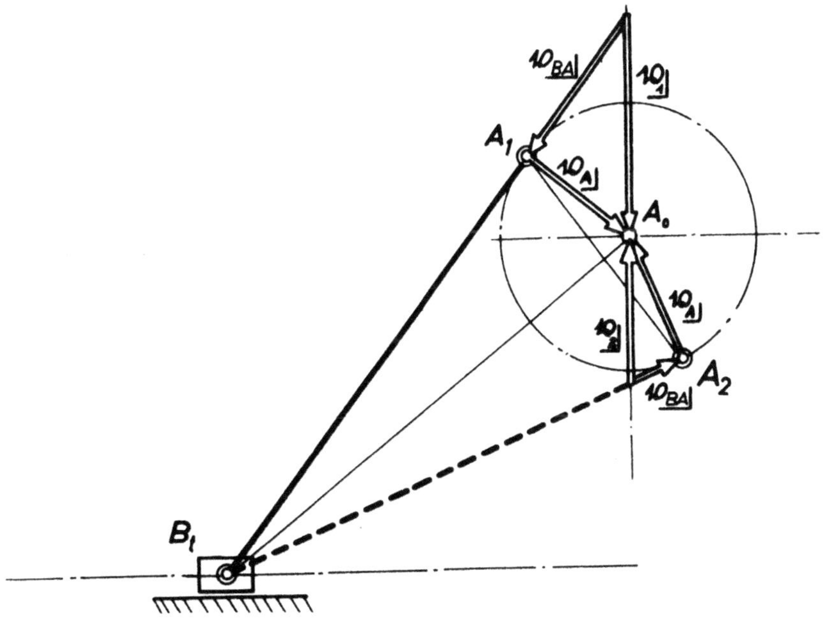

A b b i l d u n g 15

Geschwindigkeitskonstruktion, wenn die Koppel den Kurbelkreis berührt

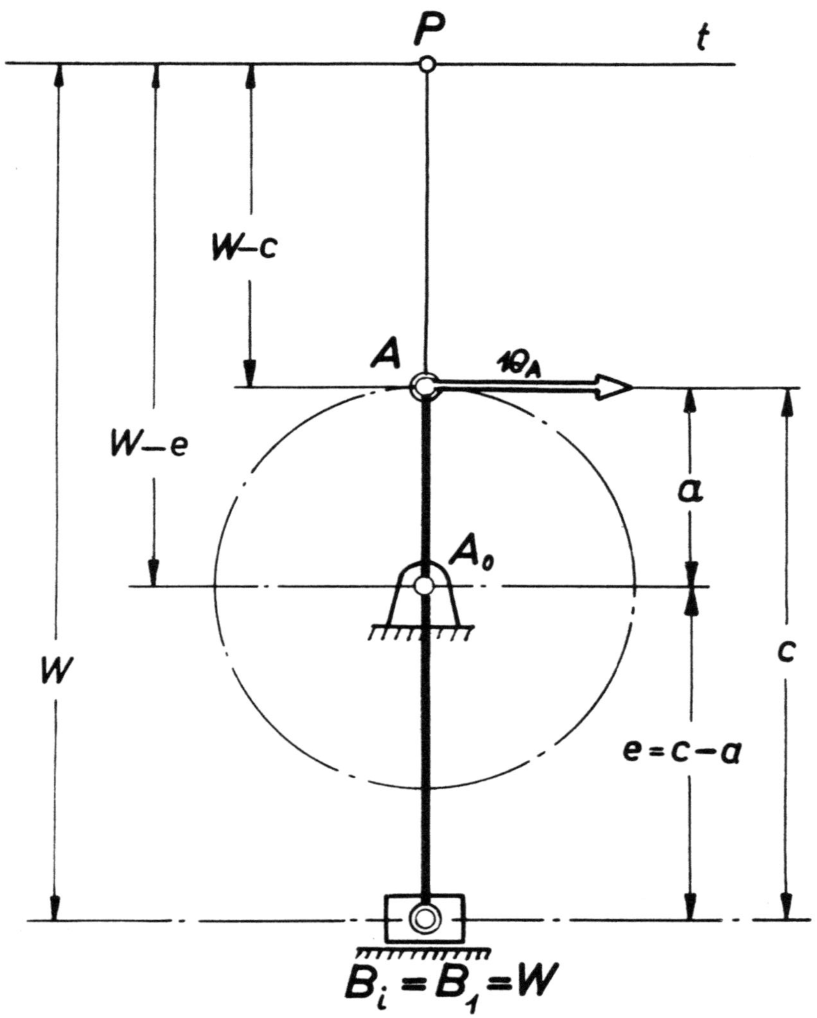

Abbildung 16

Maße zur Euler-Savaryschen Gleichung in der Verzweigungslage

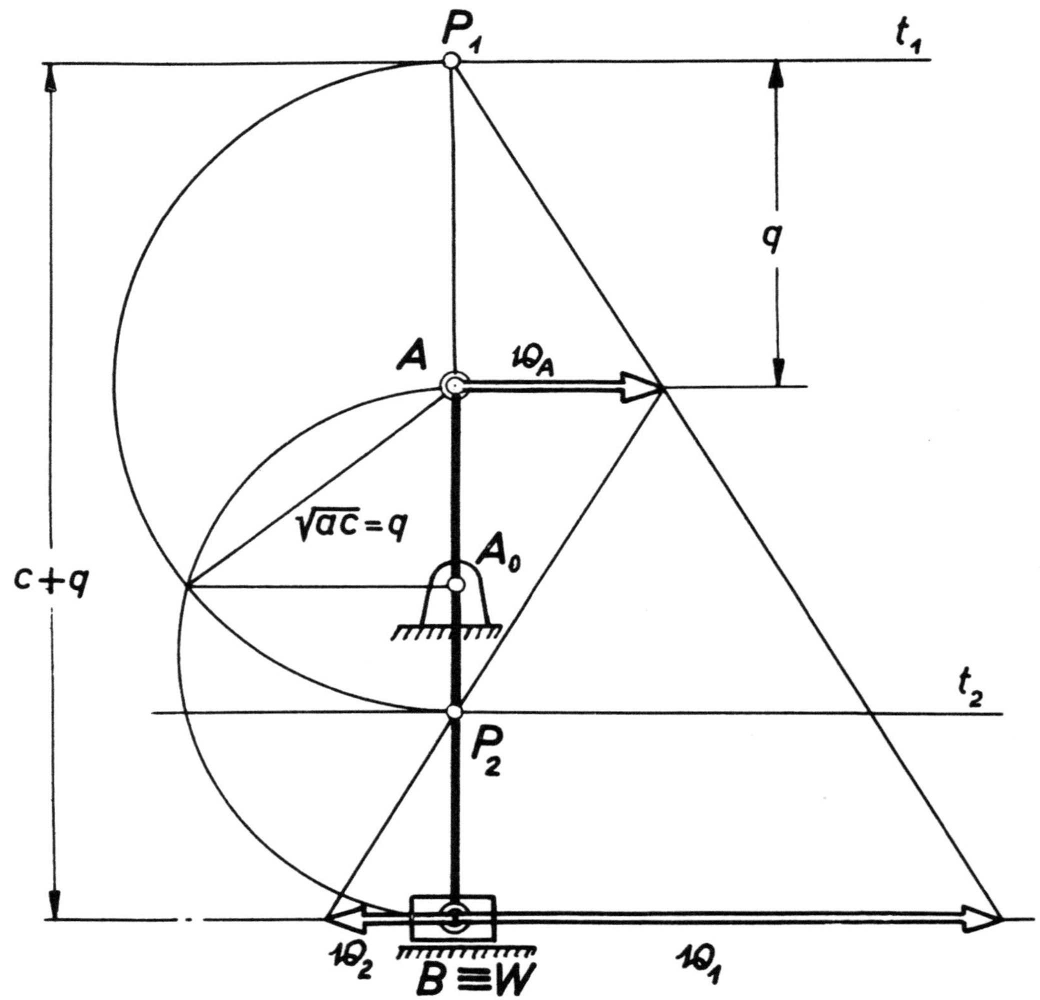

Abbildung 17

Konstruktion der Momentanpole in der Verzweigungslage

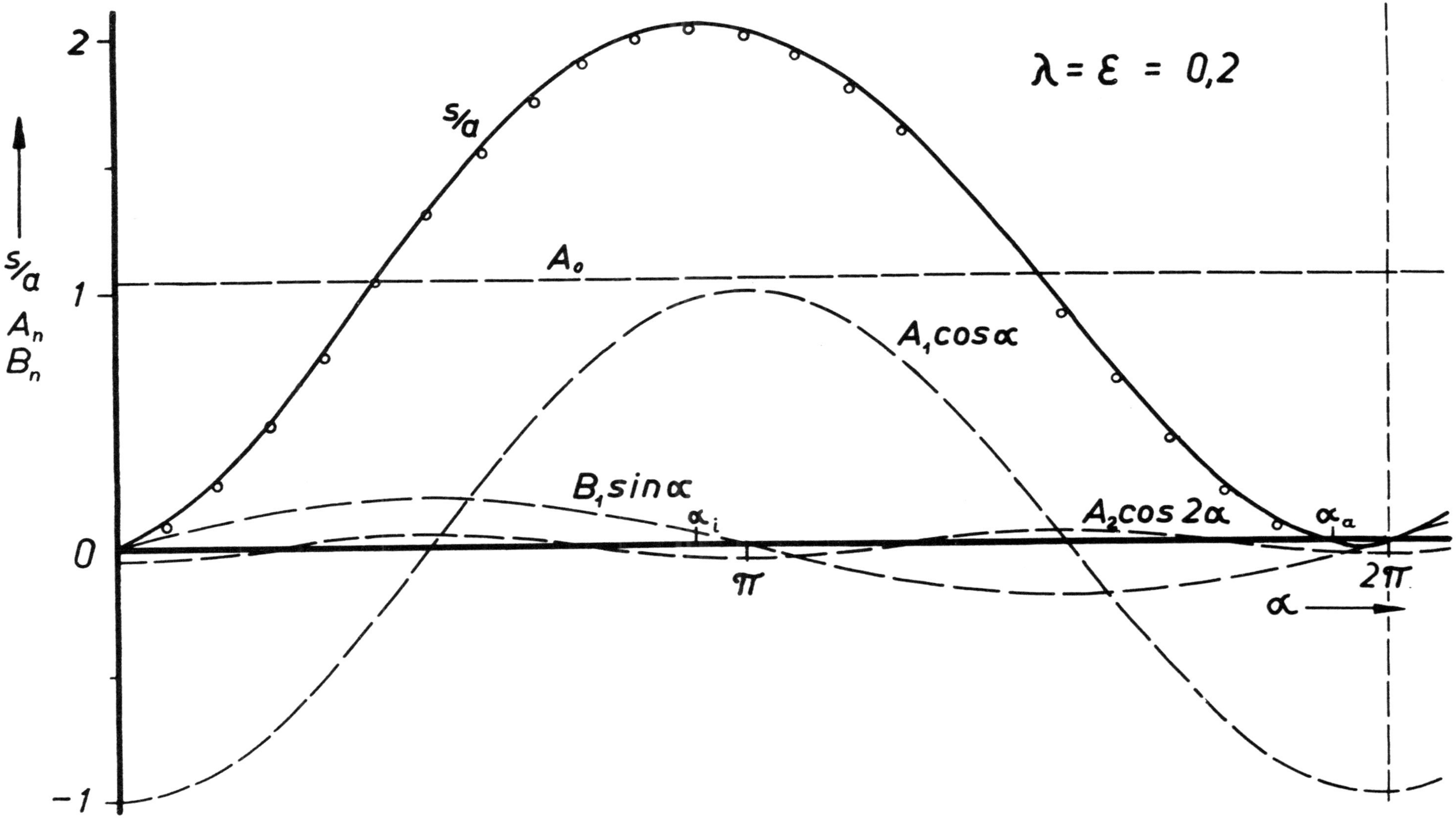

Abbildung 18a

Bewegungsgesetze des Schubgliedes für kleine Parameter λ und ε (hier $\lambda = \varepsilon = 0{,}2$) und die einzelnen Komponenten ("Harmonischen") gemäß Gleichung 16,27,40
Weg s über dem Kurbelwinkel α
Die Punkte geben die Näherung gemäß den genannten Gleichungen an. Wie in den anderen Bildern ist nur die bezogene Größe s/a dargestellt

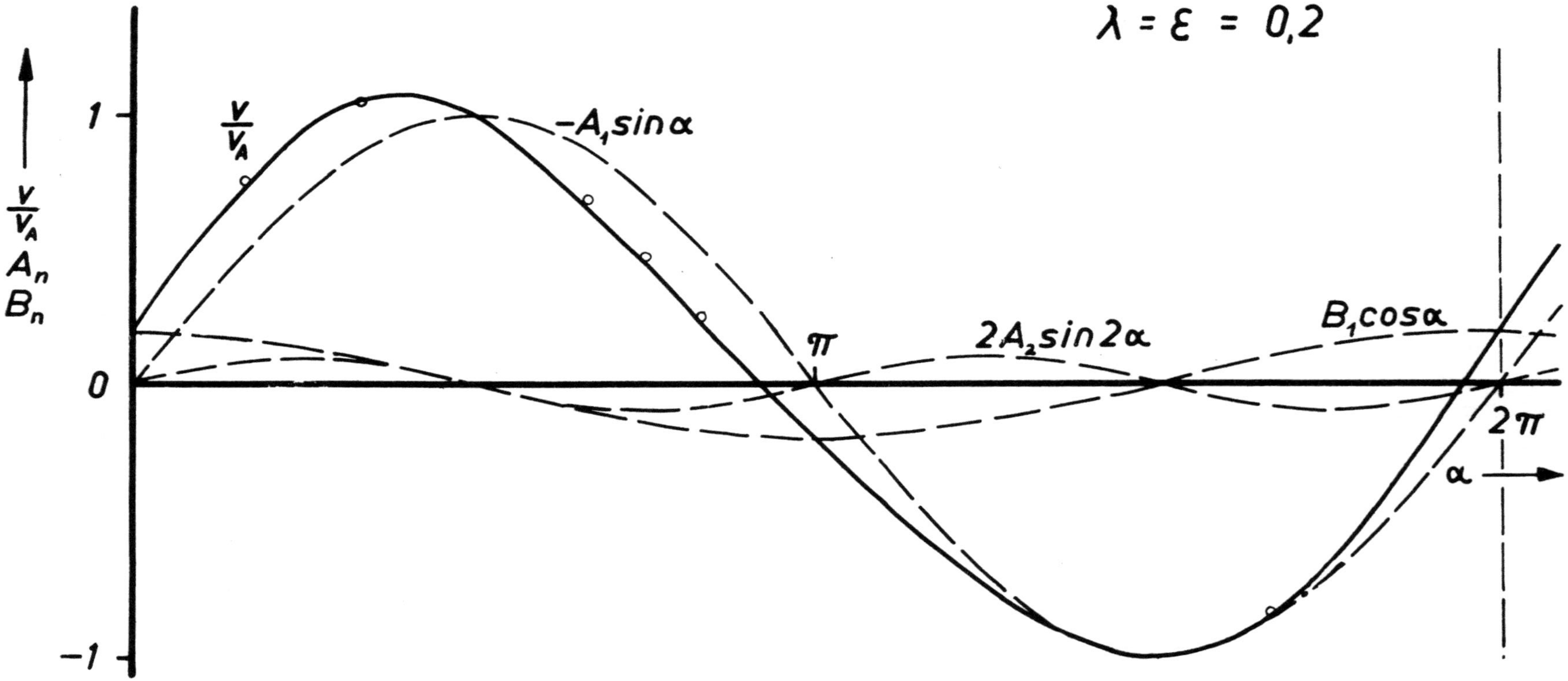

A b b i l d u n g   18b

Bewegungsgesetze des Schubgliedes für kleine Parameter λ und ε (hier $\lambda = \varepsilon = 0{,}2$) und die einzelnen Komponenten ("Harmonischen") gemäß Gleichung 16,27,40

Geschwindigkeitskurve v über dem Kurbelwinkel α

Die Punkte geben die Näherung gemäß den genannten Gleichungen an. Wie in den anderen Bildern ist nur die bezogene Größe v/v_A dargestellt

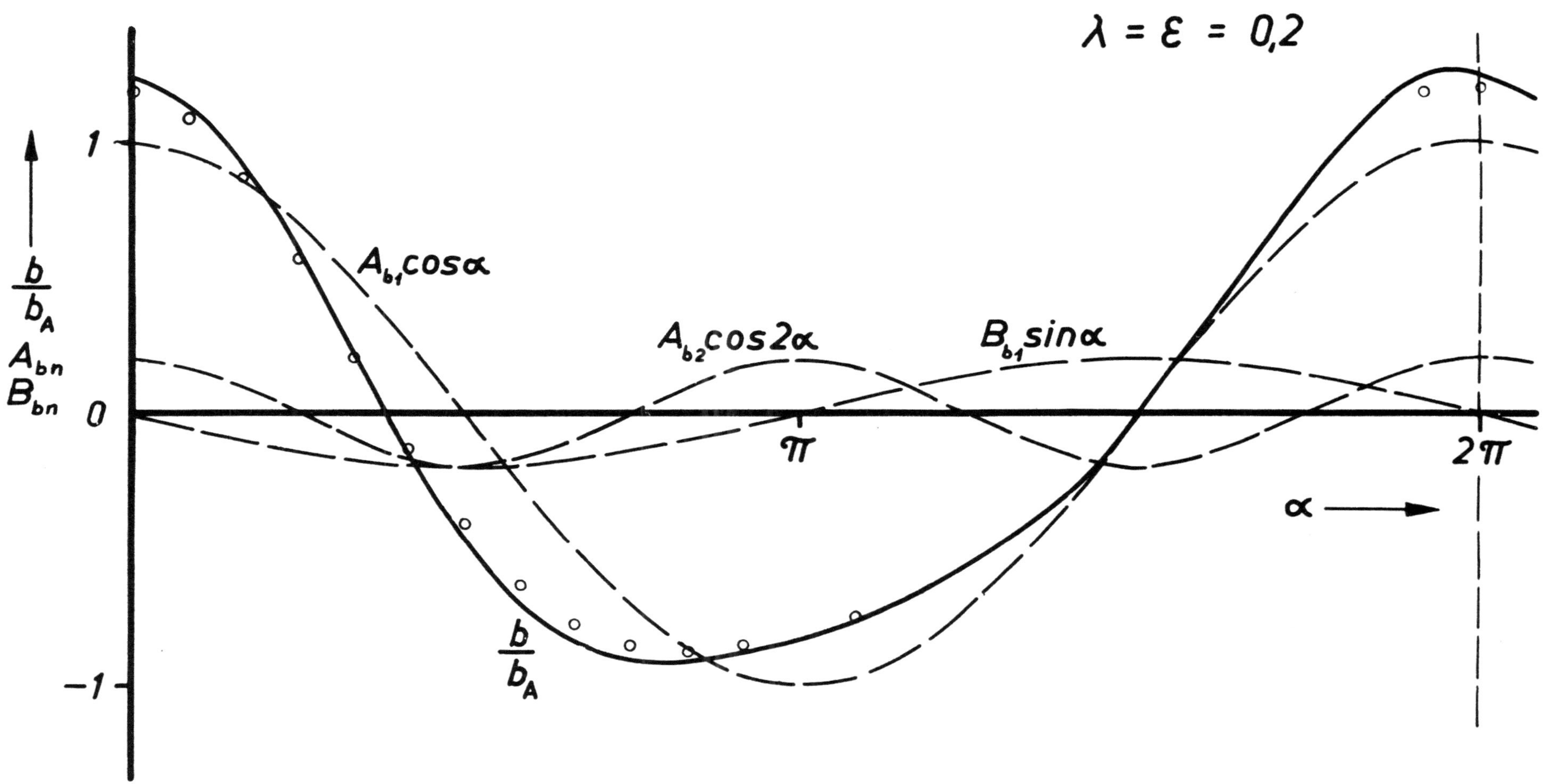

Abbildung 18c

Bewegungsgesetze des Schubgliedes für kleine Parameter λ und ε (hier $\lambda = \varepsilon = 0,2$) und die einzelnen Komponenten ("Harmonischen") gemäß Gleichung 16,27,40
Beschleunigung b über dem Kurbelwinkel α
Die Punkte geben die Näherung gemäß den genannten Gleichungen an. Wie in den anderen Bildern ist nur die bezogene Größe b/b_A dargestellt

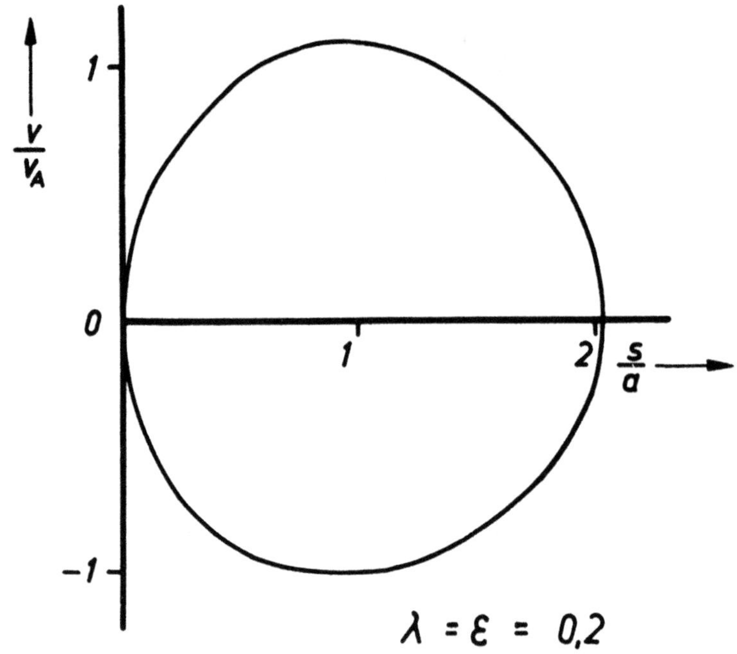

A b b i l d u n g 18d

Geschwindigkeit v über dem Weg s des Schubgliedes

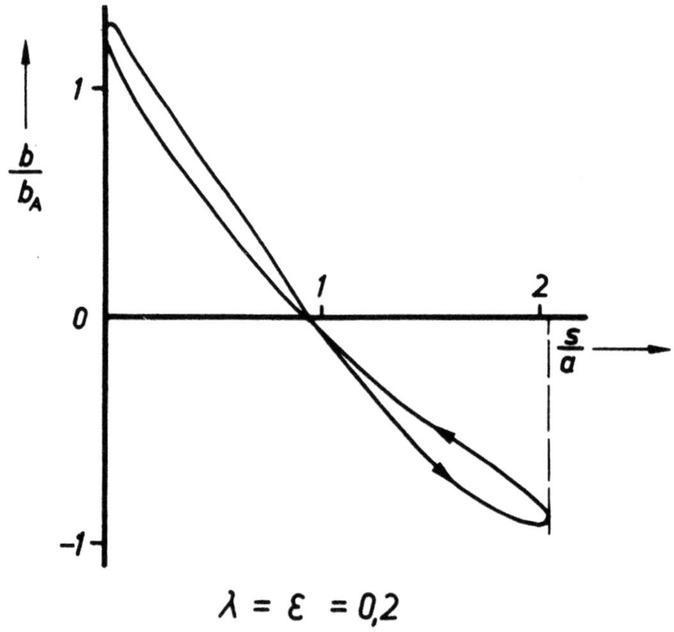

A b b i l d u n g 18e

Beschleunigung b auf dem Weg s des Schubgliedes

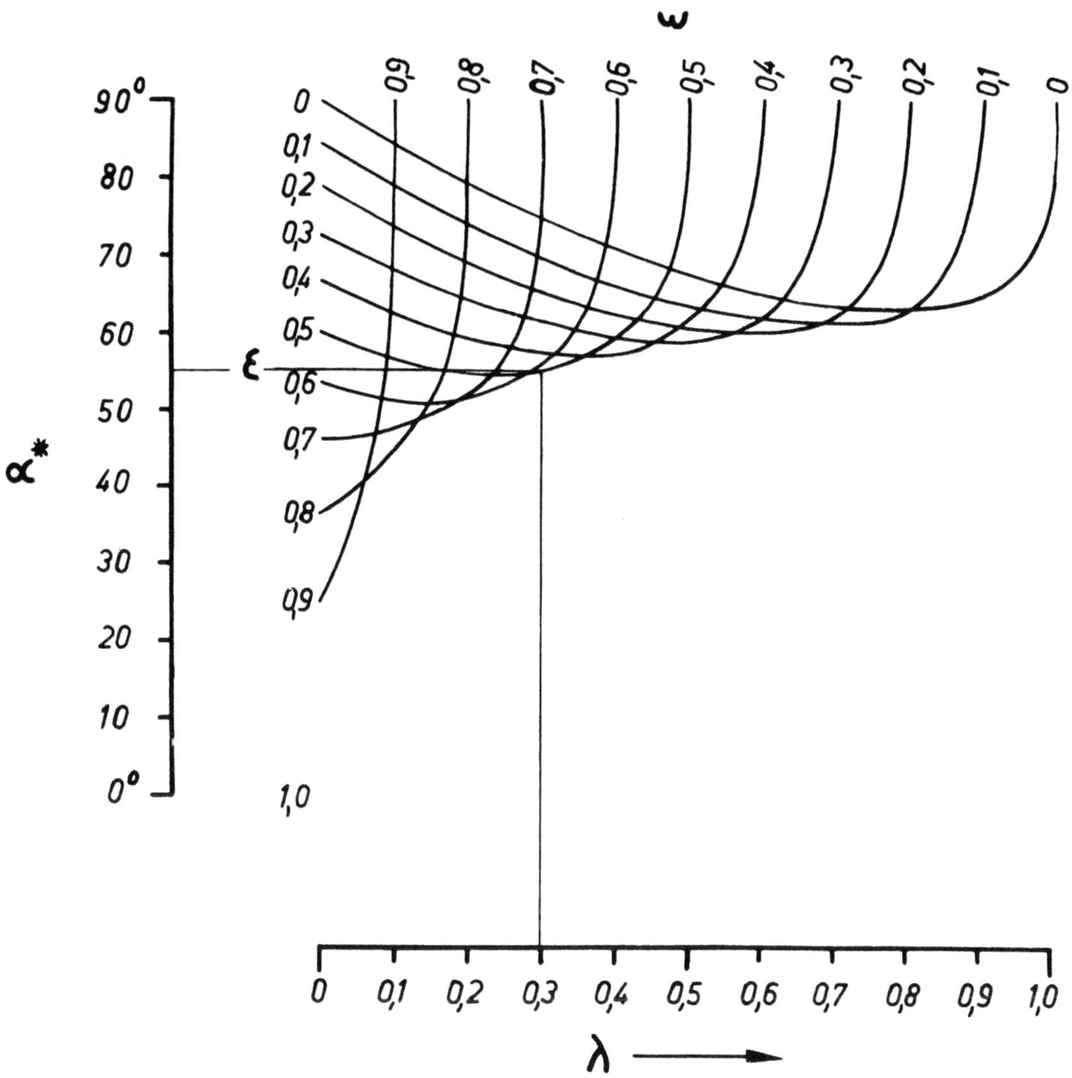

A b b i l d u n g 19

Kurbelstellung α^* für maximale Geschwindigkeiten

Beispiel: $\lambda = 0{,}3$ und $\varepsilon = 0{,}5$ liefert $\alpha^* = 55^\circ$

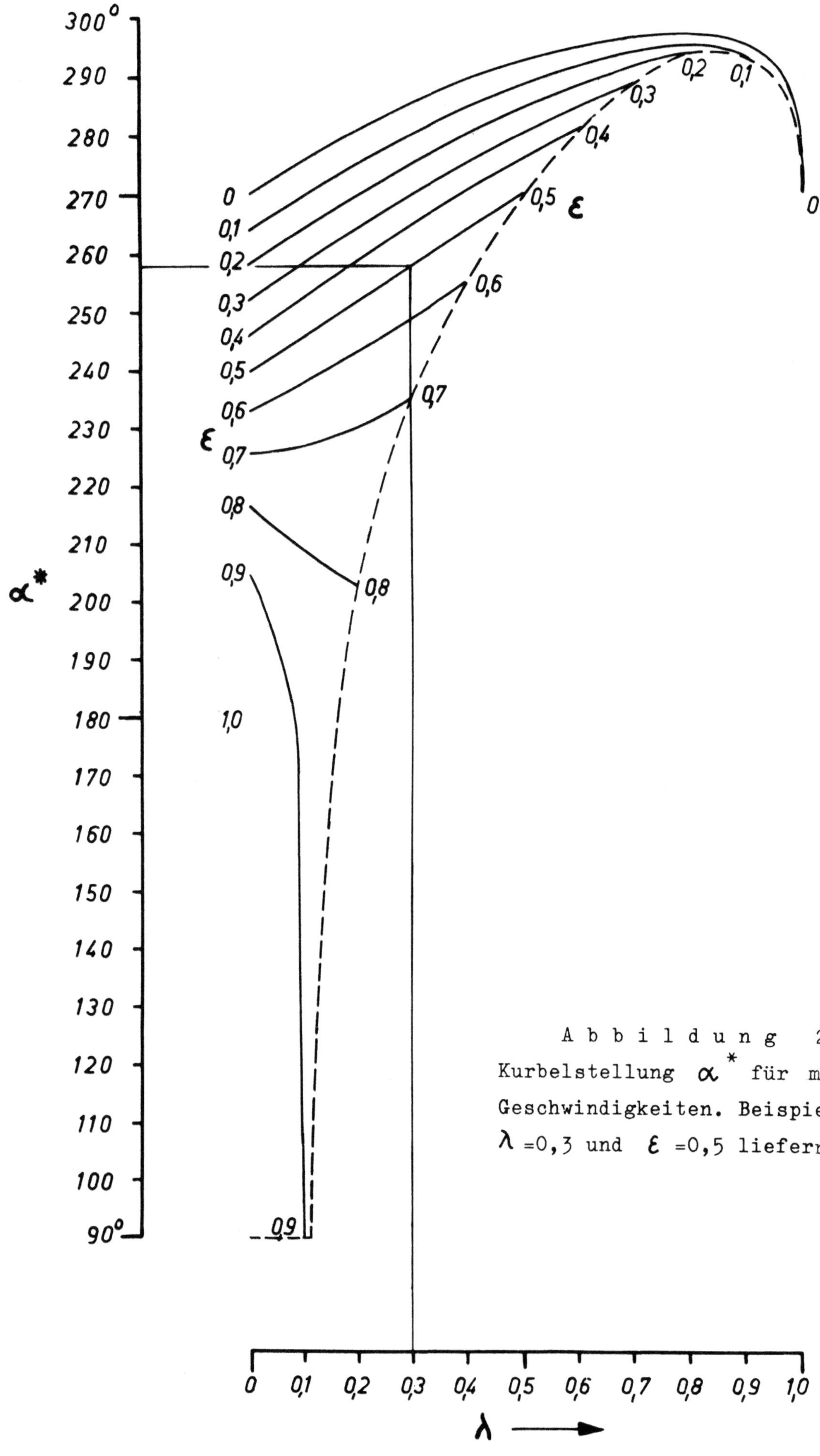

A b b i l d u n g 20a

Kurbelstellung α^* für minimale Geschwindigkeiten. Beispiel: λ =0,3 und ε =0,5 liefern $\alpha^* = 258^\circ$

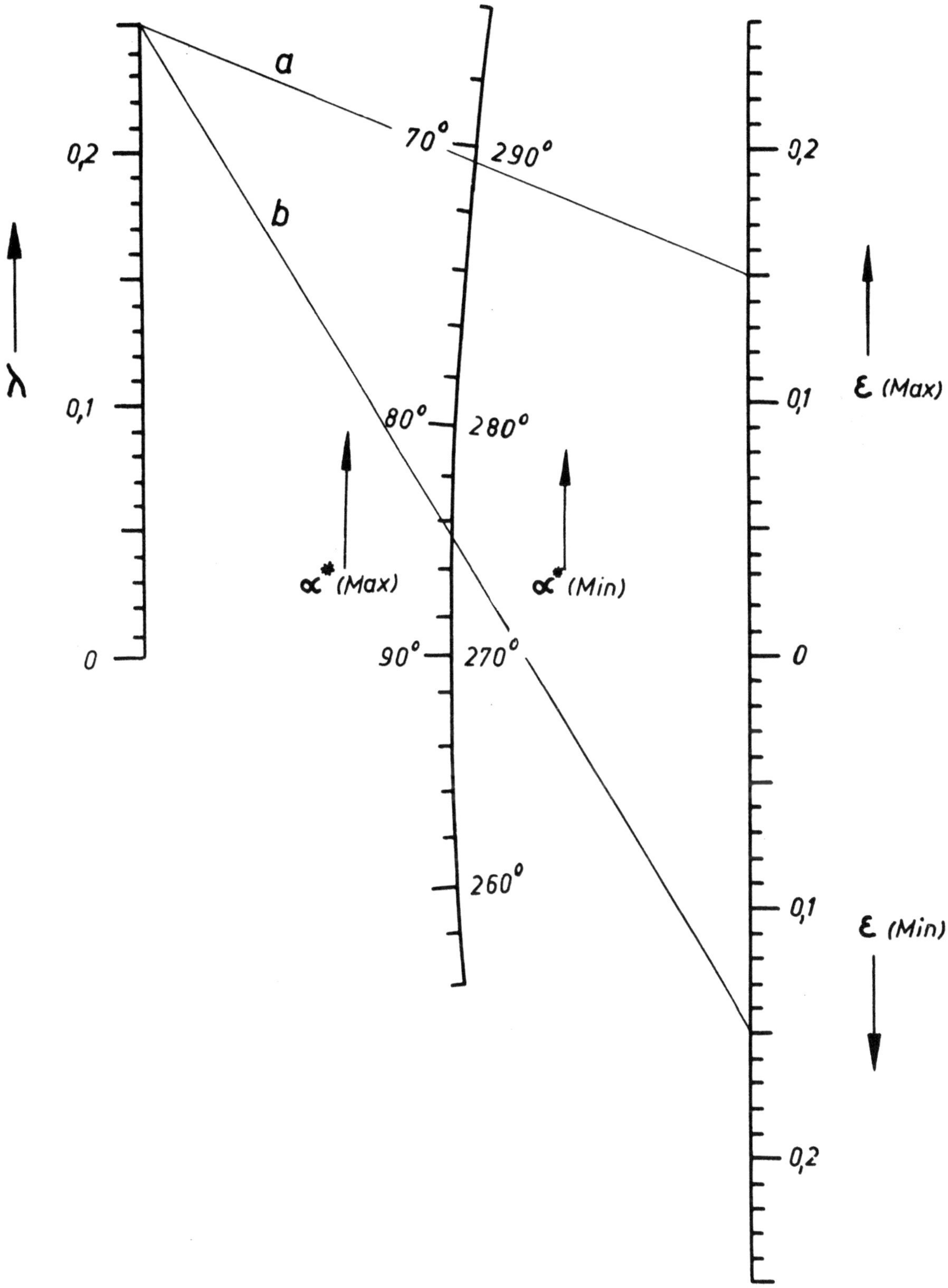

Abbildung 20b

Kurbelstellung α^* für maximale bzw. minimale Geschwindigkeit bei kleinen Parametern λ und ε. (Näherung, d.h. λ und ε nur innerhalb der eingetragenen Werte.) Beispiele: $\lambda = 0,25$ und $\varepsilon = 0,15$ liefern durch Flucht (a) den Winkel $\alpha^* = 70,4^\circ$ für ein Maximum von v und Flucht (b) den Winkel $\alpha^* = 275,4^\circ$ für ein Minimum von v

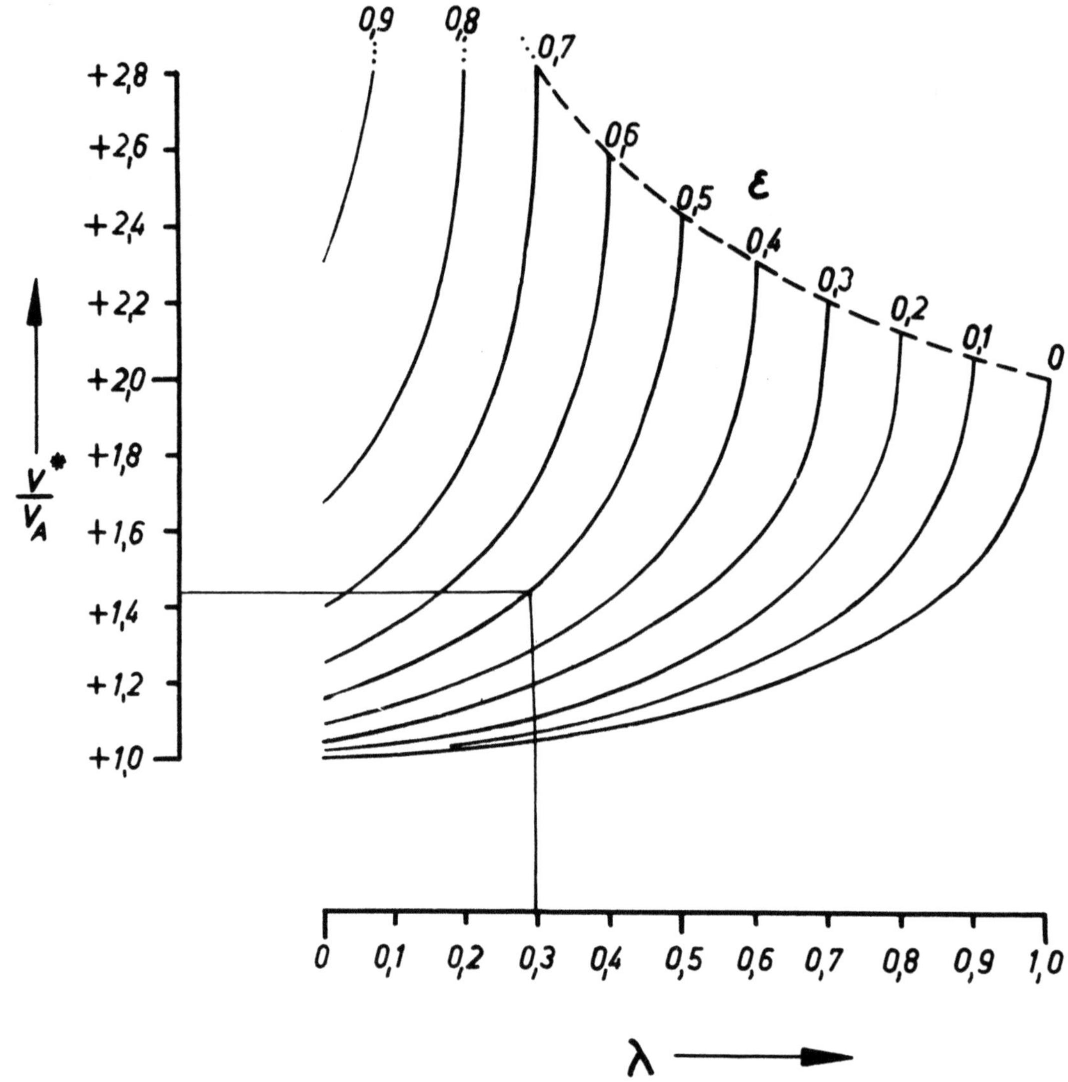

A b b i l d u n g 21

Maximale Geschwindigkeiten v^*/v_A

Beispiele: $\lambda = 0,3$ und $\varepsilon = 0,5$ liefern

$\max v/v_A = v^*/v_A = 1,40$

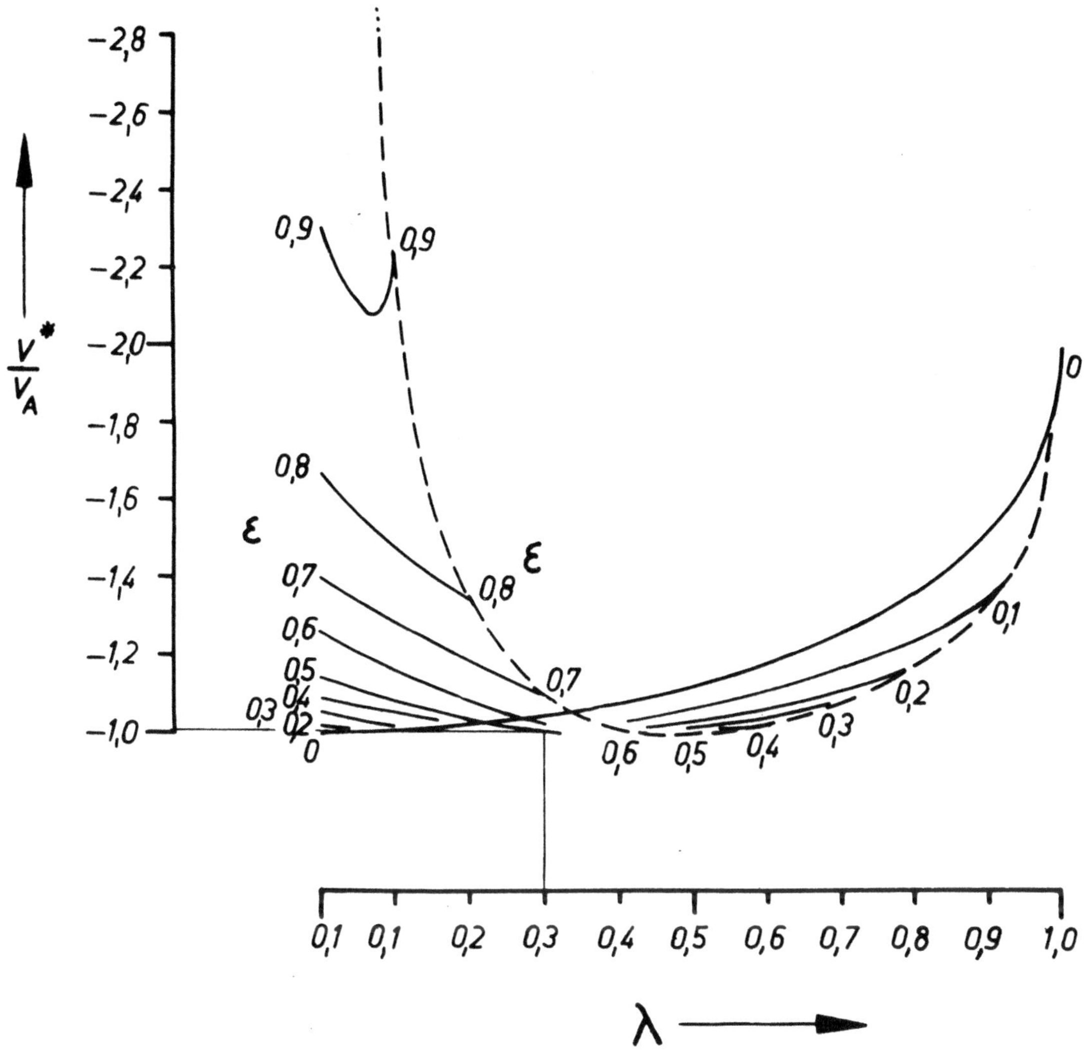

A b b i l d u n g 22

Maximale Geschwindigkeiten v^*/v_A

Beispiel: $\lambda = 0{,}3$ und $\varepsilon = 0{,}5$ liefern

$\min v/v_A = v^*/v_A = (-1)\ 1{,}01$

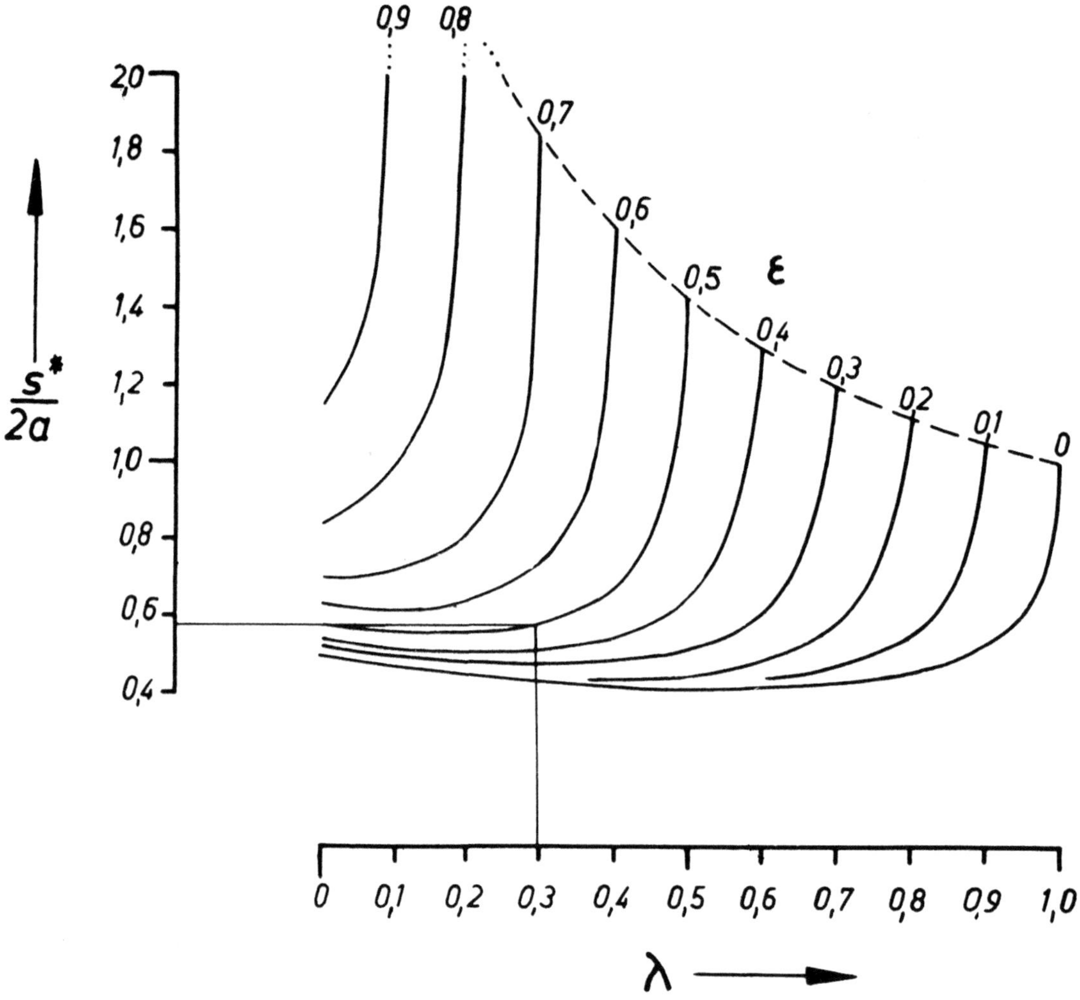

A b b i l d u n g 23

Stellung des Schubgliedes, dargestellt durch $s^*/2a$

bei maximaler Geschwindigkeit

Beispiel: $\lambda = 0{,}3$ und $\varepsilon = 0{,}5$ liefern $s^*/2a = 0{,}58$

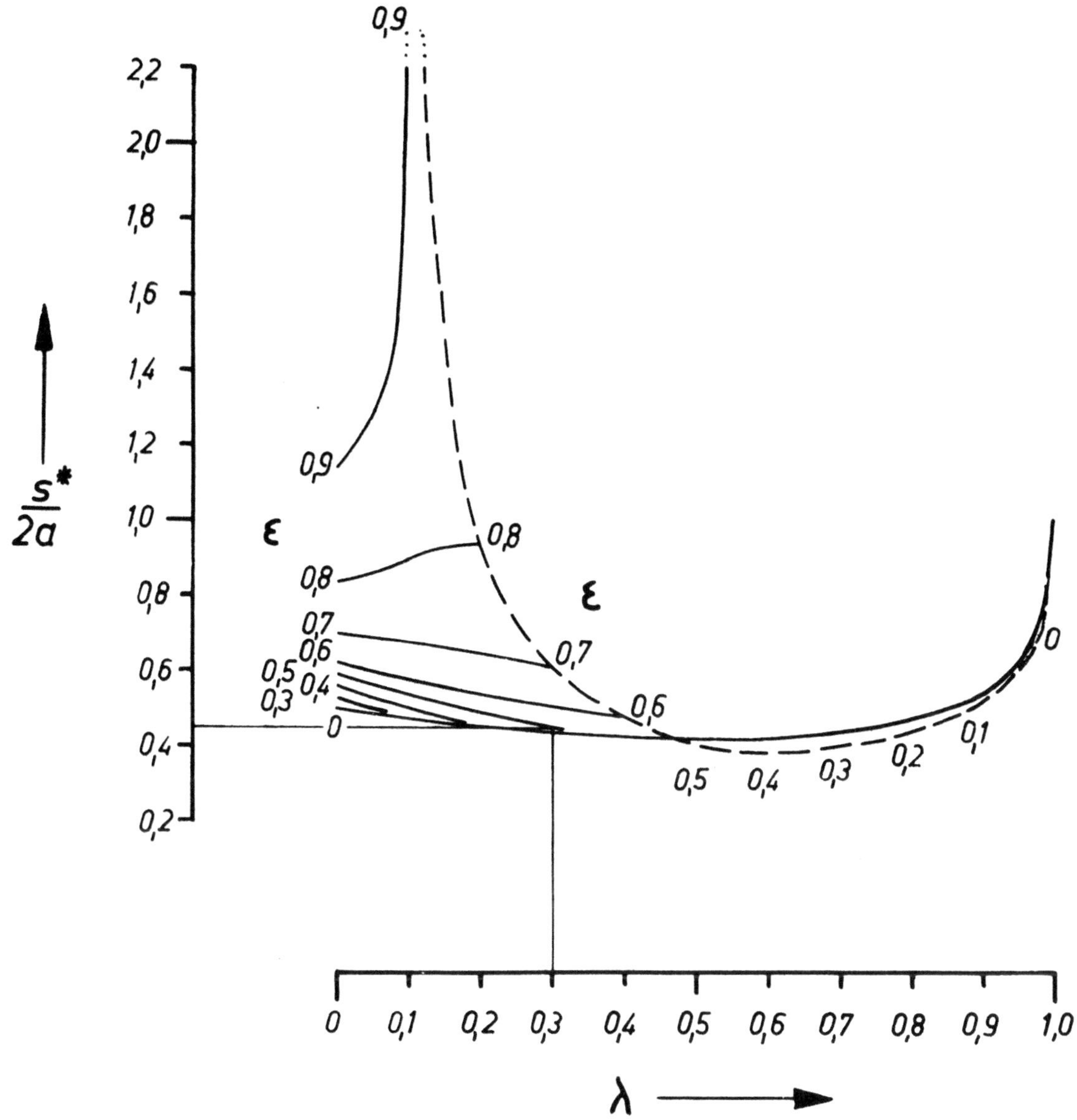

A b b i l d u n g 24

Stellung des Schubgliedes, dargestellt durch $s^*/2a$, bei minimaler Geschwindigkeit

Beispiel: $\lambda = 0{,}3$ und $\varepsilon = 0{,}5$ liefern $s^*/2a = 0{,}45$

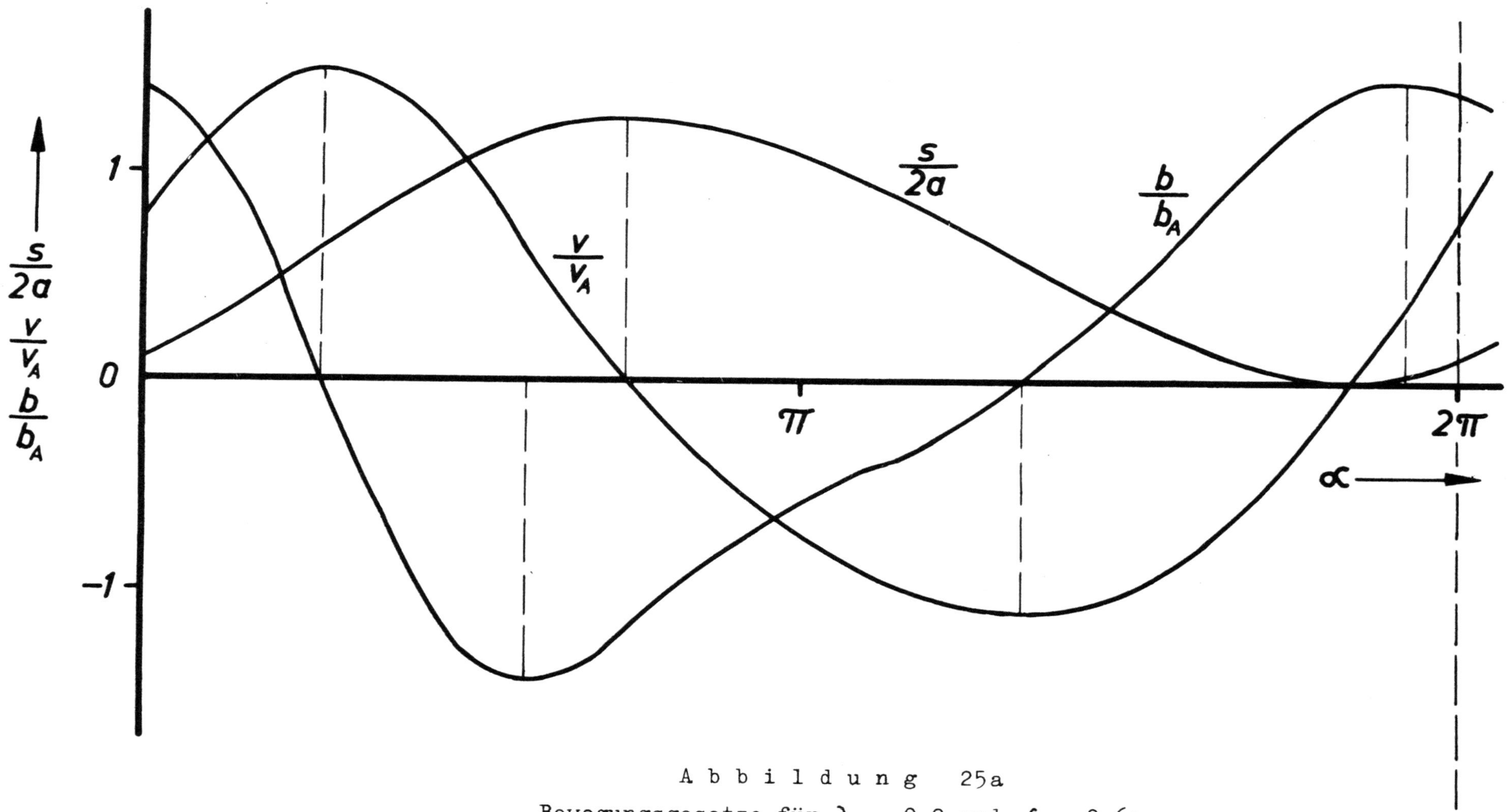

A b b i l d u n g 25a

Bewegungsgesetze für λ = 0,2 und ε = 0,6:

$s/2a$, v/v_A und b/b_A über den Kurbelwinkel α

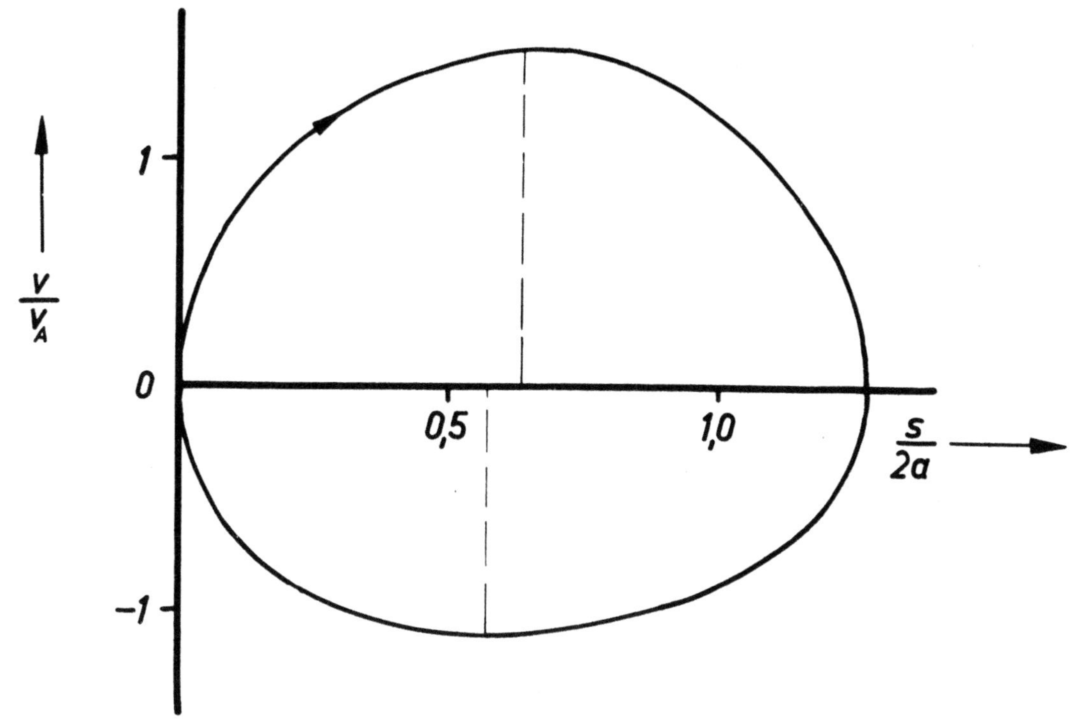

A b b i l d u n g 25b
Geschwindigkeit v/v_A über dem bezogenen Weg s/2a

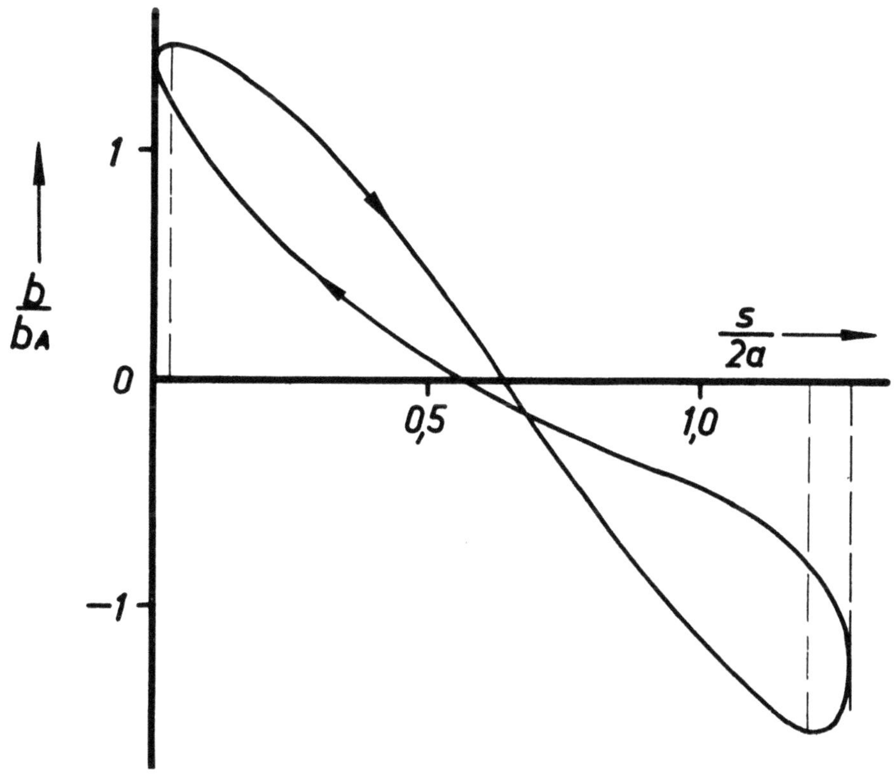

A b b i l d u n g 25c
Beschleunigung b/b_A über dem bezogenen Weg s/2a

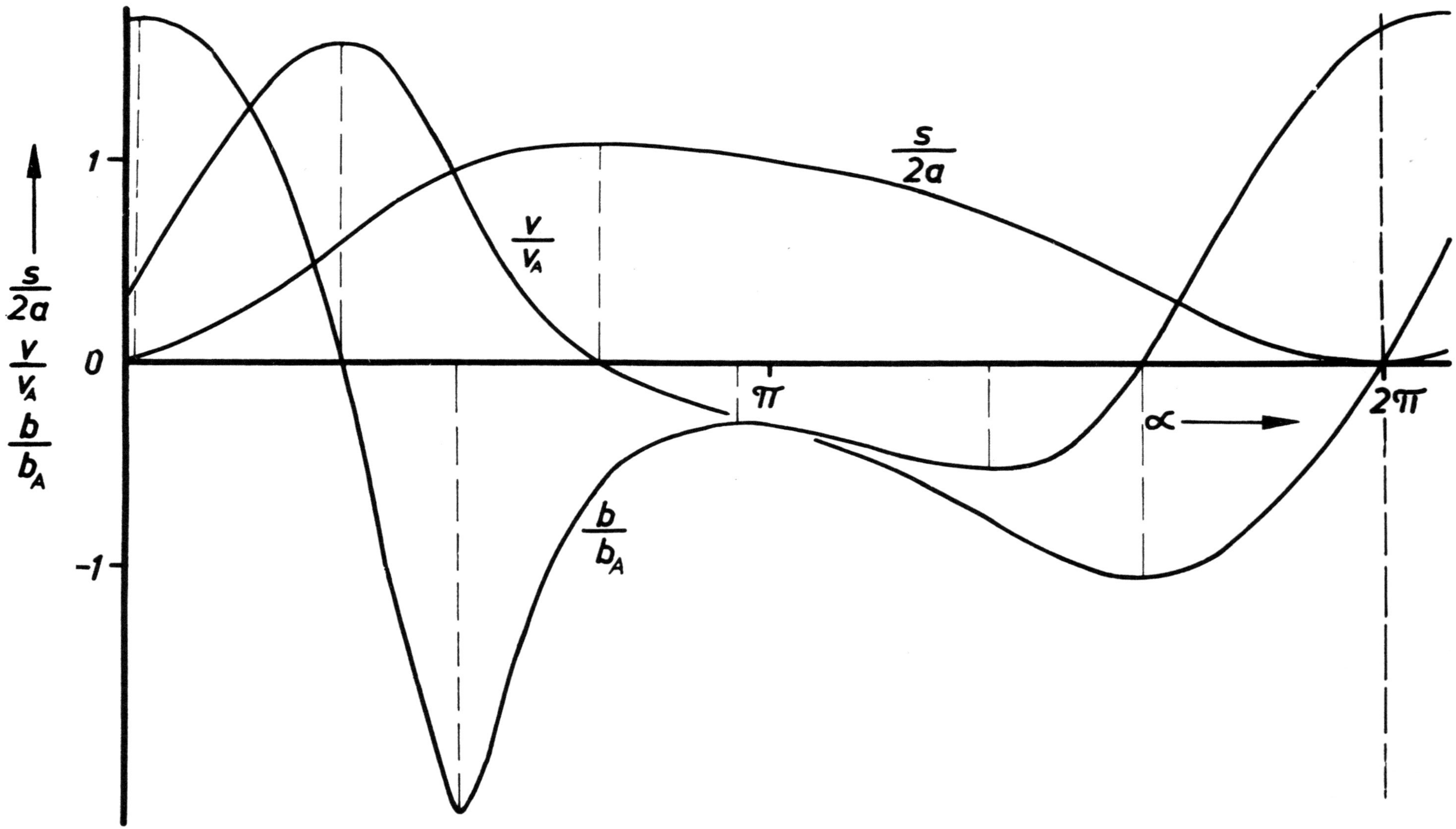

A b b i l d u n g 26a

Bewegungsgesetze wie unter Abbildung 25, aber für $\lambda = 0{,}6$ und $\varepsilon = 0{,}3$; $s/2a$, v/v_A und b/b_A über dem Kurbelwinkel α

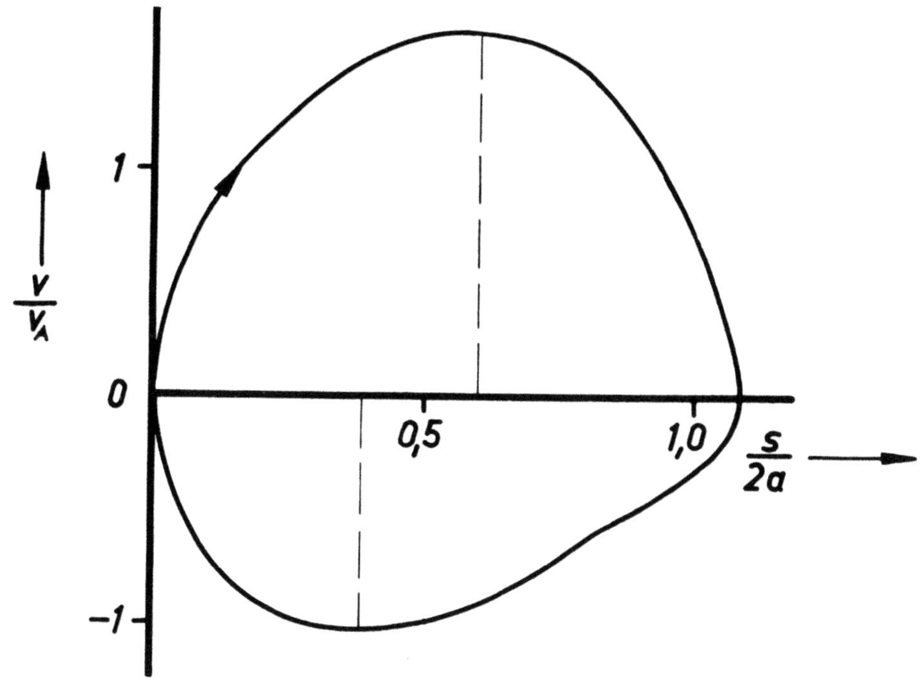

A b b i l d u n g 26b

Geschwindigkeit v/v_A über dem bezogenen Weg s/2a

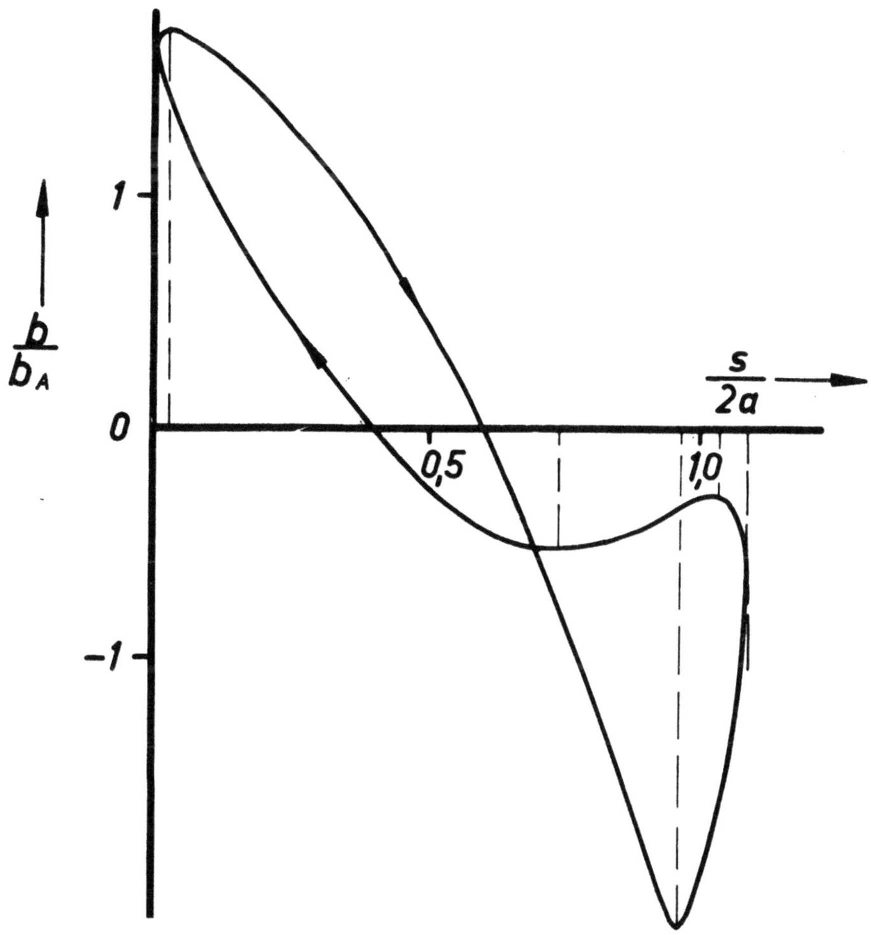

A b b i l d u n g 26c

Beschleunigung b/b_A über dem bezogenen Weg s/2a

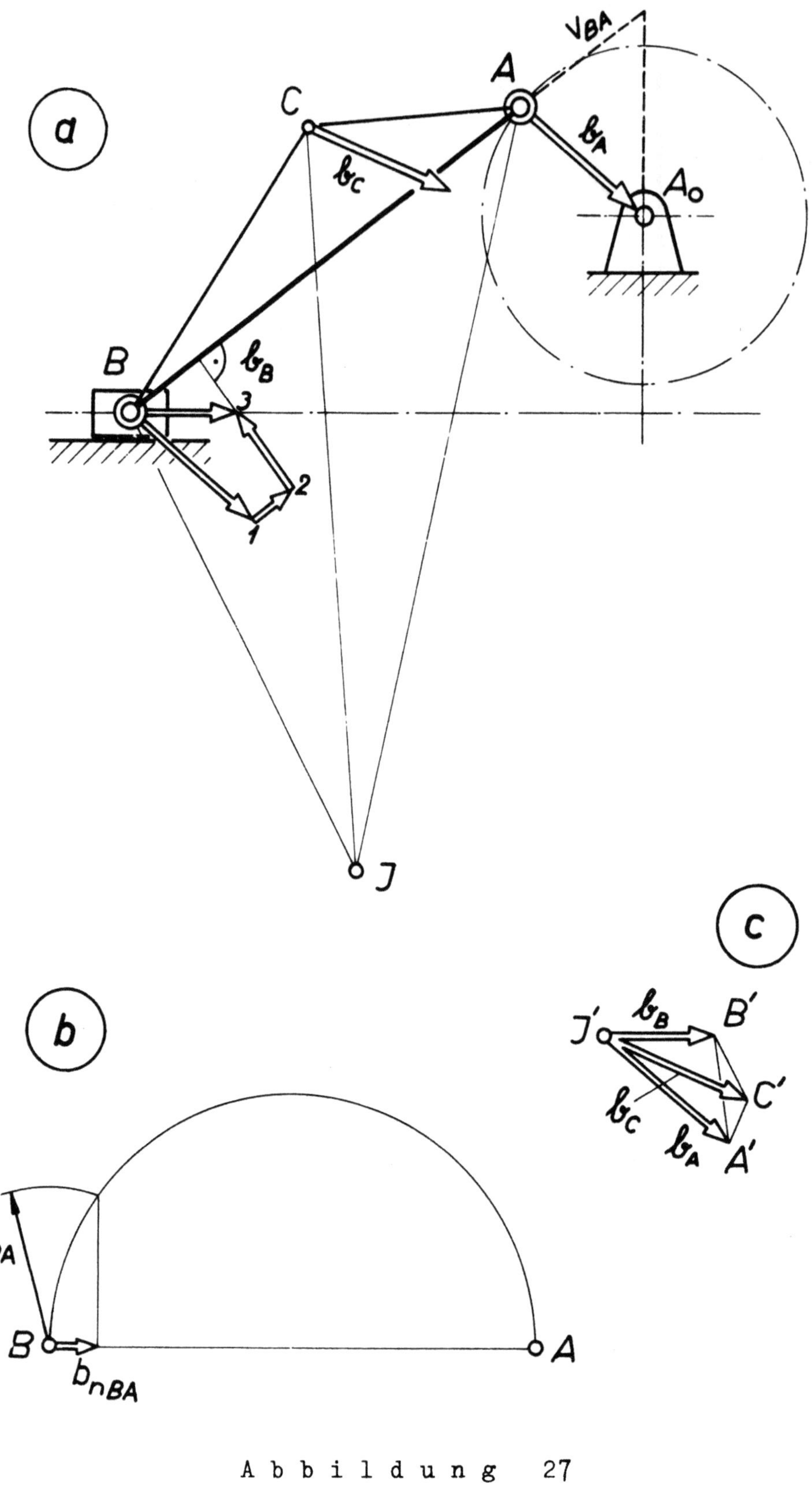

A b b i l d u n g 27

Beschleunigungskonstrukt. f.d. Schubglied u. für einen Koppelpunkt C

a) Beschleunigung von B, b) Hilfskonstruktion für $\overline{12} = b_{nBa} = v_{BA}^2/AB$,

c) Beschleunigungsplan zur Ermittlung des Beschleunigungspoles J

und der Beschleunigung b_C des Koppelpunktes C

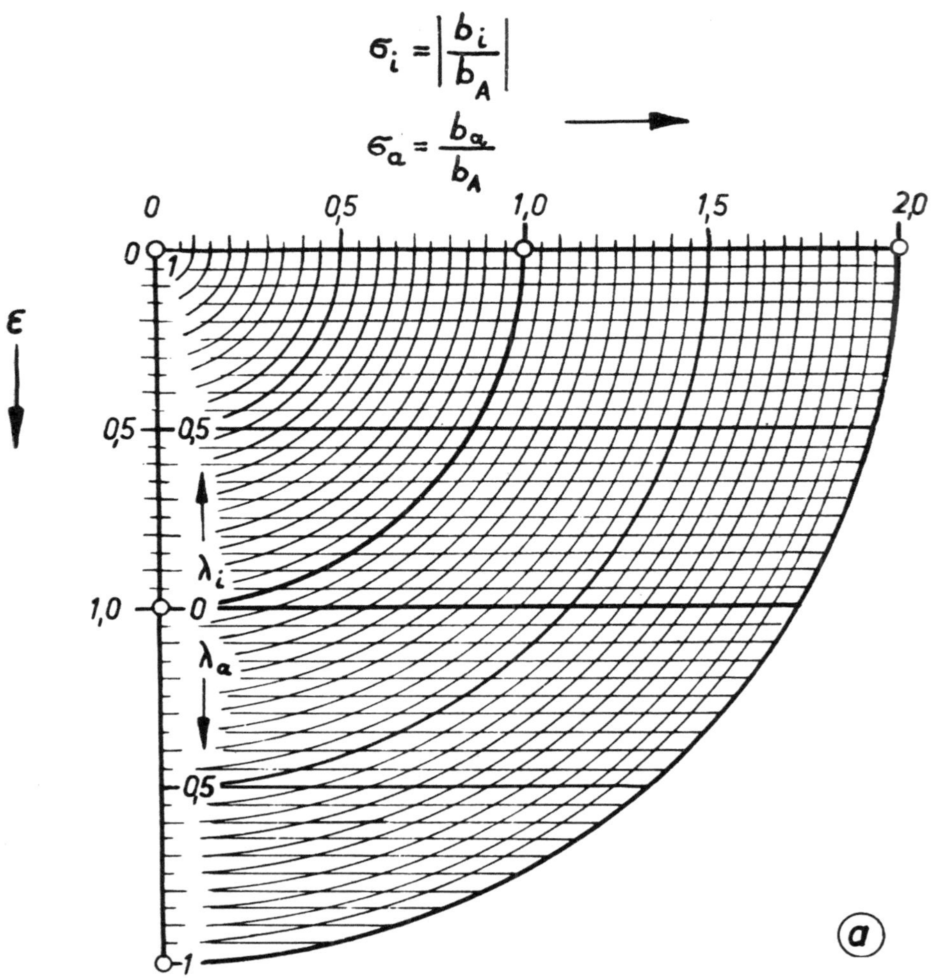

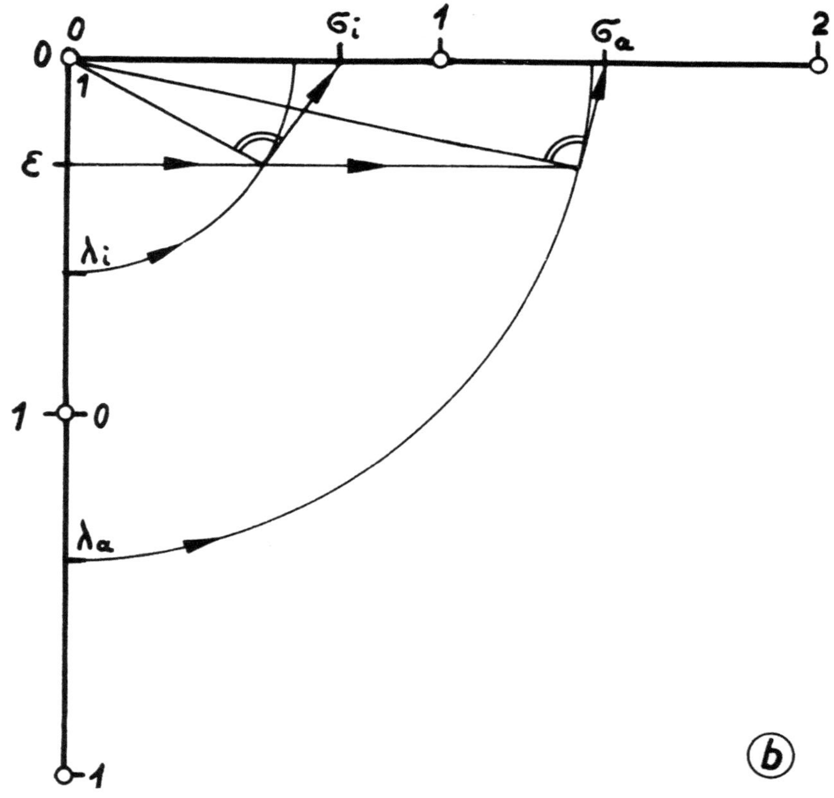

A b b i l d u n g 28

a) Nomogramm für die bezogenen Beschleunigungen $\sigma_a = b_a/b_A$ und $\sigma_i = - b_i/b_A$ in der äußeren bzw. inneren Totlage. Beispiel: $\lambda = 0,4$ und $\varepsilon = 0,3$ liefern $\sigma_a = 1,43$ und $\sigma_i = 0,69$, d.h.

$b_a = 1,43\ b_A$ und $b_i = (-)\ 0,69\ b_A$

b) Ableseschema zum Nomogramm gemäß Abbildung 28a

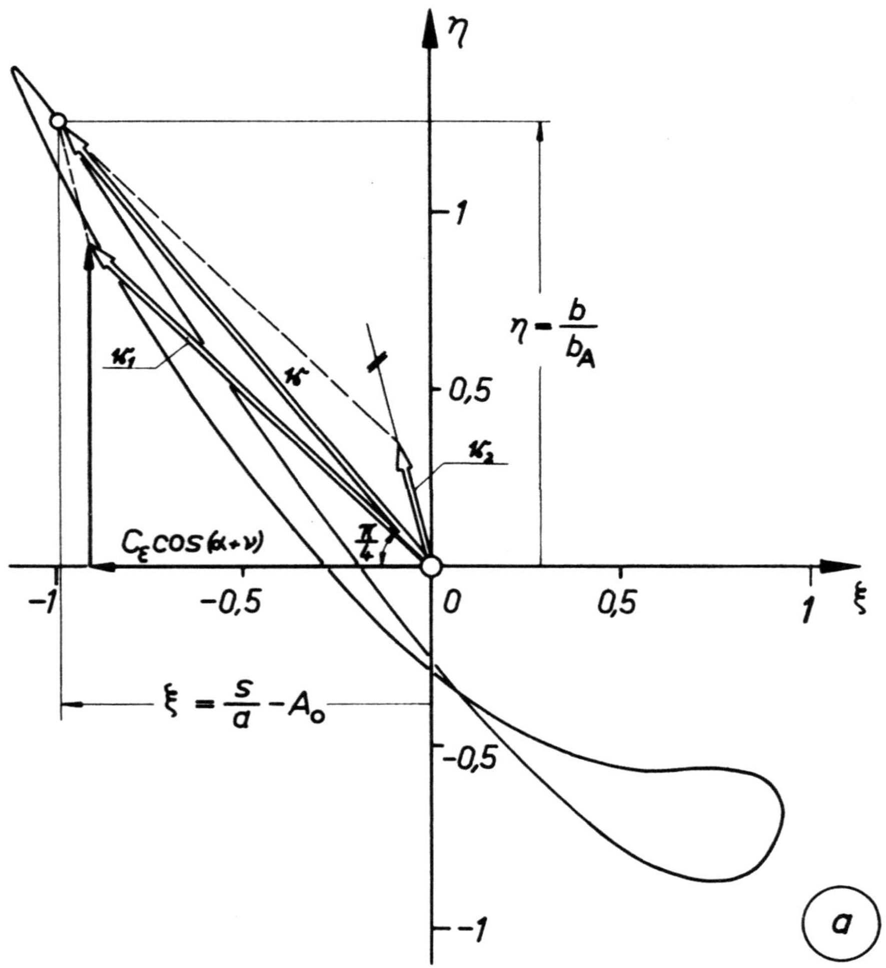

A b b i l d u n g 29a

Konstruktion des b-s-Diagrammes (Beschleunigung über dem Weg) für kleine Parameter λ und ε, vgl. Text. Der Deutlichkeit halber ist hier λ nicht klein gewählt.
Das b-s-Diagramm für λ = 0,4 und ε = 0,2

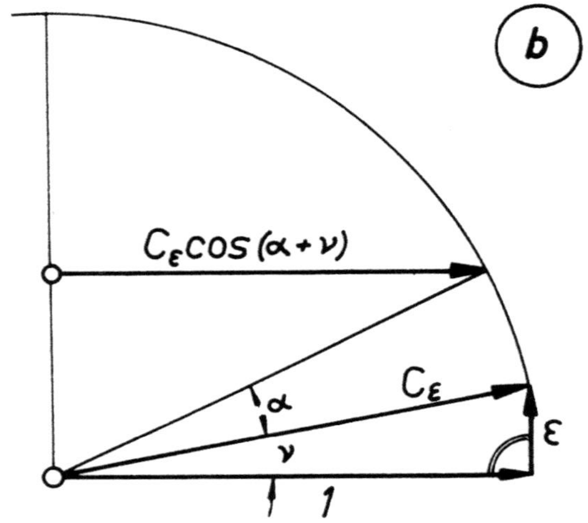

A b b i l d u n g 29b

Ermittlung d. Komponente $C_\varepsilon \cdot \cos(\alpha + \nu)$

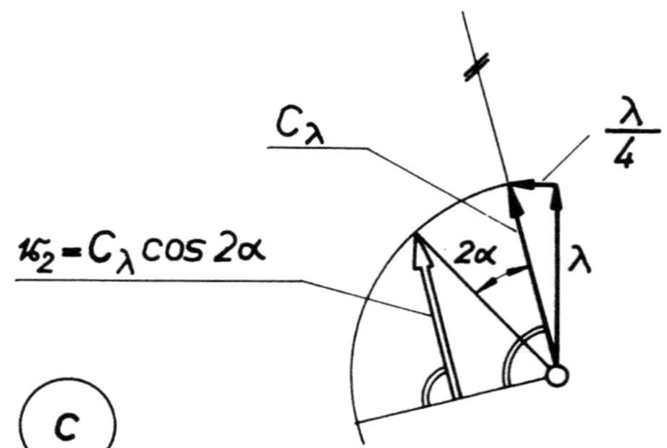

A b b i l d u n g 29c

Ermittlung der Komponente $\varkappa_2 = C_\lambda \cos 2\alpha$)

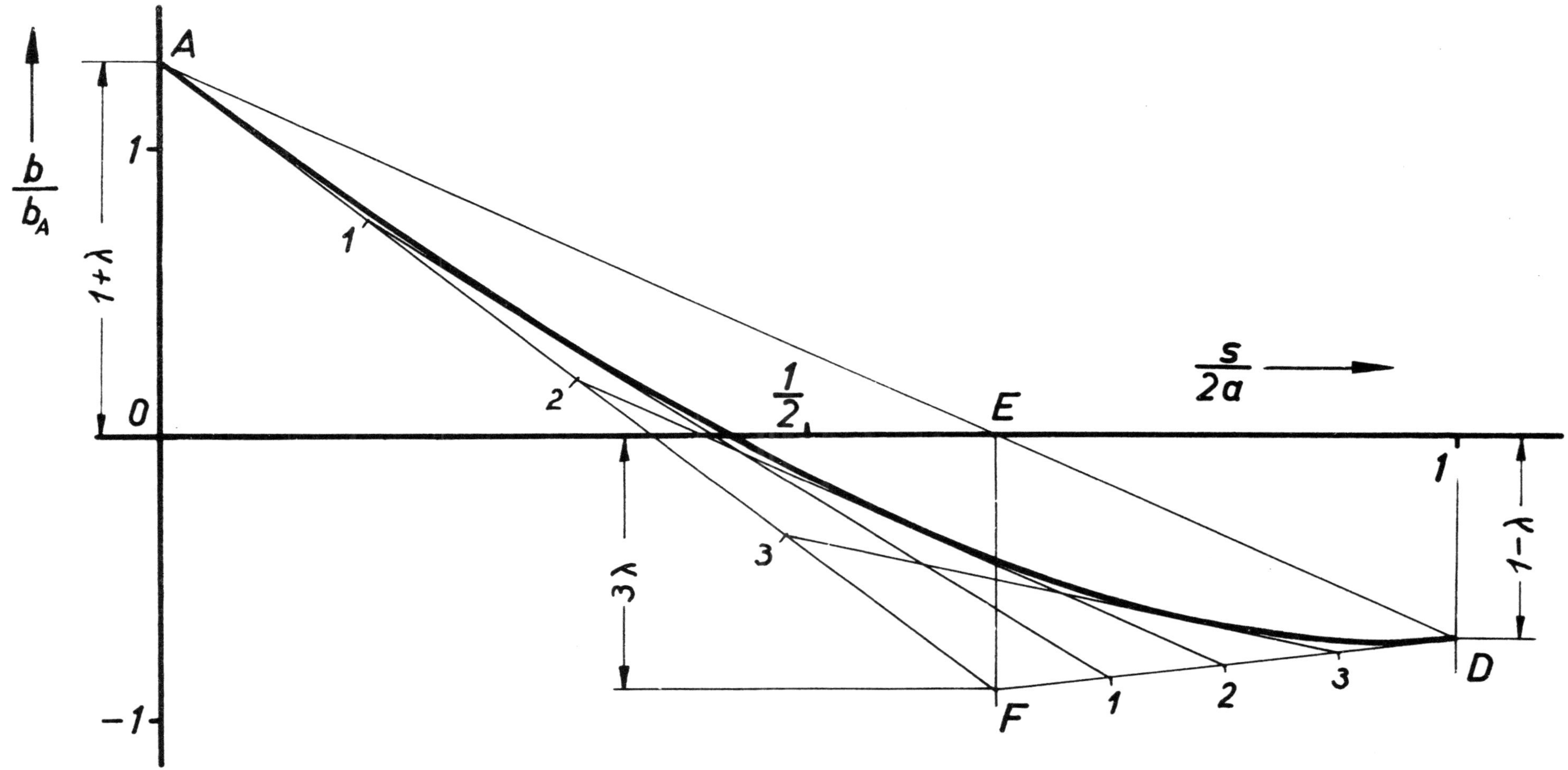

A b b i l d u n g 30

Konstruktion des b-s-Diagramms (Parabel) bei der zentrischen Schubkurbel mit λ = 0,3 (Näherung für mittlere λ)

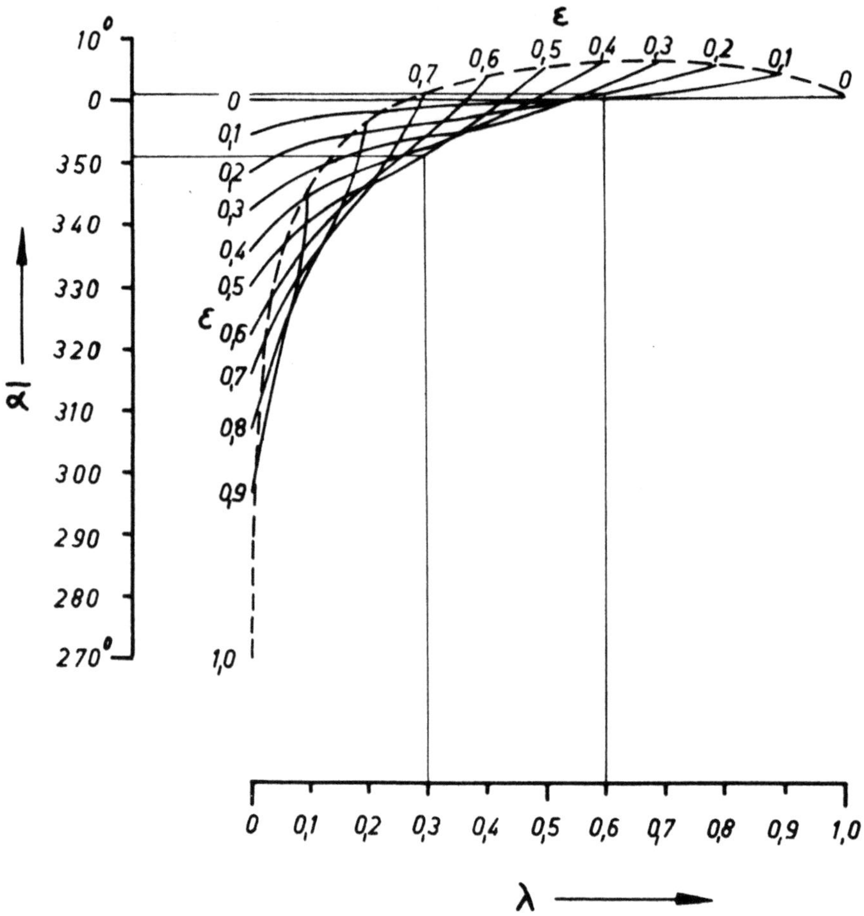

A b b i l d u n g 31a

Kurbelstellung $\bar{\alpha}$ für die Extrema der Beschleunigungen

b des Schubgliedes

<u>für das absolute Maximum der Beschleunigung b</u>

Beispiele: 1. λ = 0,3 und ε = 0,5 liefern zu a) den Winkel $\bar{\alpha}$ = 351°, zu b) den Winkel $\bar{\alpha}$ = 100,5°, c) und d) sind nicht vorhanden

2. λ = 0,6 und ε = 0,2 liefern bzw. die Winkel $\bar{\alpha}$ = 1°, $\bar{\alpha}$ = 97°, $\bar{\alpha}$ = 177,5°, $\bar{\alpha}$ = 247°

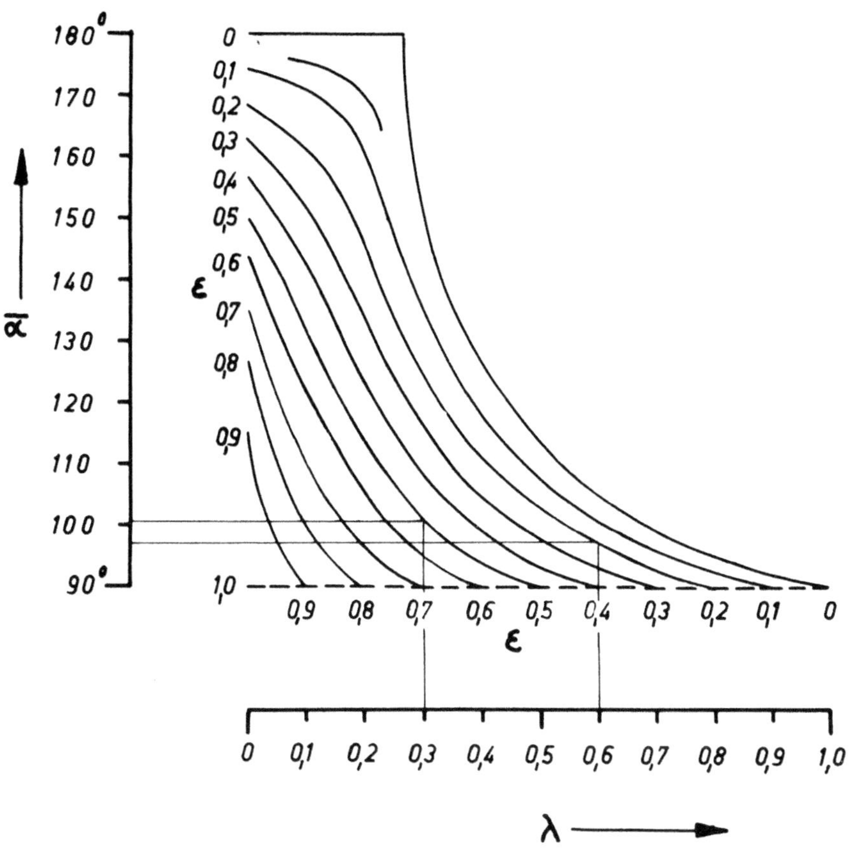

A b b i l d u n g 31b

Kurbelstellung $\bar{\alpha}$ für die Extrema der Beschleunigungen

b des Schubgliedes

<u>für das absolute Minimum der Beschleunigung b</u>

Beispiele: 1. $\lambda = 0{,}3$ und $\varepsilon = 0{,}5$ liefern zu a) den Winkel $\bar{\alpha} = 351^{\circ}$, zu b) den Winkel $\bar{\alpha} = 100{,}5^{\circ}$, c) und d) sind nicht vorhanden

2. $\lambda = 0{,}6$ und $\varepsilon = 0{,}2$ liefern bzw. die Winkel $\bar{\alpha} = 1^{\circ}$, $\bar{\alpha} = 97^{\circ}$, $\bar{\alpha} = 177{,}5^{\circ}$, $\bar{\alpha} = 247^{\circ}$

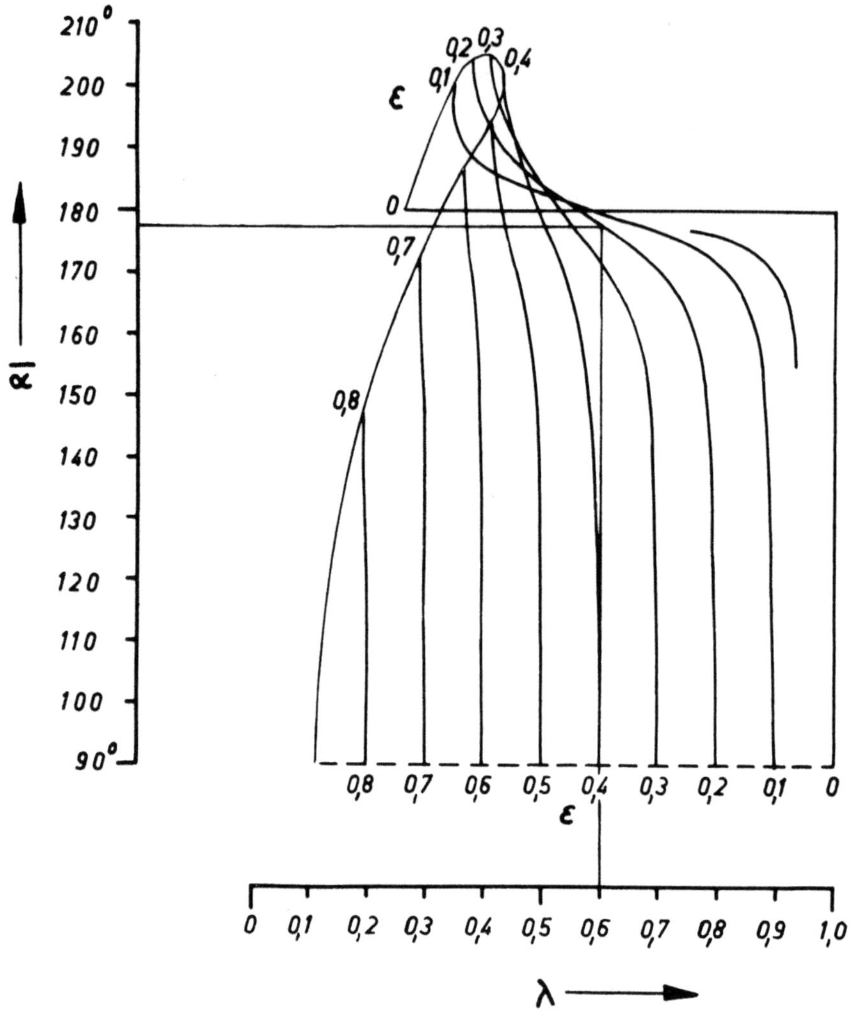

A b b i l d u n g 31c

Kurbelstellung $\bar{\alpha}$ für die Extrema der Beschleunigung b des Schubgliedes,

<u>für das relative Maximum der Beschleunigung b</u>

Beispiele: 1. λ = 0,3 und ε = 0,5 liefern zu a) den Winkel $\bar{\alpha} = 351^\circ$, zu b) den Winkel $\bar{\alpha} = 100{,}5^\circ$, c) und d) sind nicht vorhanden

2. λ = 0,6 und ε = 0,2 liefern bzw. die Winkel $\bar{\alpha} = 1^\circ$, $\bar{\alpha} = 97^\circ$, $\bar{\alpha} = 177{,}5^\circ$, $\bar{\alpha} = 247^\circ$

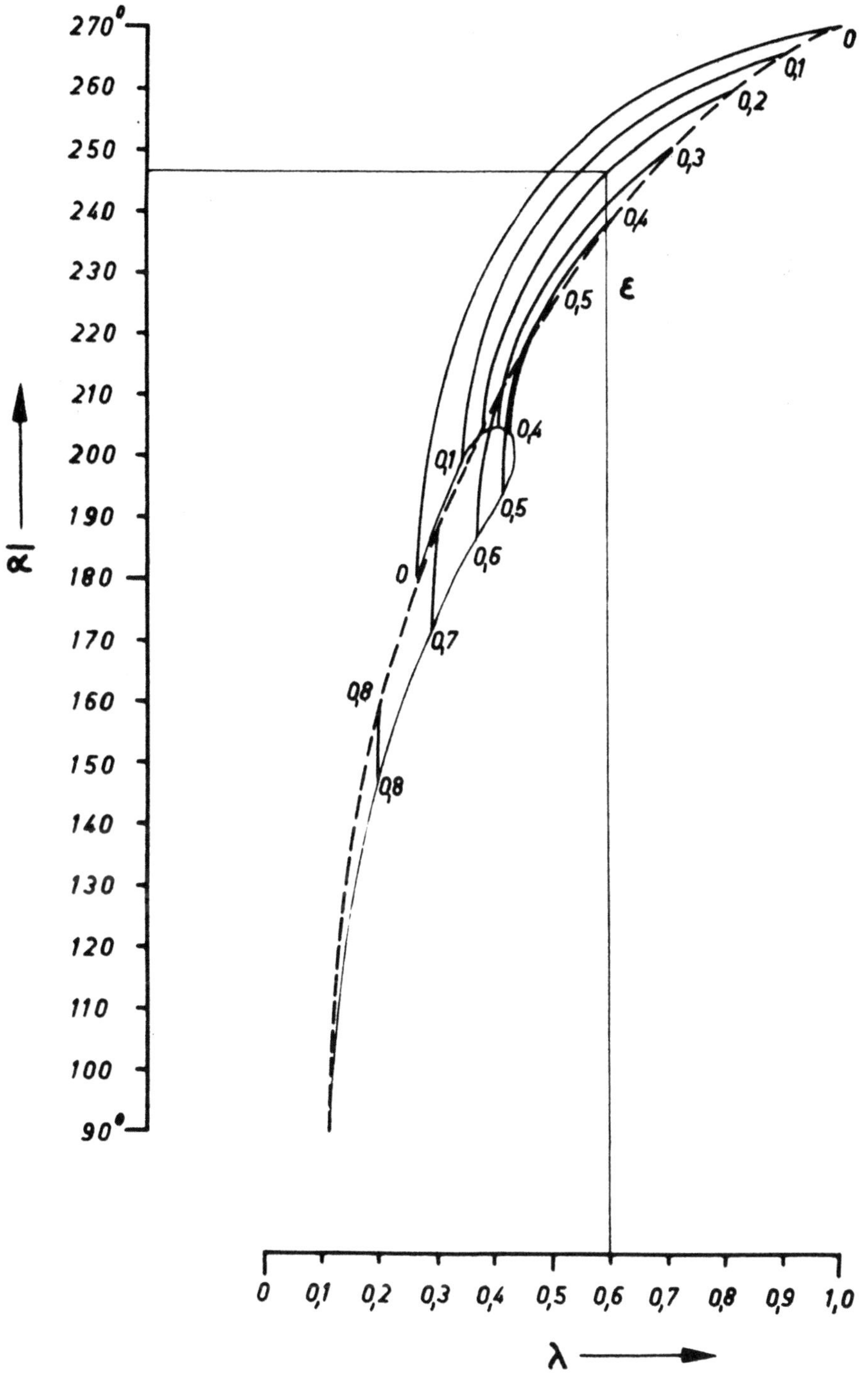

A b b i l d u n g 31d

Kurbelstellung $\bar{\alpha}$ für die Extrema der Beschleunigung b des Schubgliedes,

<u>für das relative Minimum der Beschleunigung b</u>

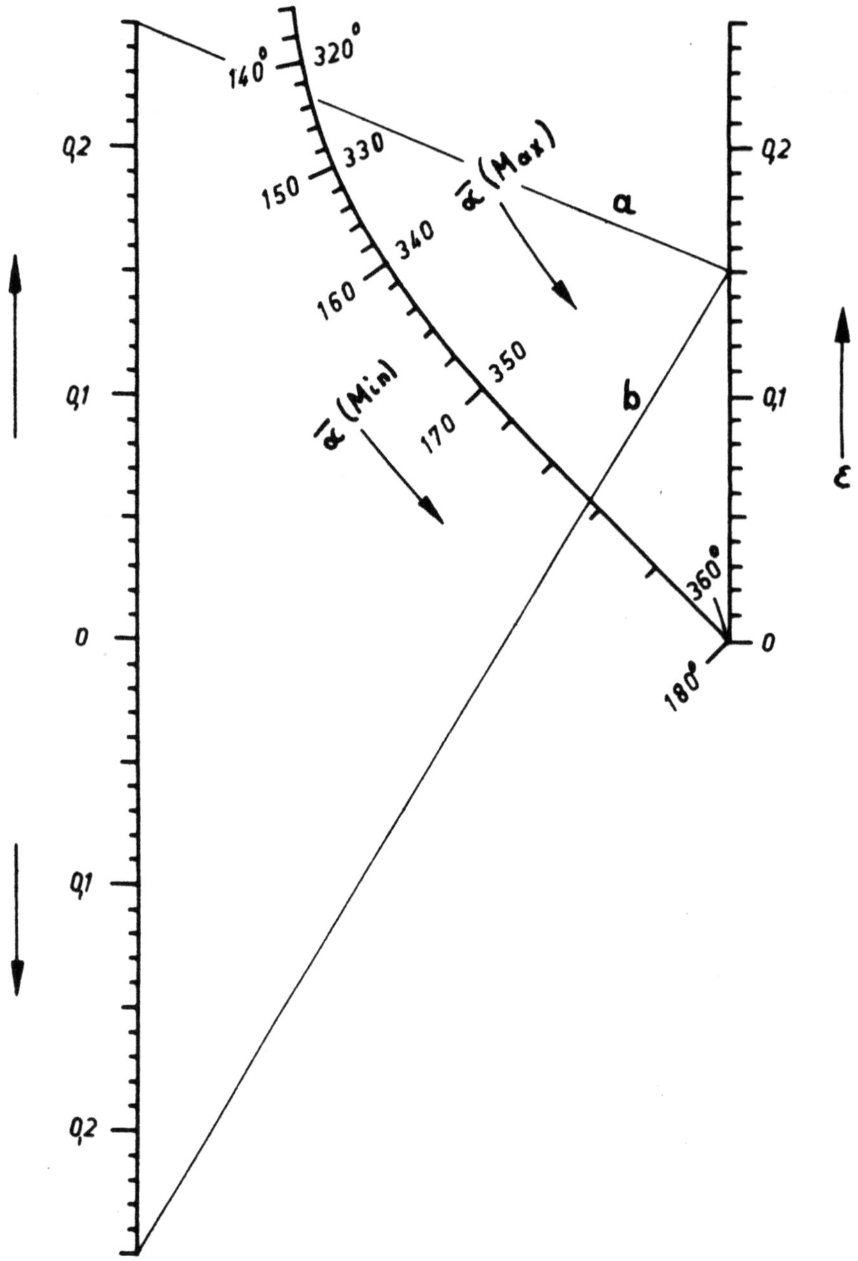

A b b i l d u n g 32

Fluchtentafel für den Kurbelwinkel $\bar{\alpha}$ bei kleinen Parametern λ und ε(Näherung). Hierbei nur absolutes Maximum und absolutes Minimum Beispiel: $\lambda = 0,25$ und $\varepsilon = 0,15$ liefern $\bar{\alpha} = 360^{\circ} - 4,40$ für das absolute Maximum (Flucht a), sowie $\bar{\alpha} = 143,2^{\circ}$ für das absolute Minimum (Flucht b). Die Näherung liefert für $\varepsilon = 0$ die Winkel $\bar{\alpha} = 360^{\circ}$ und $\bar{\alpha} = 180^{\circ}$, d.h. die Totlagen

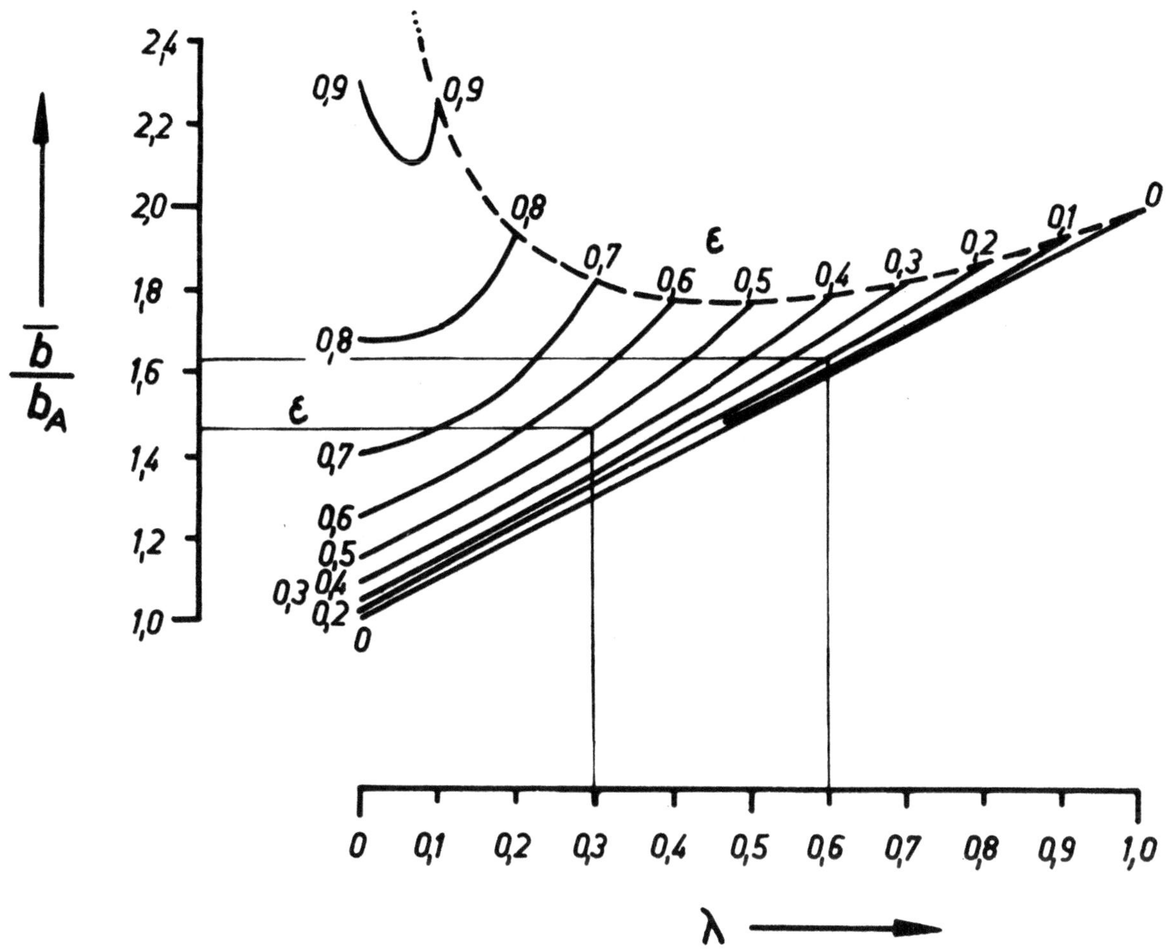

A b b i l d u n g 33a

Extremalwerte $\overline{b}/b_A$ der Beschleunigungen

für ein absolutes Maximum

Beispiele (wie zu Abb. 31):

1. $\lambda = 0{,}3$ und $\varepsilon = 0{,}5$ liefern das absolute Maximum $\overline{b}/b_A = 1{,}47$ und das absolute Minimum $\overline{b}/b_A = -1{,}4$, die beiden anderen Extrema fehlen;

2. $\lambda = 0{,}6$ und $\varepsilon = 0{,}2$ liefern das absolute Maximum $\overline{b}/b_A = 1{,}63$; das absolute Minimum $\overline{b}/b_A = -1{,}4$; das relative Maximum $\overline{b}/b_A = -0{,}38$ und das relative Minimum $\overline{b}/b_A = -0{,}61$

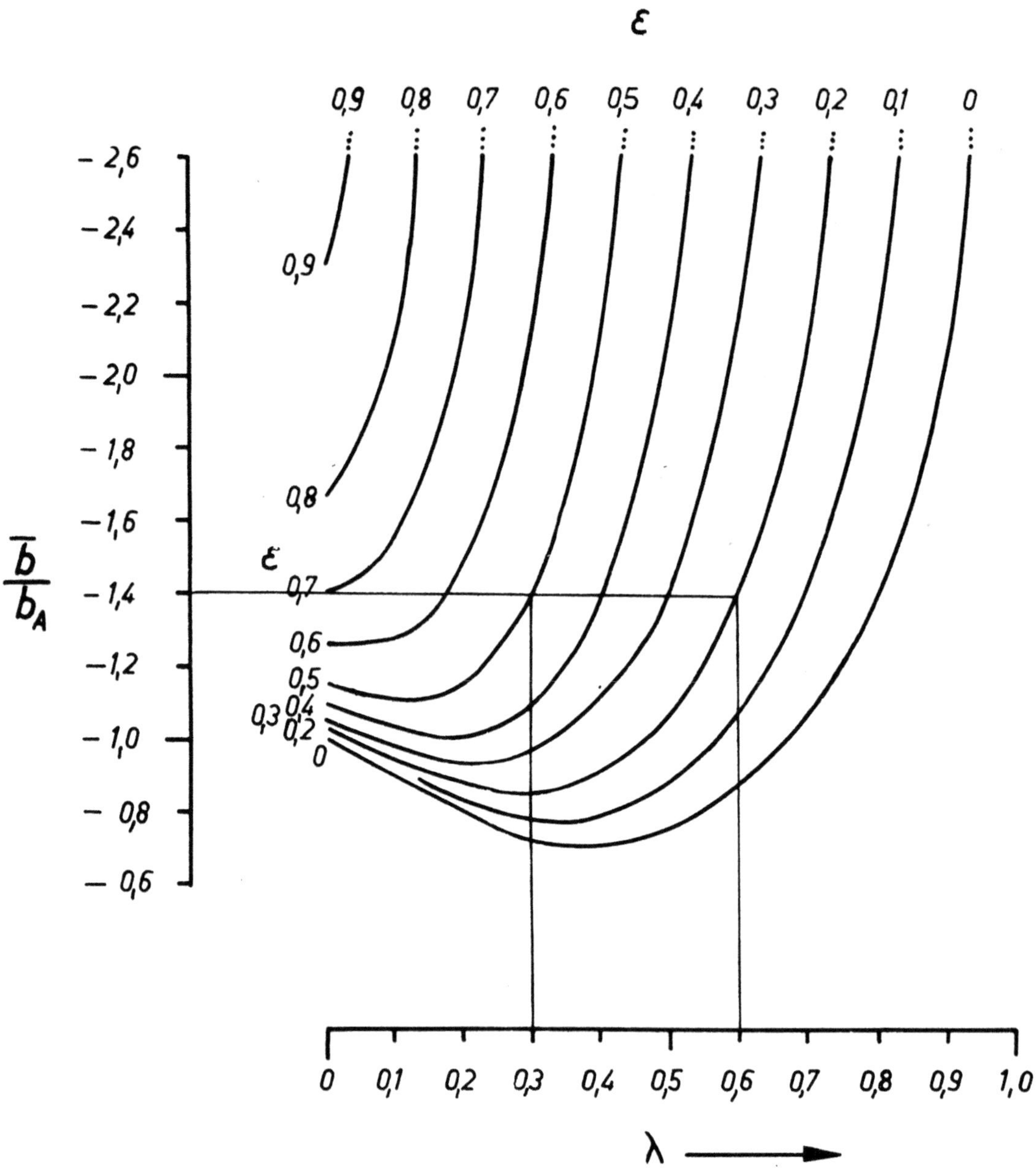

A b b i l d u n g 33b

Extremalwerte $\bar{b}/b_A$ der Beschleunigungen

für ein absolutes Minimum

Beispiel: vgl. Bildunterschrift Abb. 33a

1. λ = 0,3 und ε = 0,5 liefern das absolute Maximum b/b_A = 1,47 und das absolute Minimum $\bar{b}/b_A$ = - 1,4, die beiden anderen Extrema fehlen;

2. λ = 0,6 und ε = 0,2 liefern das absolute Maximum $\bar{b}/b_A$ = 1,63; das absolute Minimum $\bar{b}/b_A$ = - 1,4; das relative Maximum $\bar{b}/b_A$ = - 0,38 und das relative Minimum $\bar{b}/b_A$ = - 0,61

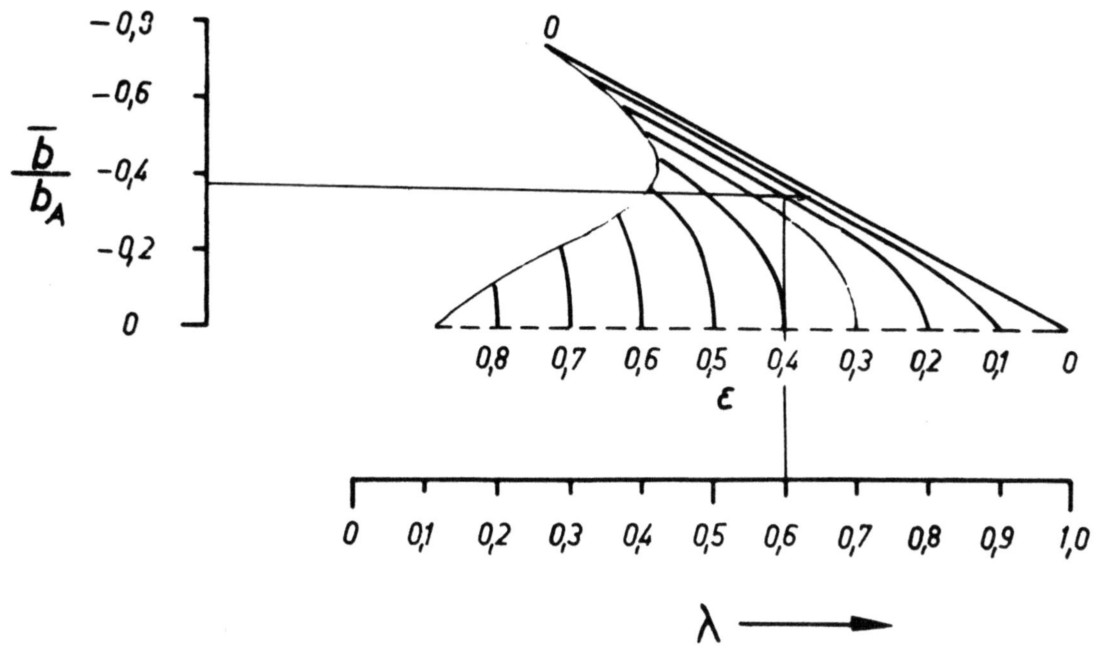

A b b i l d u n g 33c

Extremalwerte $\bar{b}/b_A$ der Beschleunigungen

für ein relatives Maximum

Beispiel: vgl. Bildunterschrift Abb. 33a

1. λ = 0,3 und ε = 0,5 liefern das absolute Maximum $\bar{b}/b_A$ = 1,47 und das absolute Minimum $\bar{b}/b_A$ = - 1,4, die beiden anderen Extrema fehlen;

2. λ = 0,6 und ε = 0,2 liefern das absolute Maximum $\bar{b}/b_A$ = 1,63; das absolute Minimum $\bar{b}/b_A$ = - 1,4; das relative Maximum $\bar{b}/b_A$ = - 0,38 und das relative Minimum $\bar{b}/b_A$ = - 0,61

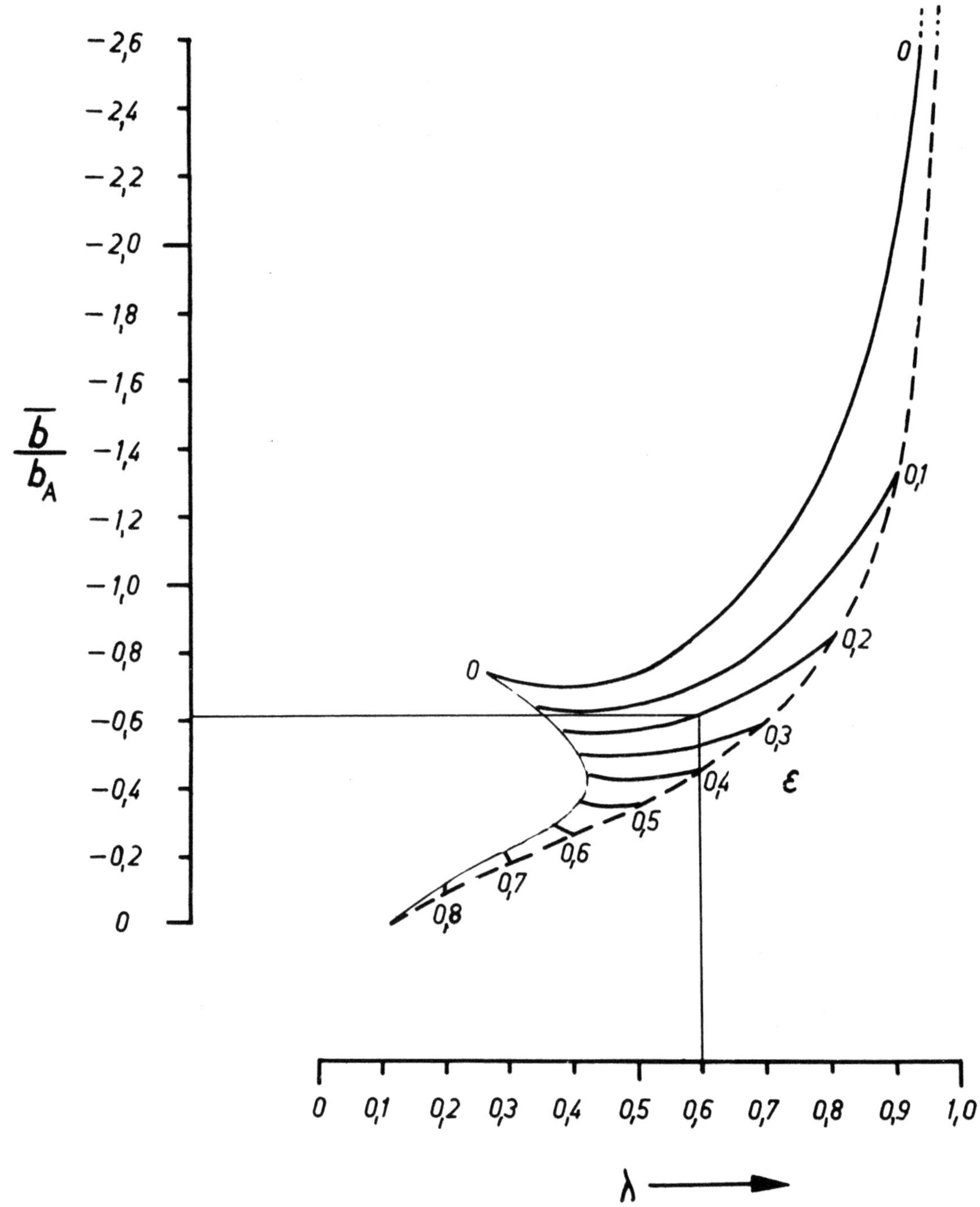

A b b i l d u n g 33d

Extremalwerte $\overline{b}/b_A$ der Beschleunigungen

für ein relatives Minimum

Beispiel: vgl. Bildunterschrift Abb. 33a

1. λ = 0,3 und ε = 0,5 liefern das absolute Maximum $\overline{b}/b_A$ = 1,47 und das absolute Minimum $\overline{b}/b_A$ = - 1,4, die beiden anderen Extrema fehlen;

2. λ = 0,6 und ε = 0,2 liefern das absolute Maximum $\overline{b}/b_A$ = 1,63; das absolute Minimum $\overline{b}/b_A$ = - 1,4; das relative Maximum $\overline{b}/b_A$ = - 0,38; und das relative Minimum $\overline{b}/b_A$ = - 0,61

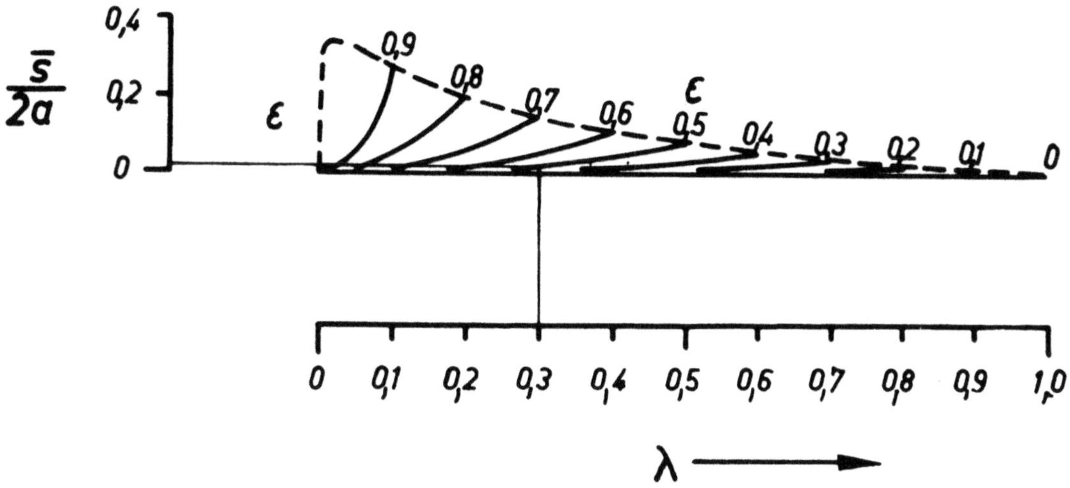

Abbildung 34a

Stellung des Schubgliedes, gekennzeichnet durch den bezogenen Hub $\bar{s}/2a$ für die extremalen Beschleunigungen, bei dem absoluten Maximum

Beispiele: (wie in Abb. 31 und 32)

1. $\lambda = 0{,}3$ und $\varepsilon = 0{,}5$ liefern $\bar{s}/2a = 0{,}02$
2. $\lambda = 0{,}6$ und $\varepsilon = 0{,}2$ liefern $\bar{s}/2a \approx 0$

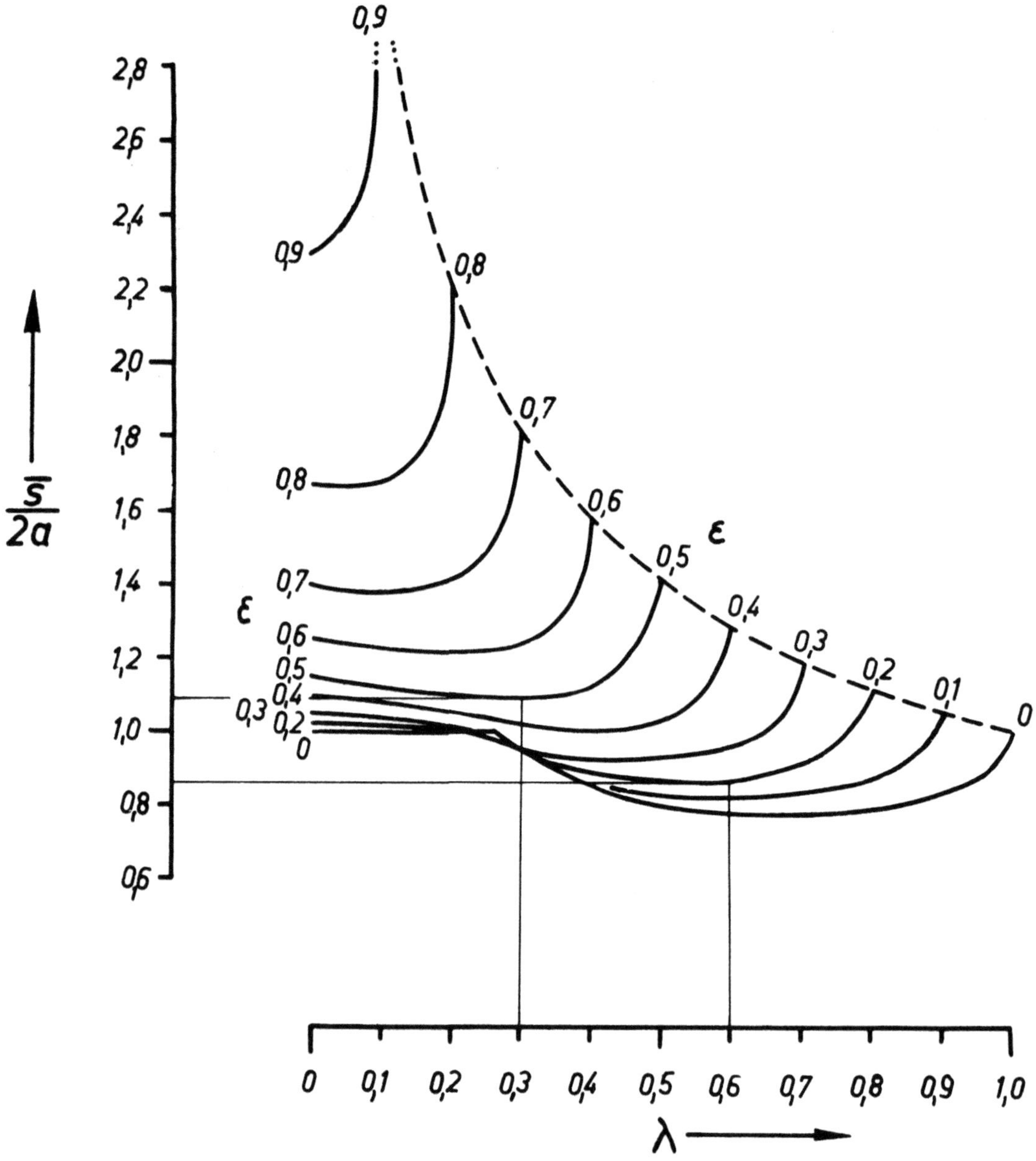

A b b i l d u n g   34b

Stellung des Schubgliedes, gekennzeichnet durch den bezogenen Hub $\bar{s}/2a$ für die extremalen Beschleunigungen, bei dem absoluten Minimum

Beispiele: (wie in Abb. 31 und 32)

1. λ = 0,3 und ε = 0,5 liefern $\bar{s}/2a$ = 1,09

2. λ = 0,6 und ε = 0,2 liefern $\bar{s}/2a$ = 0,86

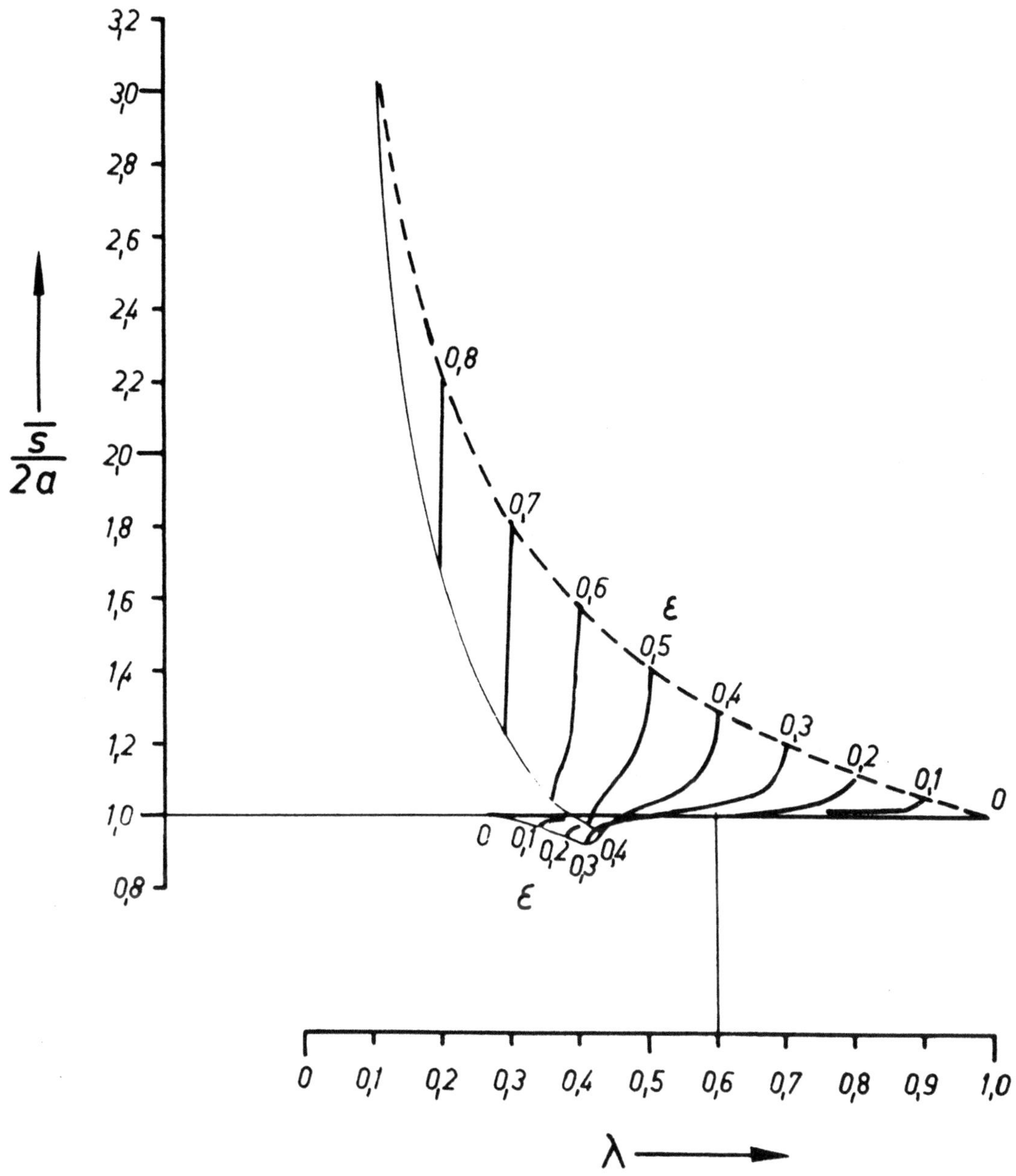

A b b i l d u n g 34c

Stellung des Schubgliedes, gekennzeichnet durch den bezogenen Hub $\bar{s}/2a$ für die extremalen Beschleunigungen, bei dem relativen Maximum

Beispiele: (wie in Abb. 31 und 32)

1. λ = 0,3 und ε = 0,5 entfällt
2. λ = 0,6 und ε = 0,2 liefern $\bar{s}/2a$ = 1,0

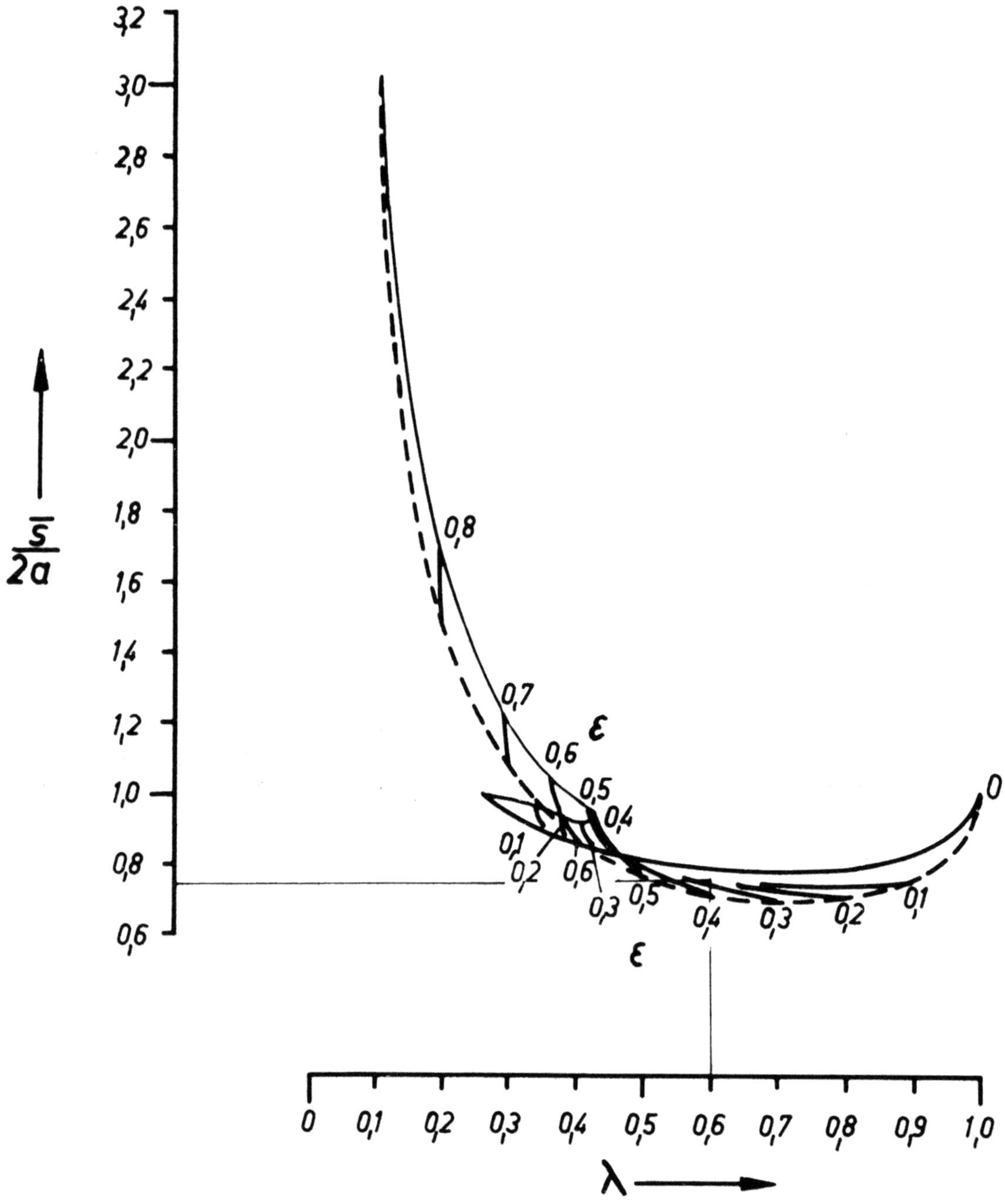

A b b i l d u n g 34d

Stellung des Schubgliedes, gekennzeichnet durch den bezogenen Hub $\bar{s}/2a$ für die extremalen Beschleunigungen, bei dem relativen Minimum

Beispiele: (wie in Abb. 31 und 32)

1. λ = 0,3 und ε = 0,5 entfällt
2. λ = 0,6 und ε = 0,2 liefern $\bar{s}/2a$ = 0,74

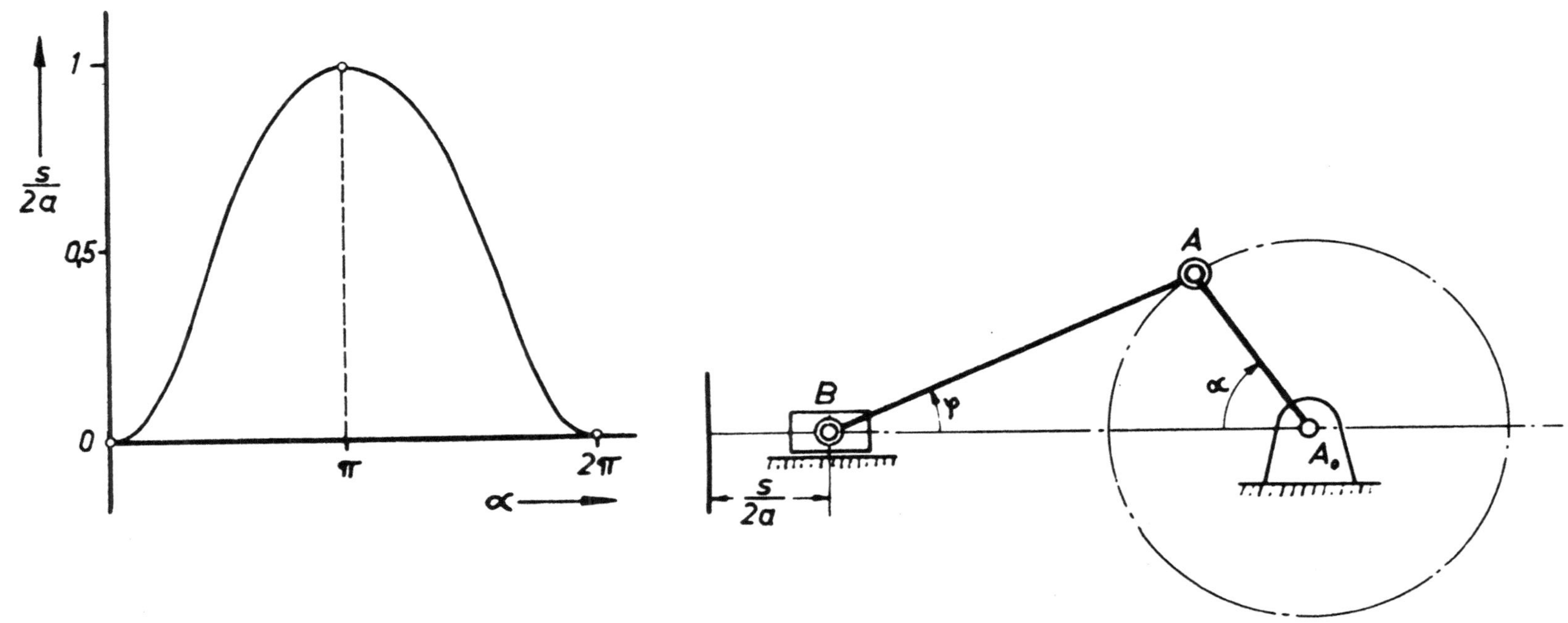

A b b i l d u n g 35a

Bewegungsgesetze beim zentrischen Schubkurbeltrieb ($\varepsilon = 0$)

rechts im Bild: Getriebe in einer beliebigen Kurbelstellung, gekennzeichnet durch α, φ oder s/2a

links im Bild: Der bezogene Hub s/2a über dem Kurbelwinkel α

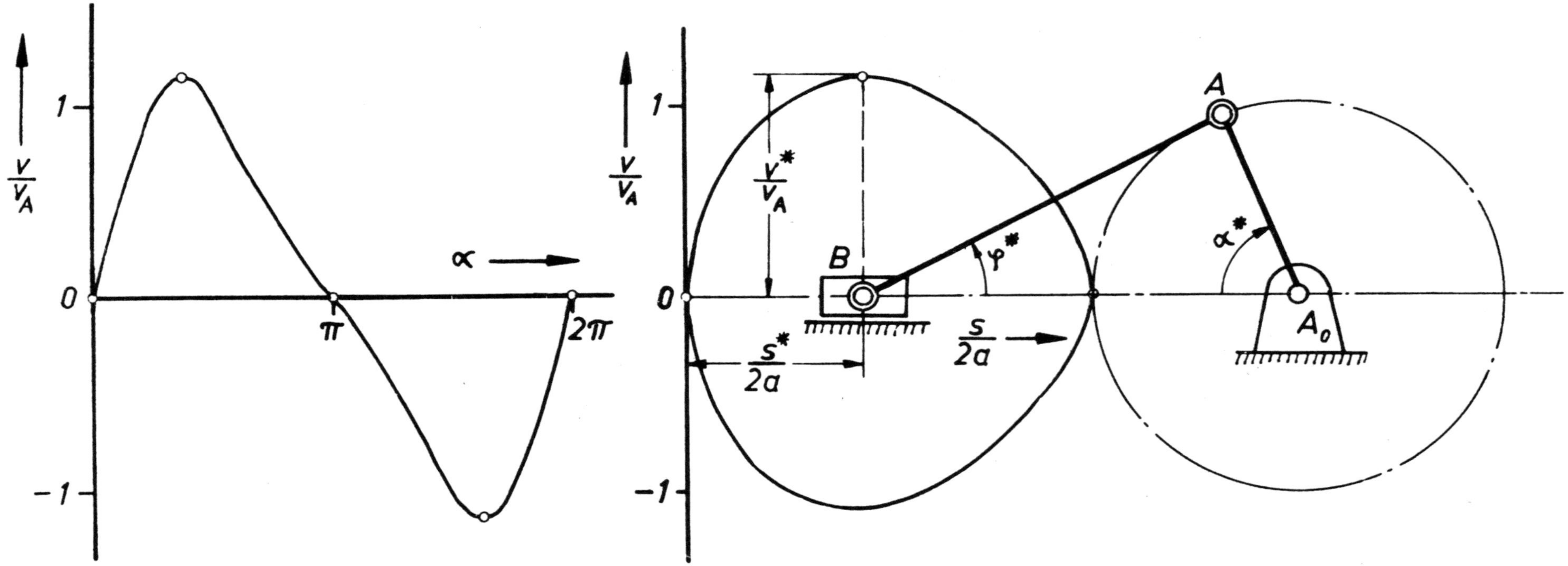

A b b i l d u n g 35b

Bewegungsgesetze beim zentrischen Schubkurbeltrieb ($\varepsilon = 0$)

rechts im Bild: Getriebe mit Geschwindigkeit über dem Weg s/2a

links im Bild: Geschwindigkeit über dem Kurbelwinkel α

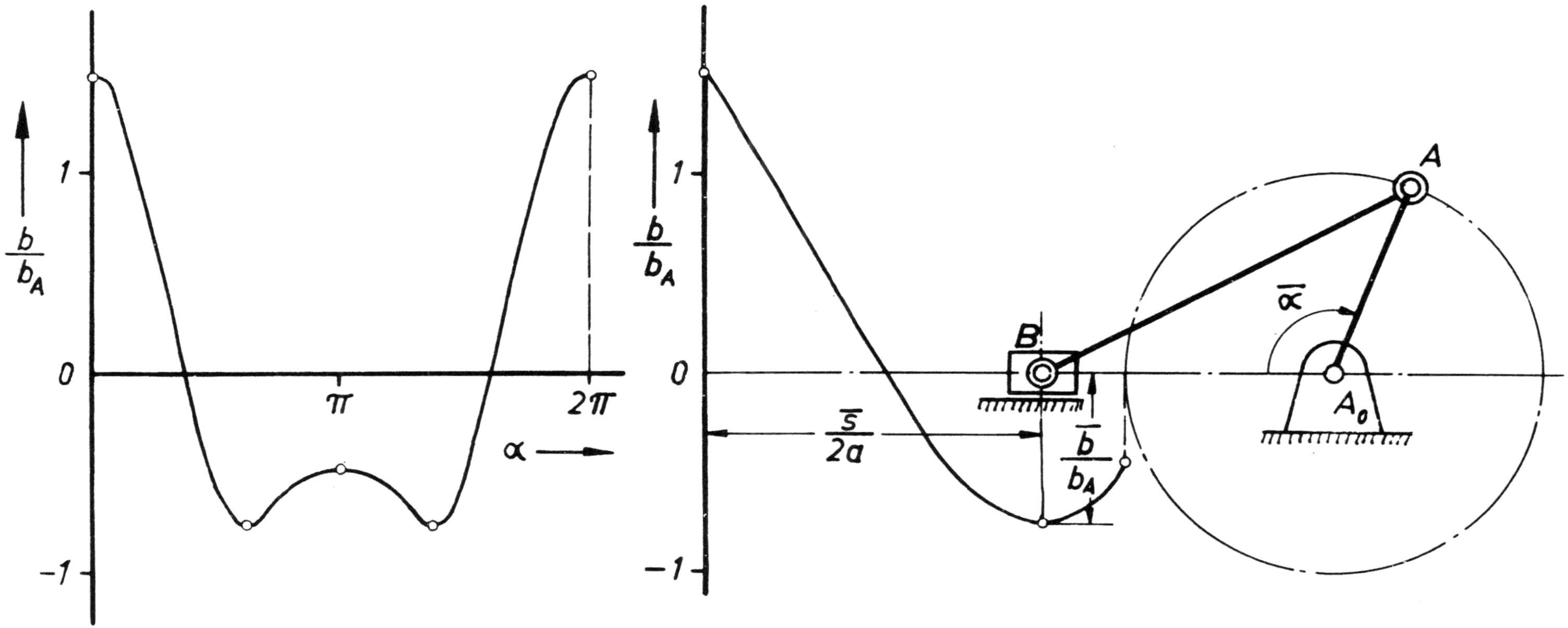

A b b i l d u n g 35c

Bewegungsgesetze beim zentrischen Schubkurbeltrieb ($\varepsilon = 0$)
rechts im Bild: Getriebe mit Beschleunigung über dem Weg
links im Bild: Beschleunigung über dem Kurbelwinkel α

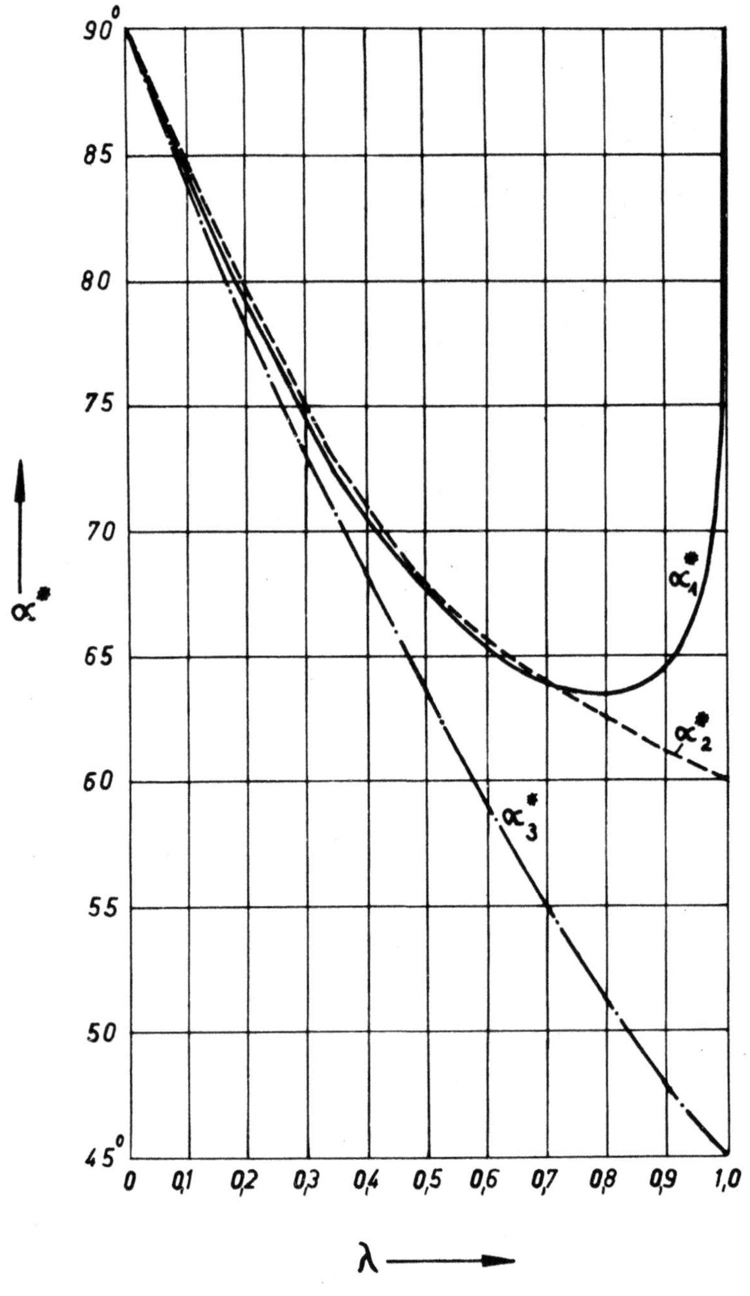

A b b i l d u n g 35d

Kurbelstellung α^* für die größte Geschwindigkeit (Index 1: genau; Index 2: Näherung mit $\lambda^2 \approx 0$; Index 3: Näherung für Kurbelkreis berührende Koppel). Für $\alpha = 360 - \alpha^*$ erhält man das **Maximum**

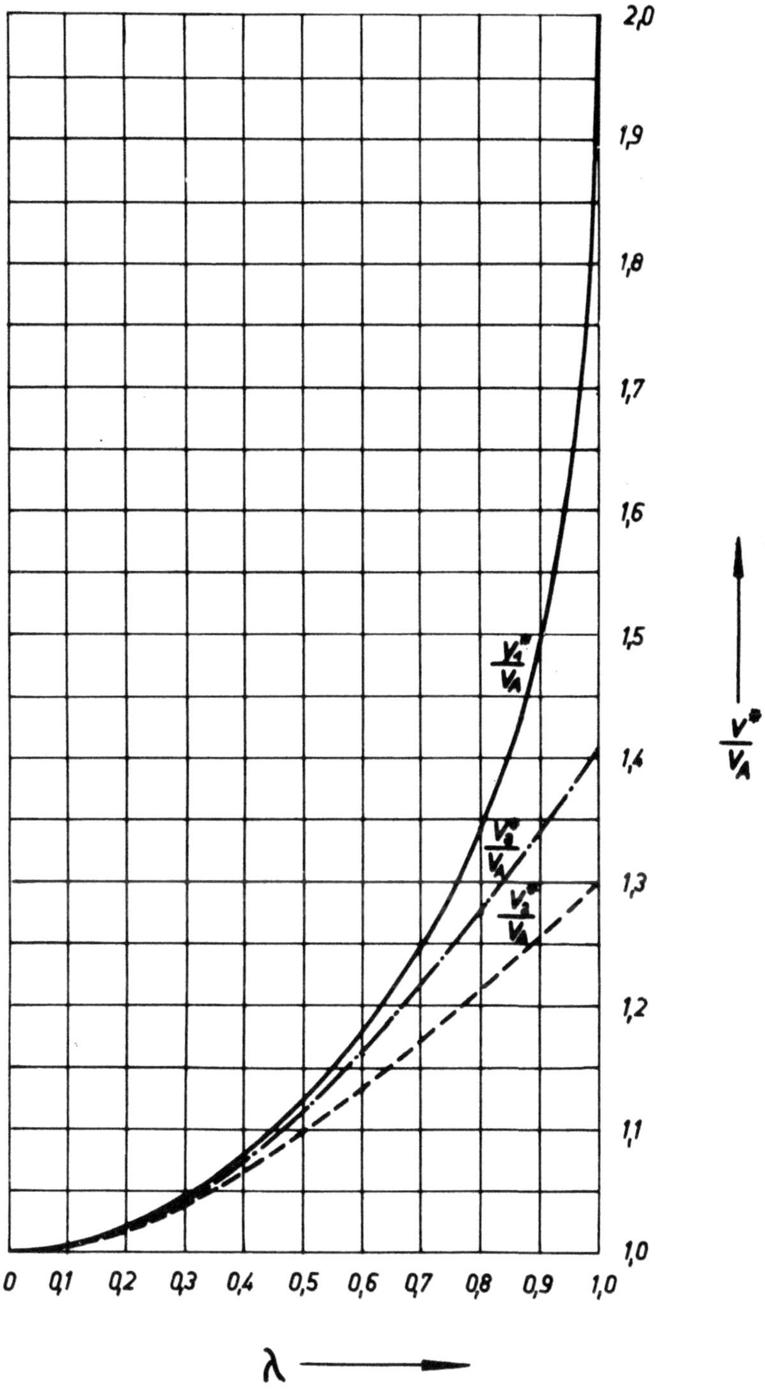

A b b i l d u n g 35e

Maximale Geschwindigkeit v^*/v_A (Indizes vgl. Abb. 35d), das Minimum hat den gleichen Betrag

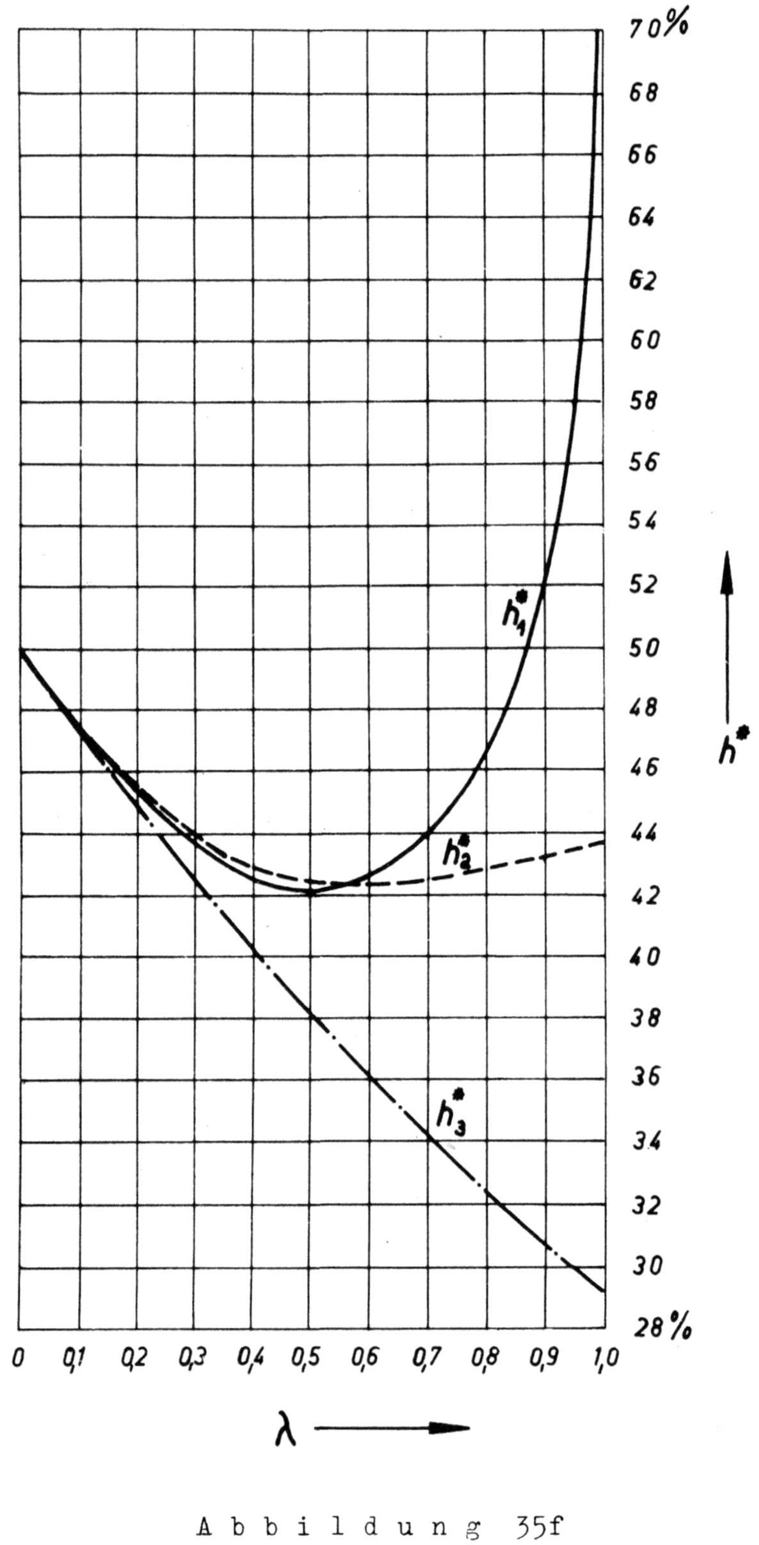

A b b i l d u n g 35f

Kolbenweg s* in h*-Prozent des Gesamthubes für maximale und minimale Geschwindigkeiten (Indizes vgl. 35d)

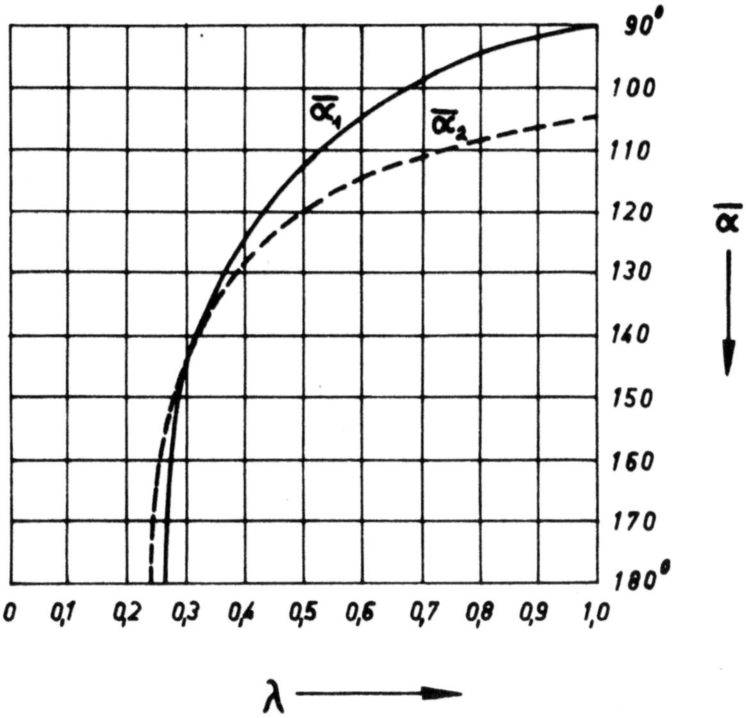

A b b i l d u n g 35g

Kurbelstellung $\bar{\alpha}$ für das Extremum der Beschleunigung $\bar{b}/b_A$ in der Nähe der inneren Totlage (Index 1: genaue Lösung; Index 2: Näherung mit $\lambda^2 \approx 0$)

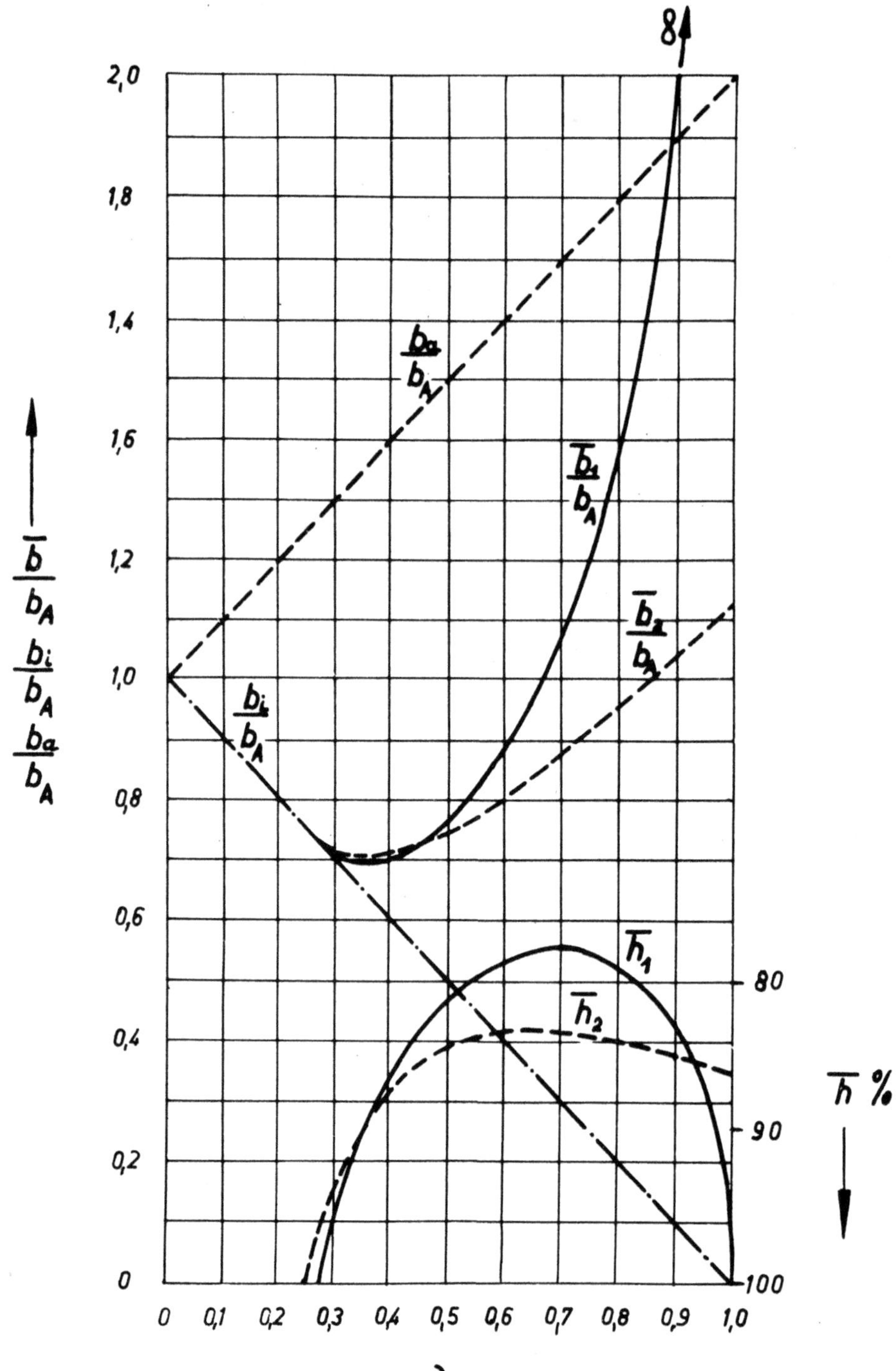

A b b i l d u n g 35h

Größt- und Kleinstwerte der Beschleunigung $\bar{b}/b_A$ mit zugehörigem Hub $\bar{s}$ in Prozent des Gesamthubes. Die Gerade b_a stellt das absolute Maximum dar, die Gerade b_i bis $\lambda = 0{,}2637$ das absolute Minimum, von dort ab aber das relative Maximum, und die im Punkt $\lambda = 0{,}2637$ auf $\bar{b}_i$ beginnende Kurve b_1 das absolute Minimum, vgl. auch Abbildung 35 b und c

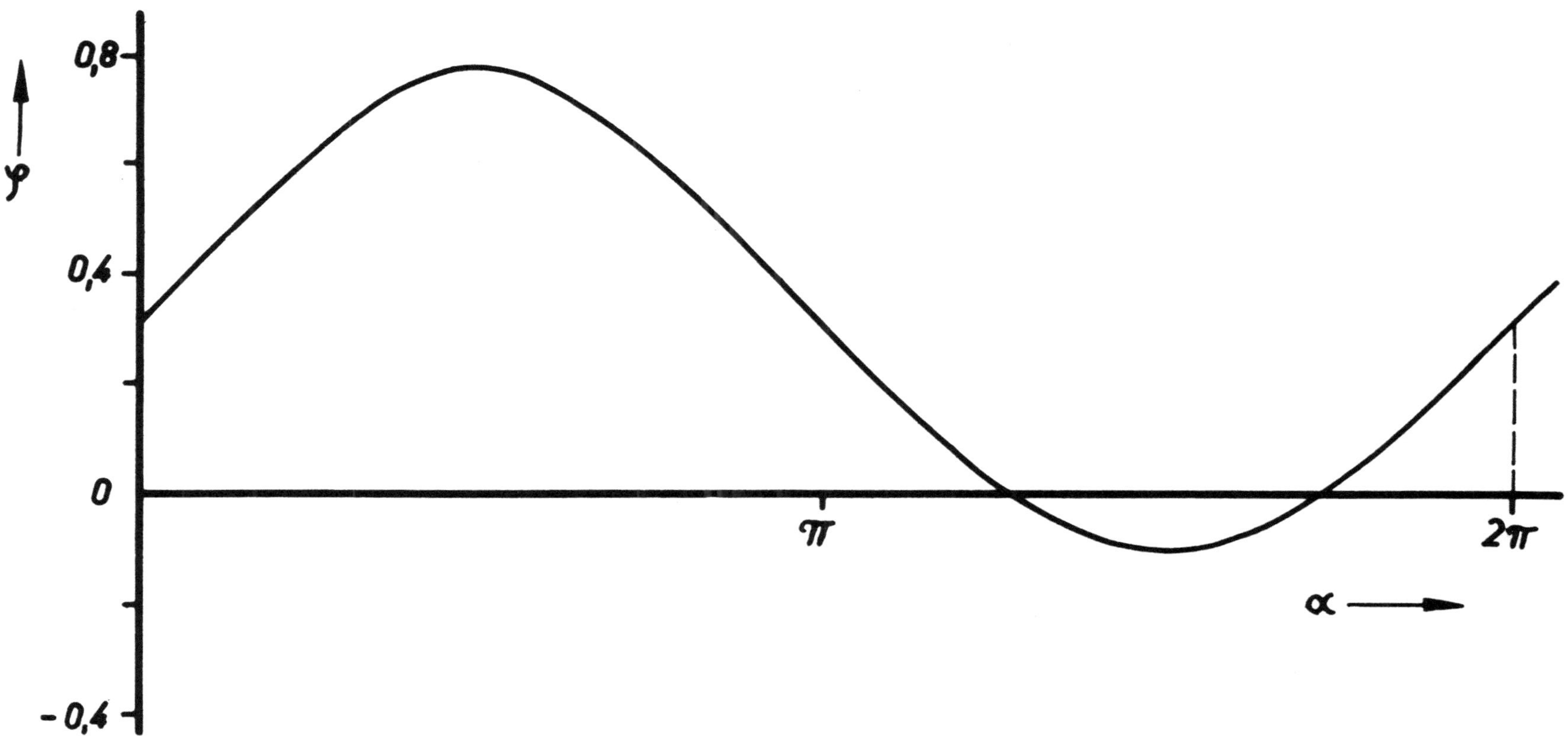

A b b i l d u n g 36a

Bewegung der Koppelebene; Koppelwinkel φ über dem Kurbelwinkel α

(λ = 0,4 und ε = 0,3)

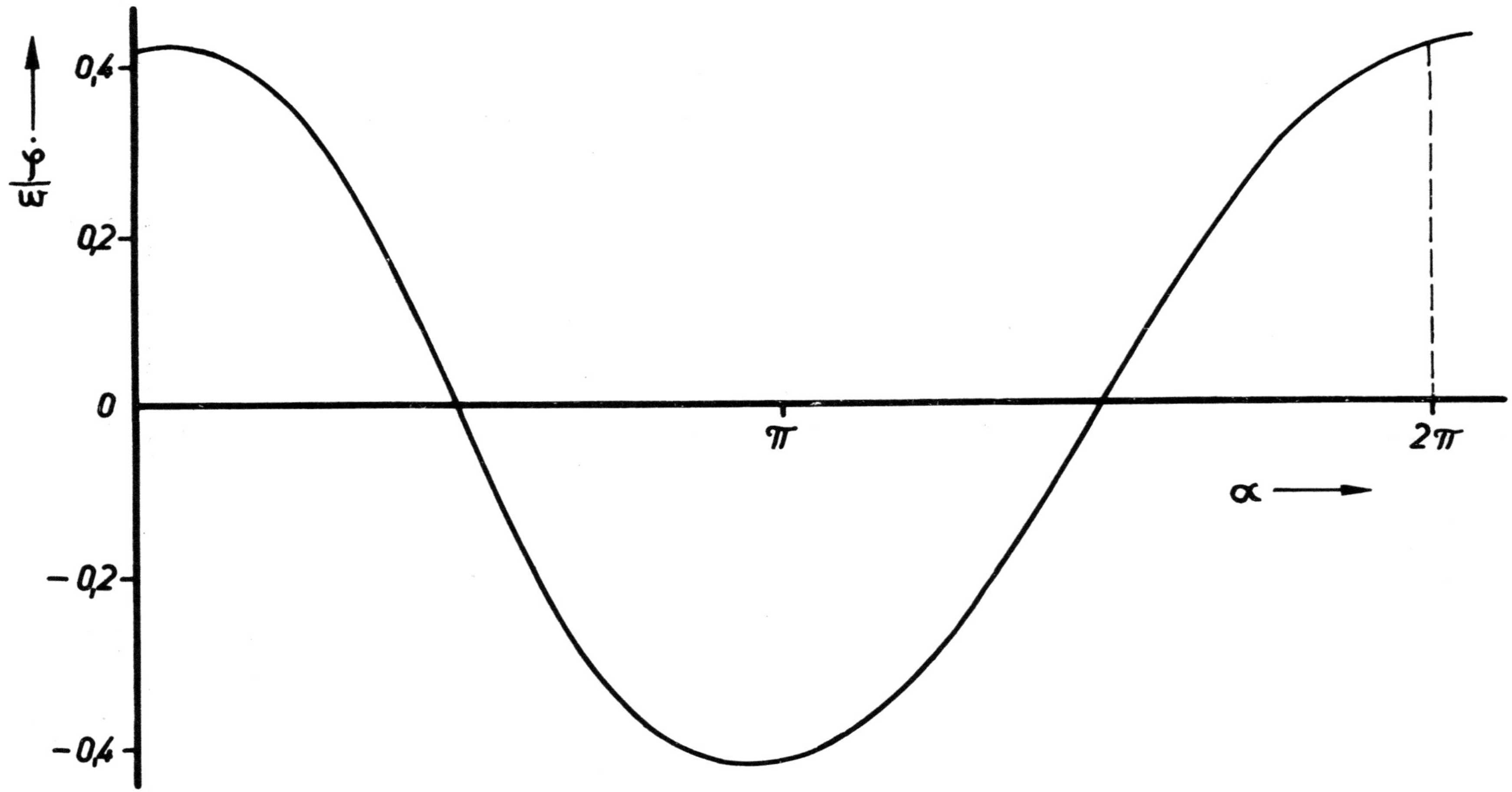

A b b i l d u n g 36b

Bezogene Winkelgeschwindigkeit der Koppelebene, d.h.
$\omega_c/\omega = \dot{\varphi}/\omega$, über dem Kurbelwinkel α (λ = 0,4 und ε = 0,3)

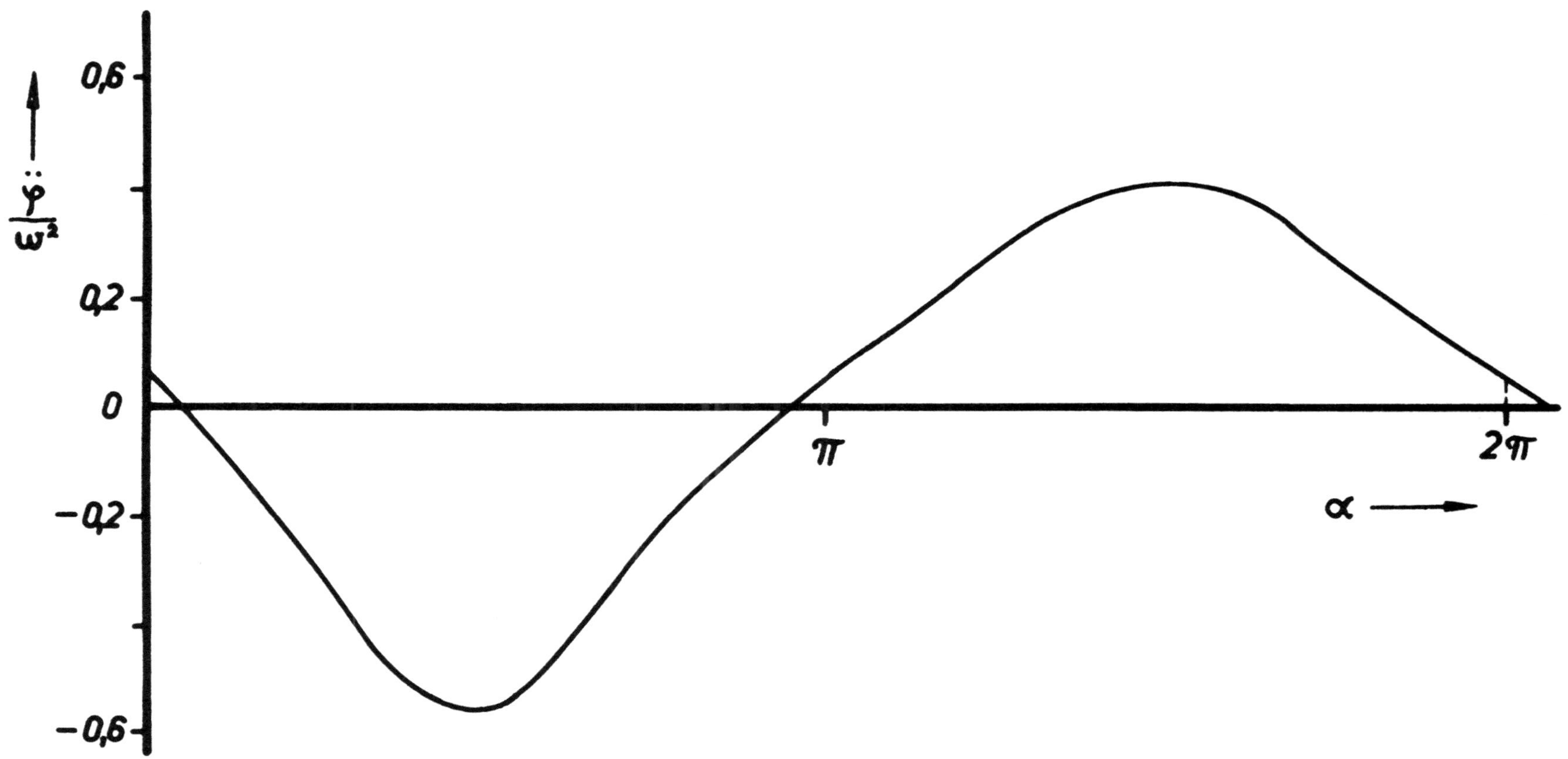

A b b i l d u n g 36c

Bezogene Winkelbeschleunigung der Koppelebene, d.h. $\ddot{\varphi}/\omega^2$ über dem Kurbelwinkel α

(λ = 0,4 und ε = 0,3)

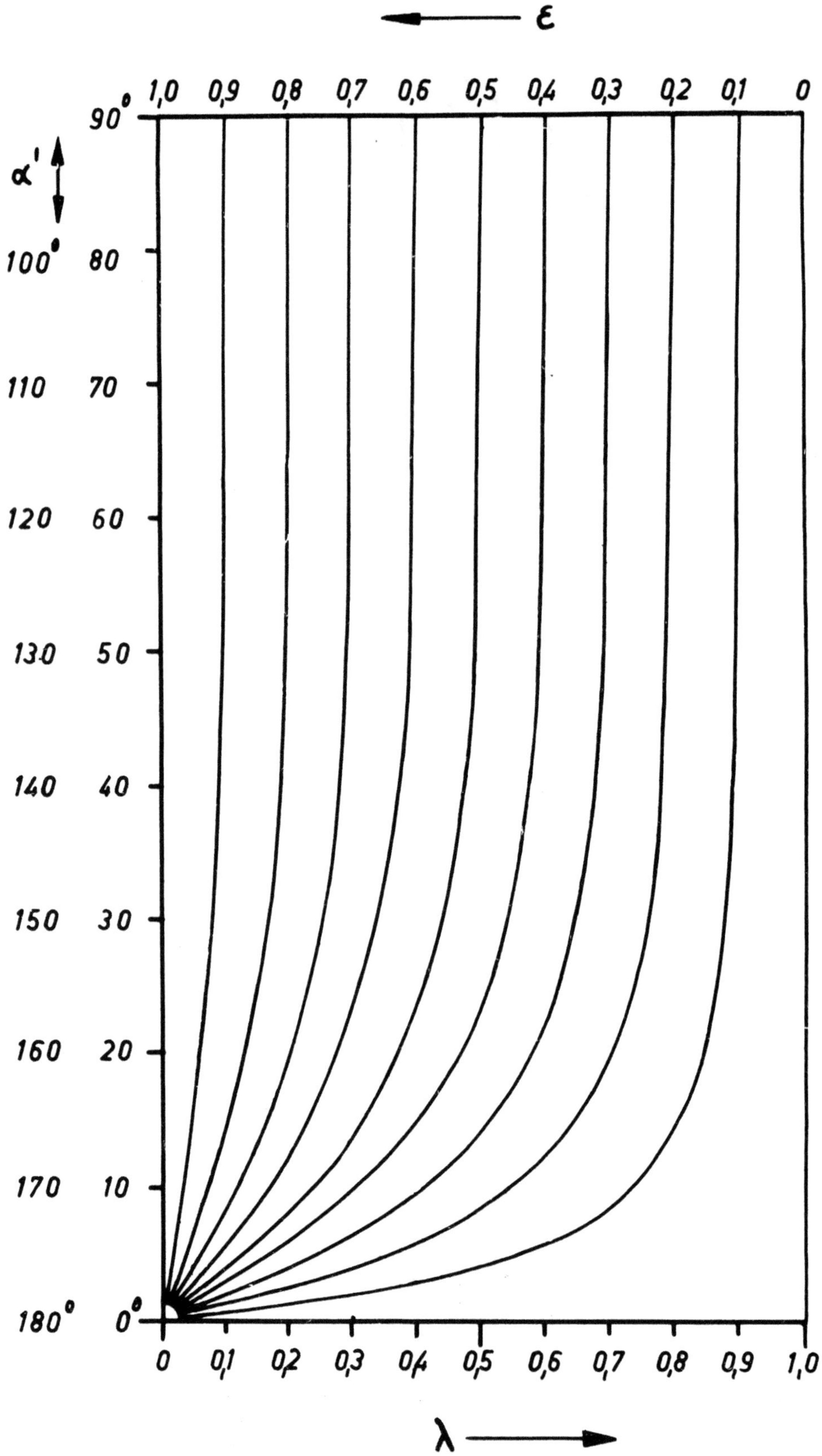

A b b i l d u n g 37

Kurbelstellung α' für die extremalen Winkelgeschwindigkeiten ω_c der Koppelebene

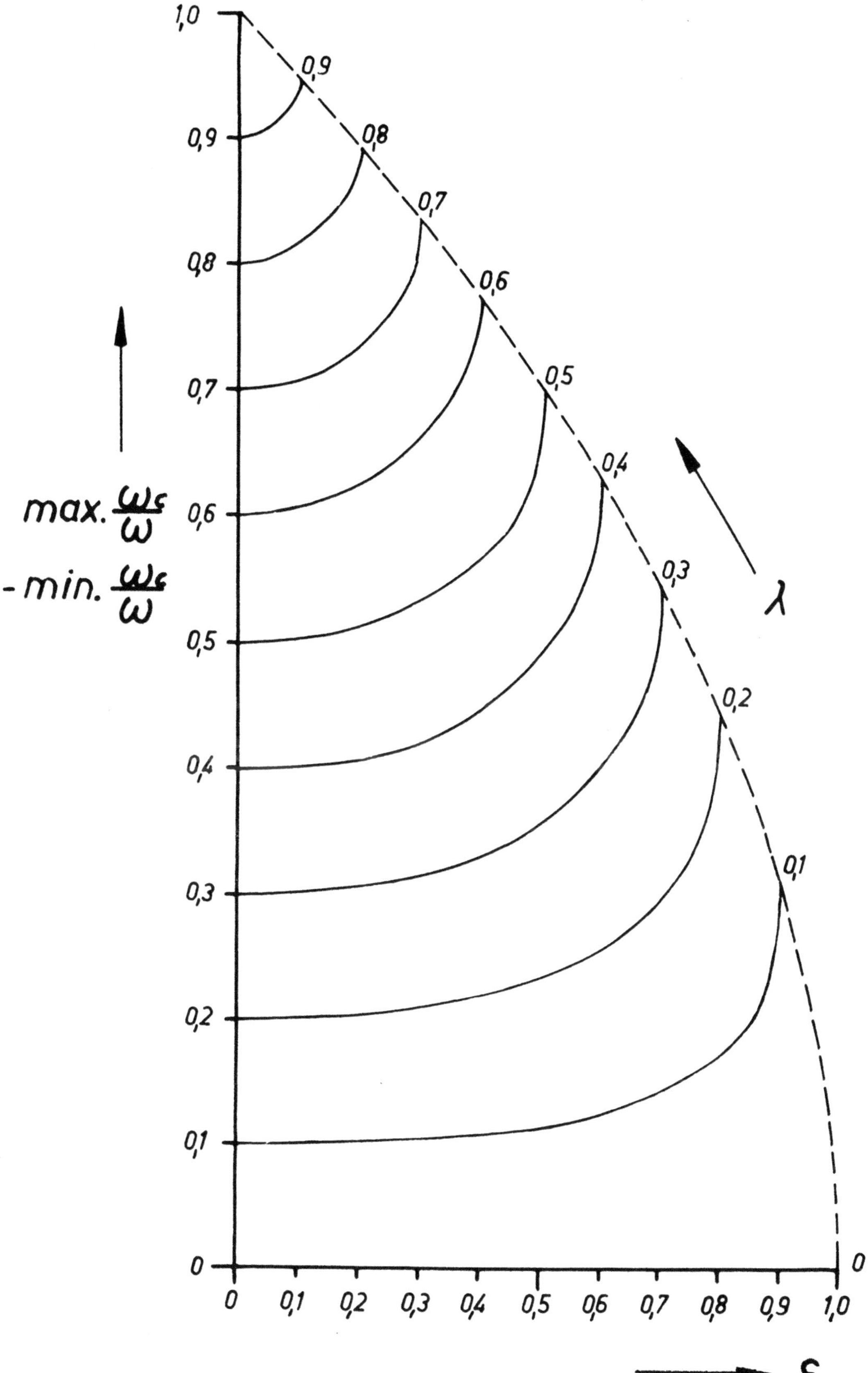

A b b i l d u n g 38

Extremale Winkelgeschwindigkeiten ω_c/ω der Koppelebene. Es ist max ω_c = - min ω_c. Beachte, daß <u>hier</u> ε und nicht λ auf der Abzissenachse aufgetragen ist

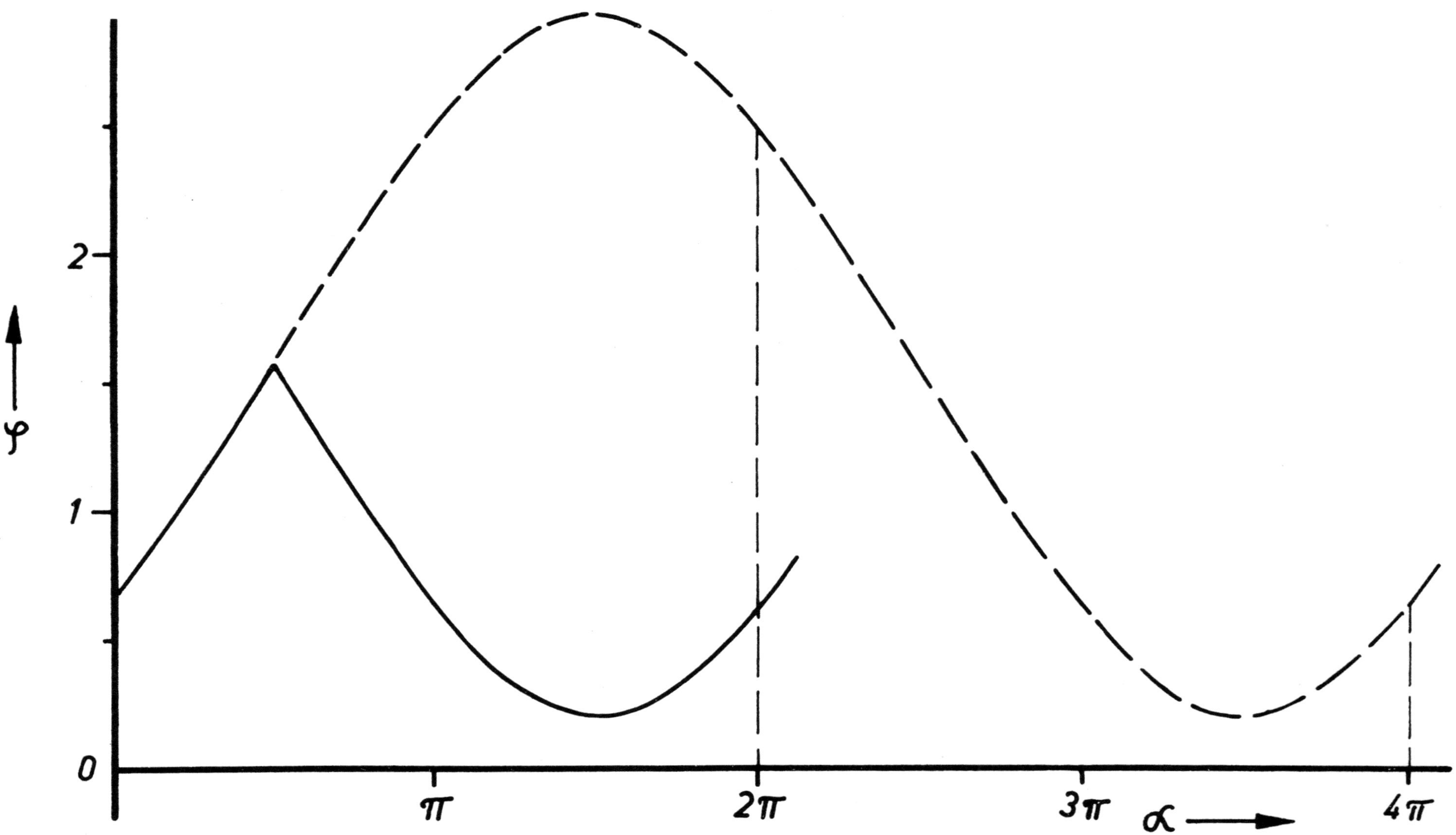

A b b i l d u n g 39a
Bewegung der Koppelebene beim durchschlagenden Getriebe: Koppelwinkel φ über dem Kurbelwinkel α für λ = 0,4 bzw. ε = 0,6. Die ausgezogene Kurve gilt, wenn das Getriebe nicht durchschlägt; die gestrichelte Kurve gilt, wenn das Getriebe durchschlagen kann, also α von 0 bis 4 π läuft

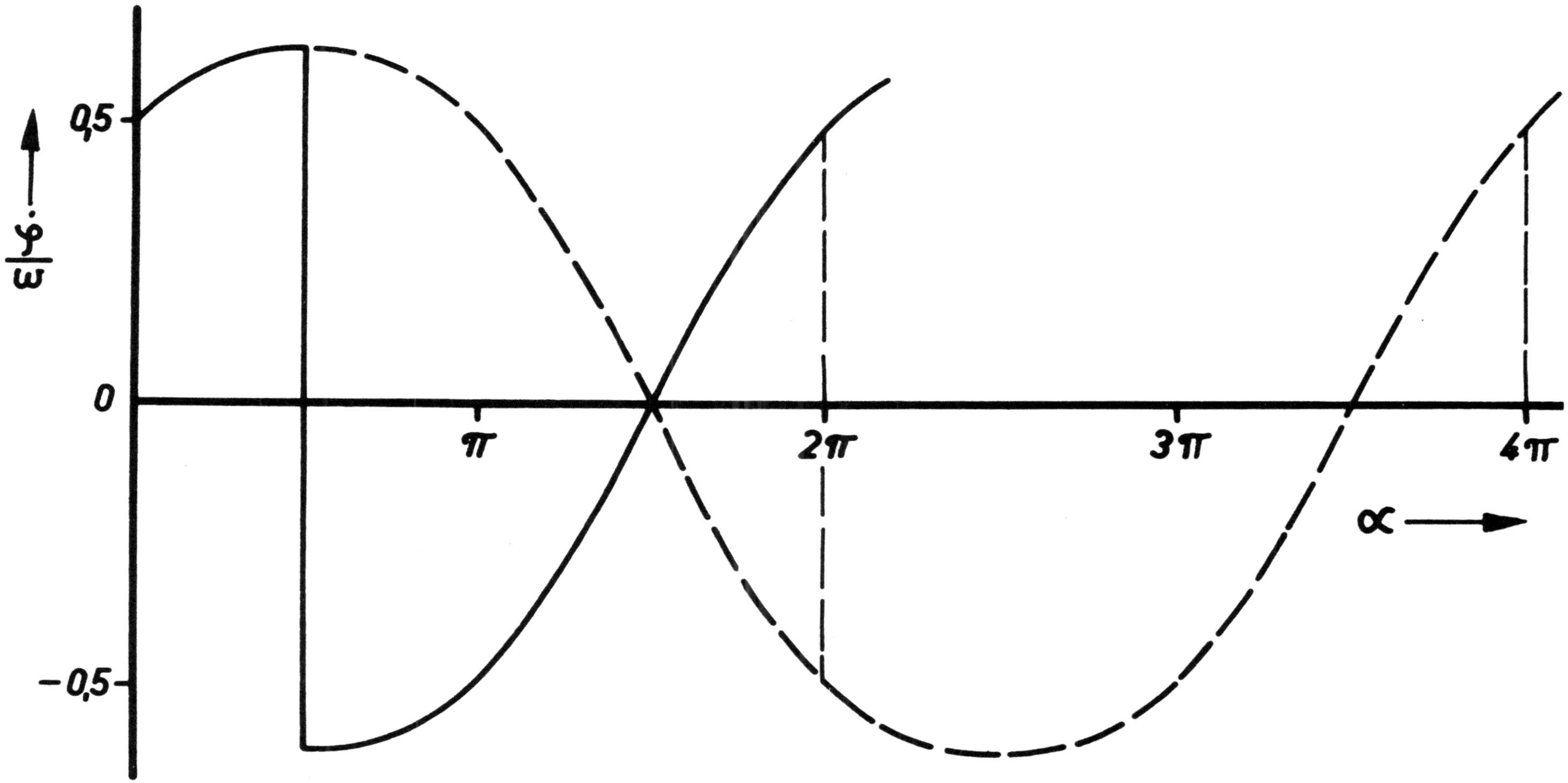

A b b i l d u n g 39b

Bewegung der Koppelebene beim durchschlagenen Getriebe: Winkelgeschwindigkeit $\omega_c/\omega = \dot{\varphi}/\omega$ der Koppel über dem Kurbelwinkel α für $\lambda = 0{,}4$ bzw. $\varepsilon = 0{,}6$. Die ausgezogene Kurve gilt, wenn das Getriebe nicht durchschlägt; die gestrichelte Kurve gilt, wenn das Getriebe durchschlagen kann, also α von 0 bis 4π läuft

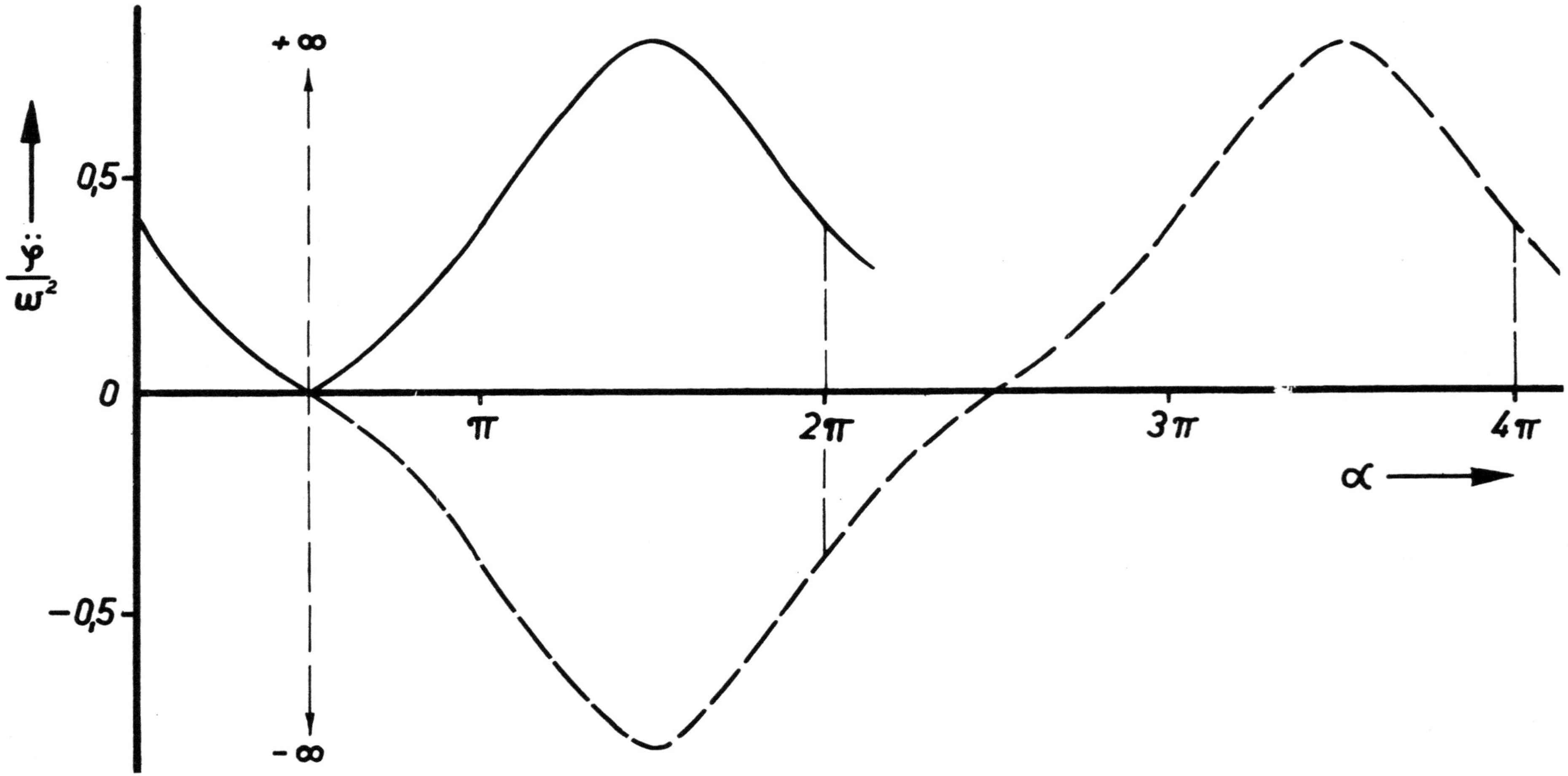

A b b i l d u n g   39c

Bewegung der Koppelebene beim durchschlagenden Getriebe: Winkelbeschleunigung $\ddot{\varphi}/\omega^2$ der Koppel über dem Kurbelwinkel α für $\lambda = 0,4$ bzw. $\varepsilon = 0,6$. Die ausgezogene Kurve gilt, wenn das Getriebe nicht durchschlägt; die gestrichelte Kurve gilt, wenn das Getriebe durchschlagen kann, also α von Null bis 4π läuft

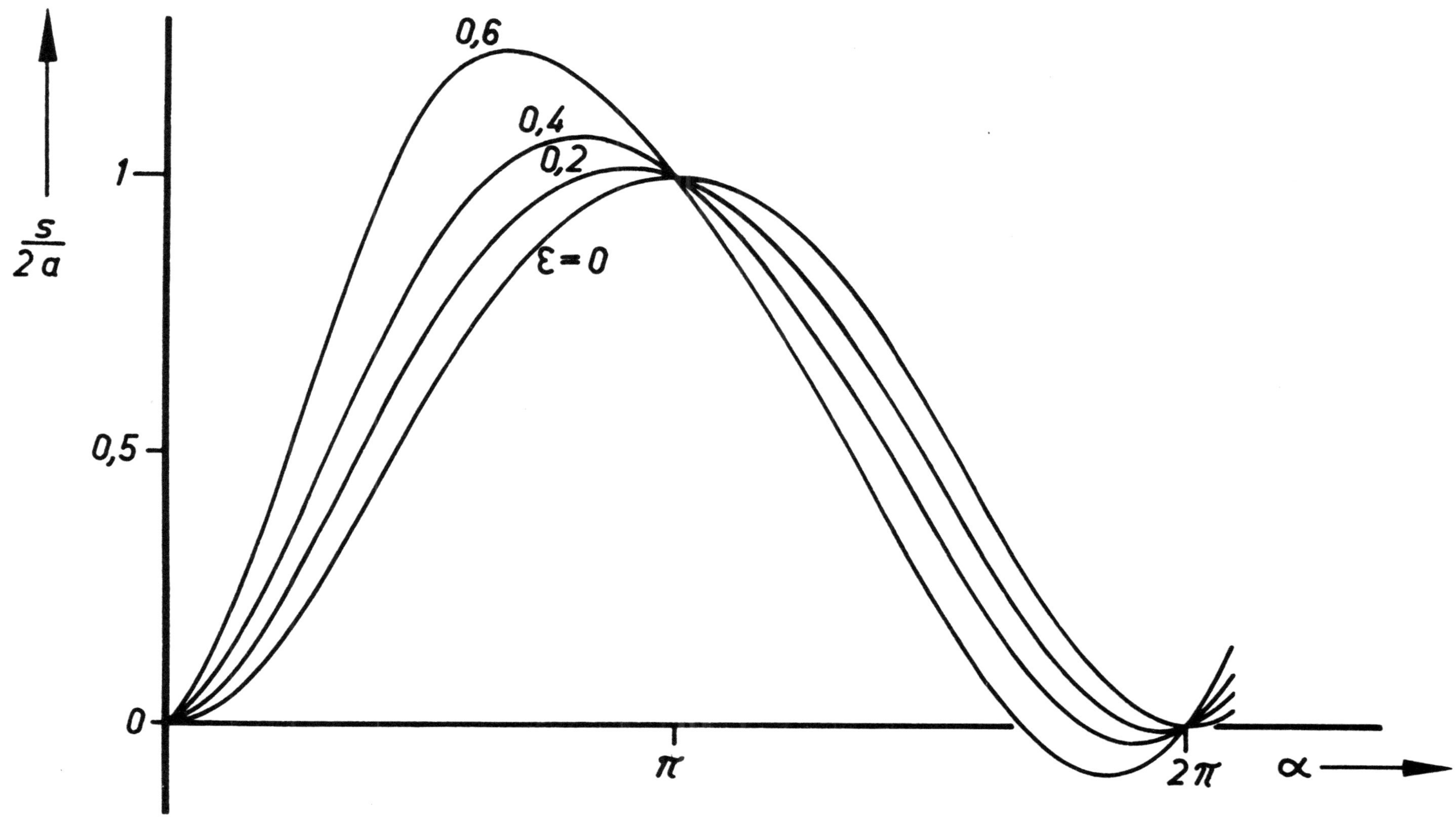

A b b i l d u n g 40

Verlauf des bezogenen Weges s/2a für verschiedene Schränkungsverhältnisse $\varepsilon = e/c$ und konstantes Schubstangenverhältnis ($\lambda = 0,3$)

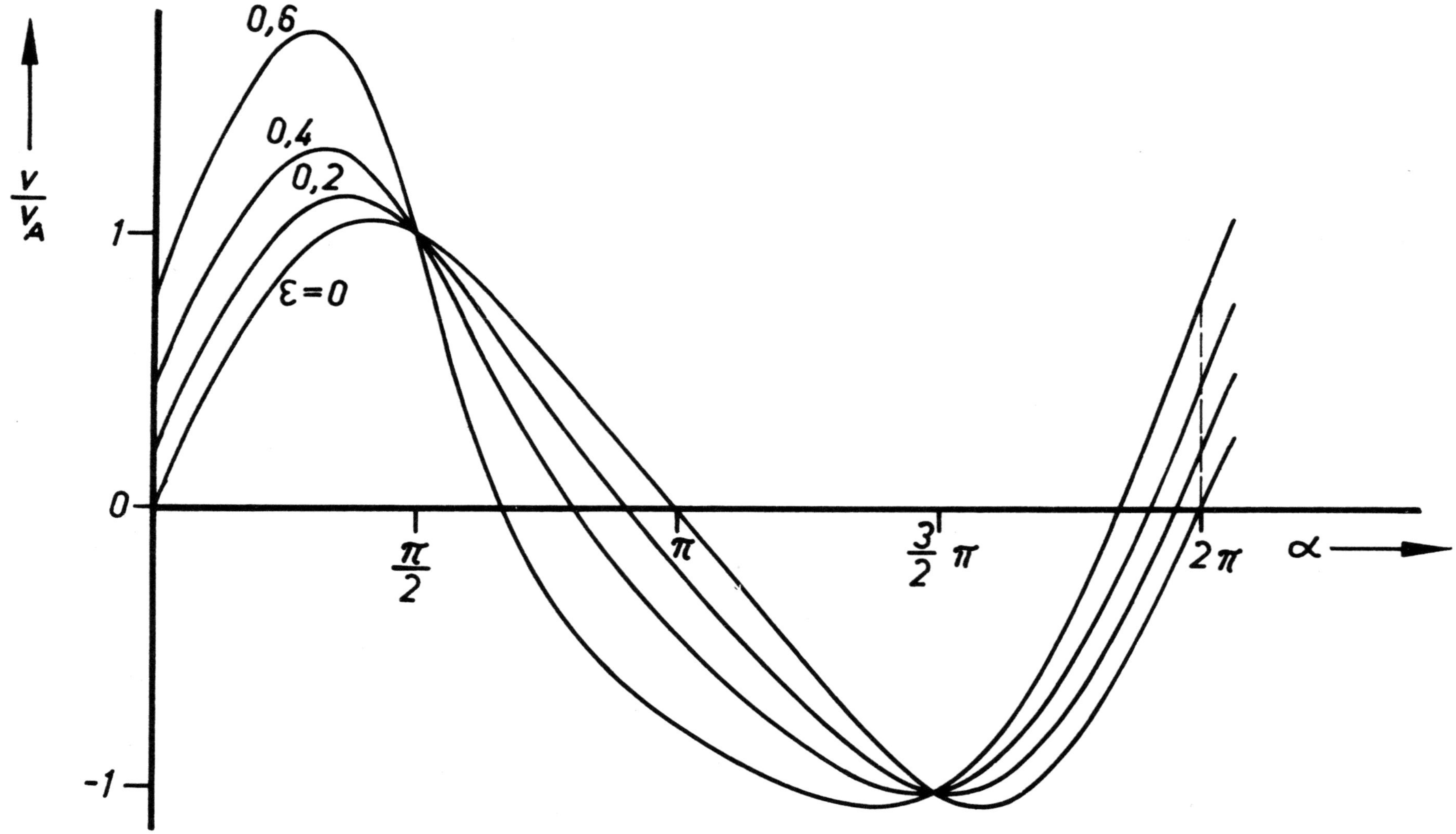

A b b i l d u n g 41

Verlauf der bezogenen Geschwindigkeit v/v_A des Schubgliedes für verschiedene ε bei konstantem $\lambda = 0,3$; vgl. Abbildung 40

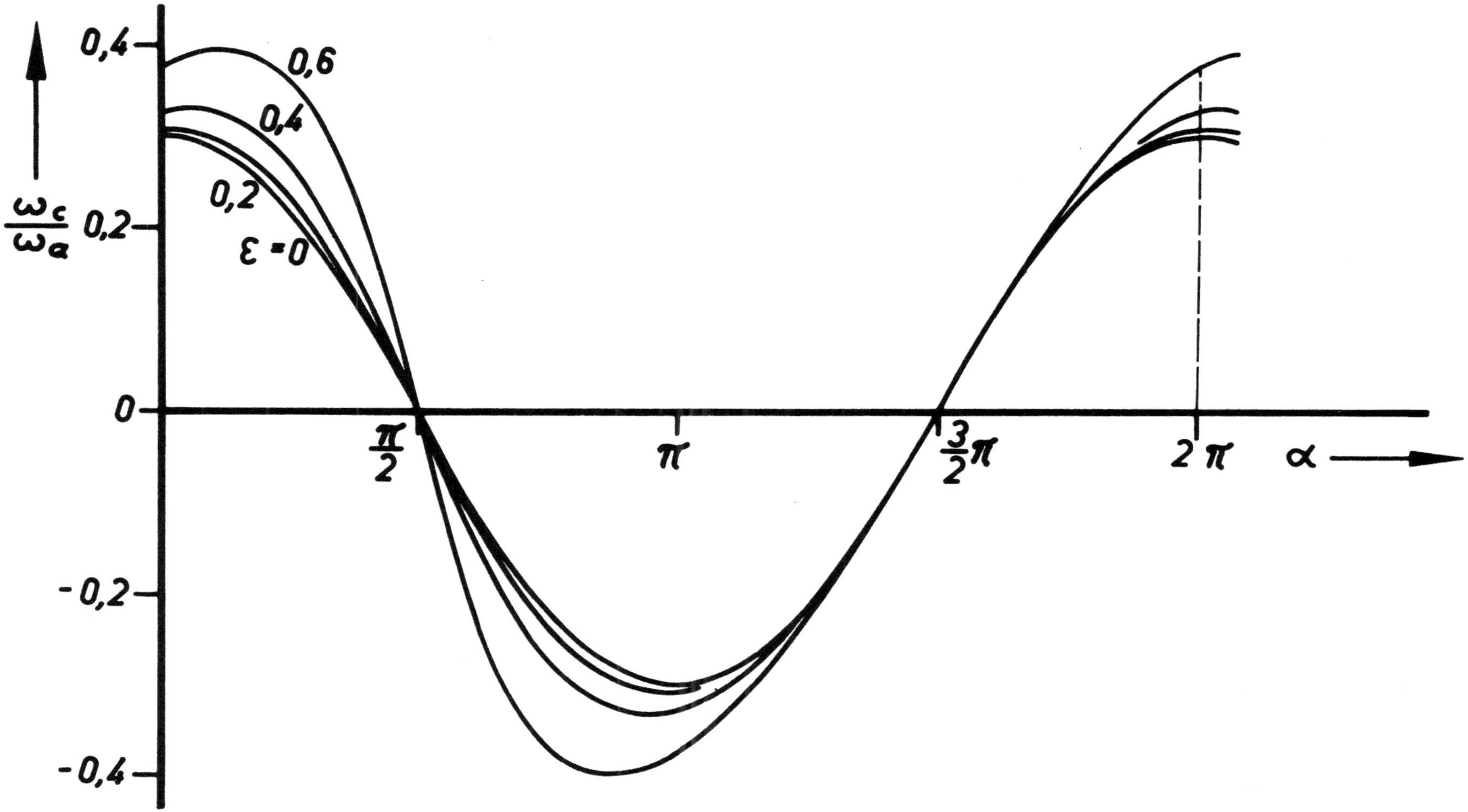

A b b i l d u n g 42

Verlauf der bezogenen Winkelgeschwindigkeit der Koppel für ε bei konstantem $\lambda = 0,3$; vgl. Abbildung 40

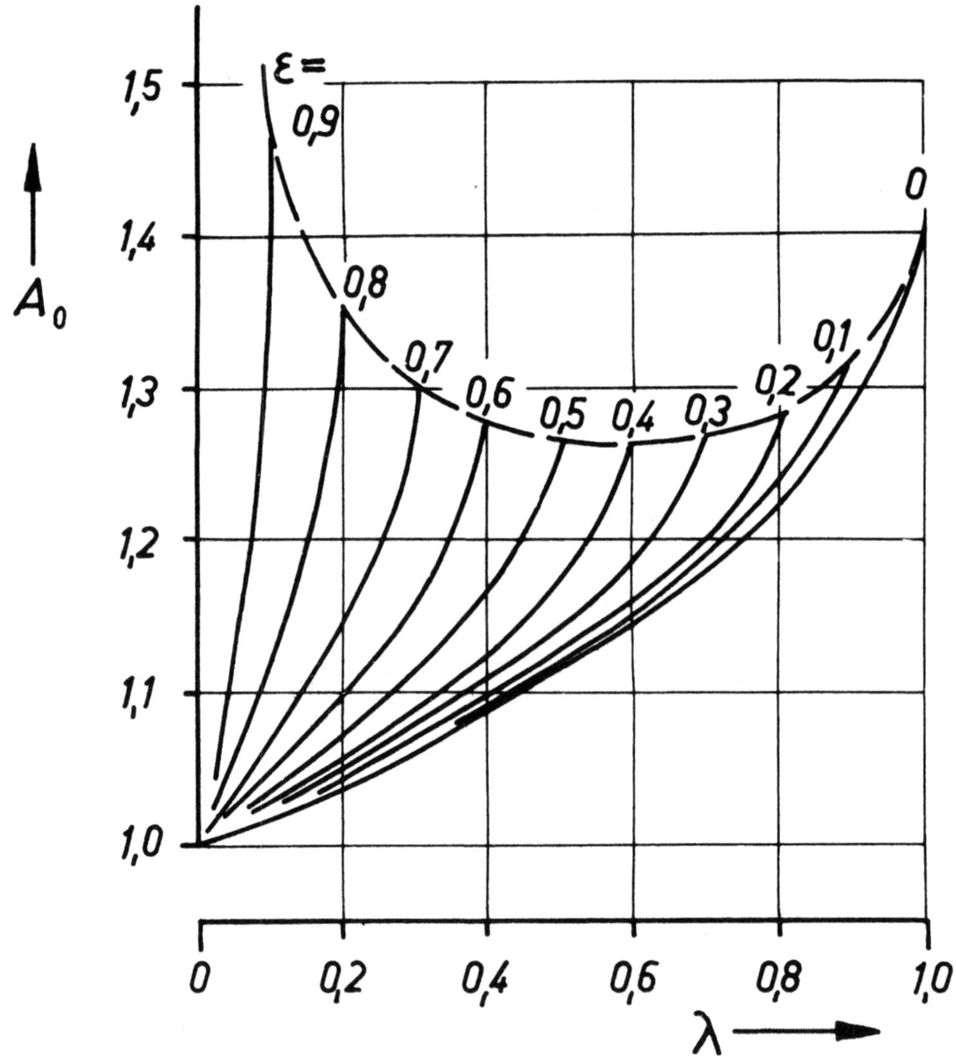

A b b i l d u n g 43a

Koeffizient A_o der Harmonischen Analyse für die Bewegung des Schubgliedes (n = 0)

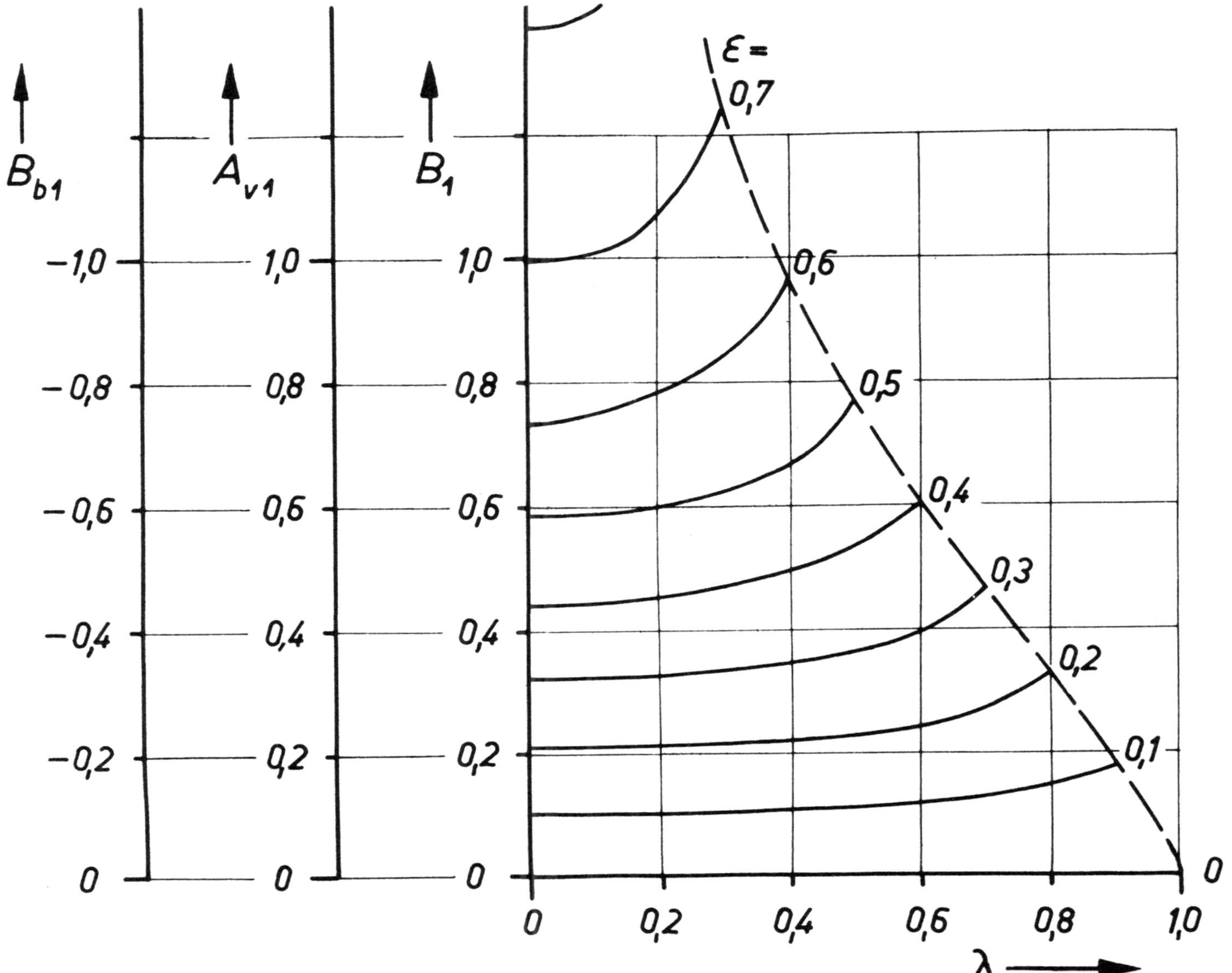

A b b i l d u n g   43b

Koeffizienten B_1, A_{v1} und B_{b1} der Bewegung des Schubgliedes (n=1) ohne Index: Weg
Index v : Geschwindigkeit   Index b: Beschleunigung

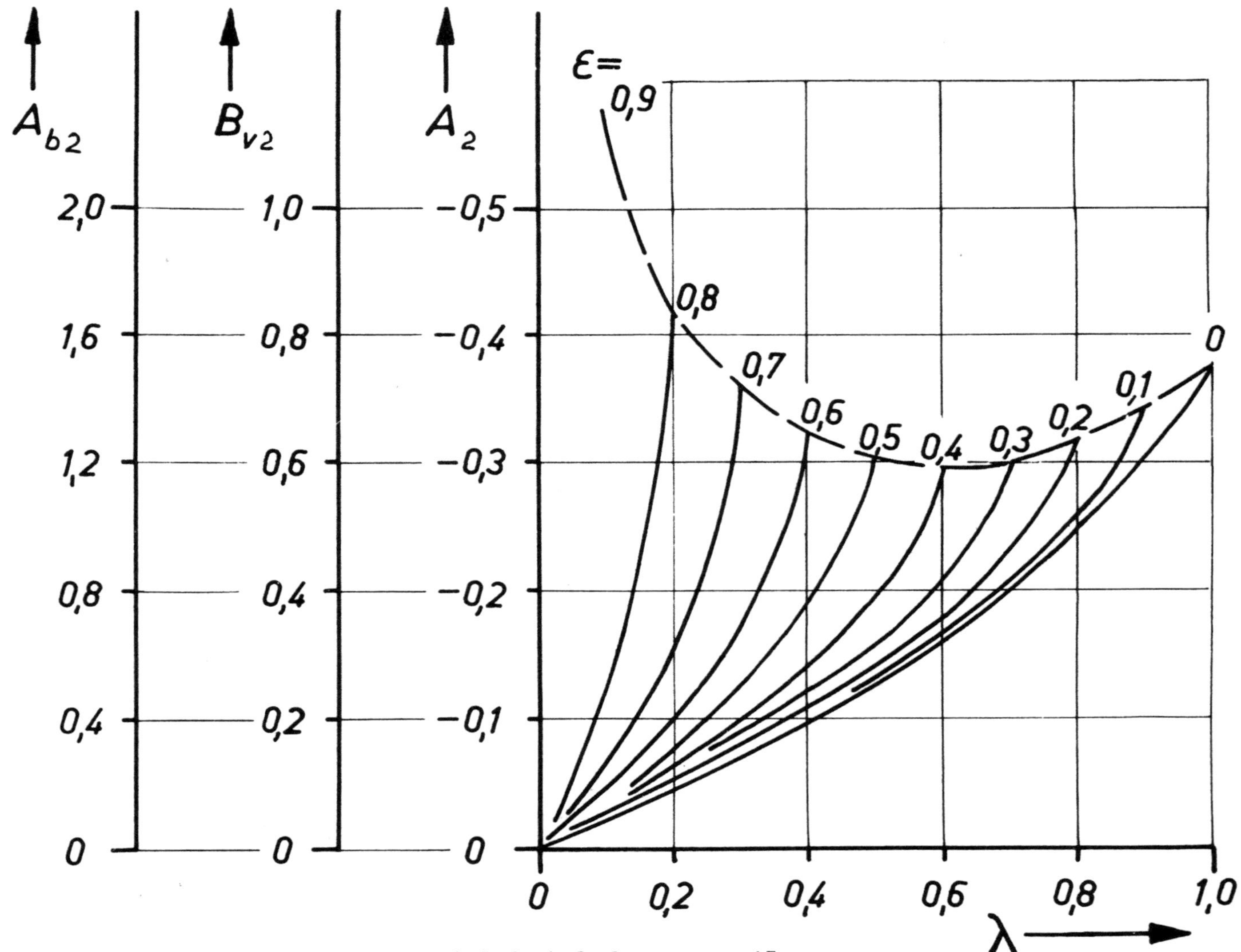

A b b i l d u n g 43c

Koeffizienten A_2, B_{v2} und A_{b2} der Bewegung des Schubgliedes (n=2) ohne Index: Weg
Index v: Geschwindigkeit Index b: Beschleunigung

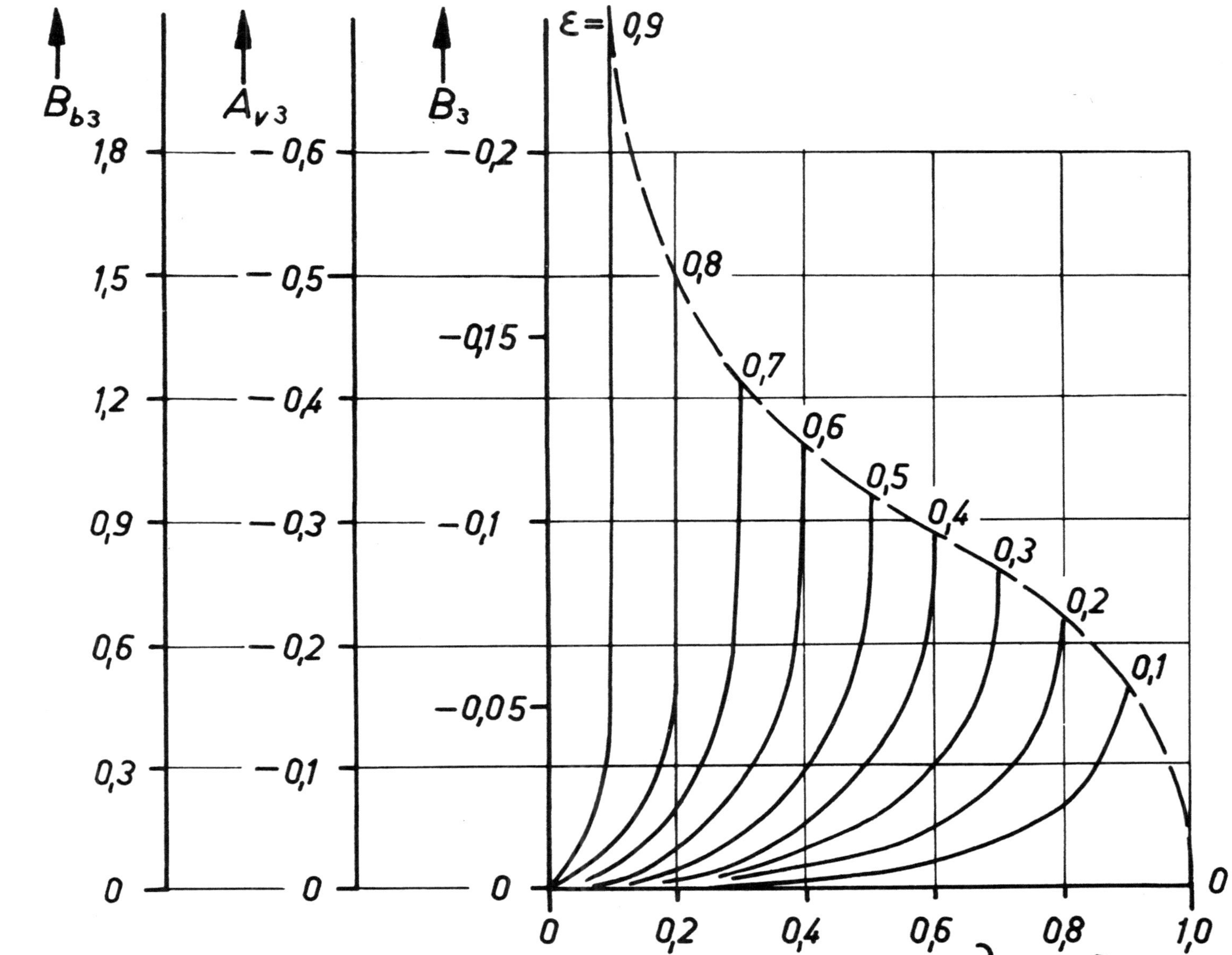

A b b i l d u n g 43d

Koeffizienten B_3, A_{v3} und B_{b3} der Bewegung des Schubgliedes (n=3) ohne Index: Weg
Index v: Geschwindigkeit Index b: Beschleunigung

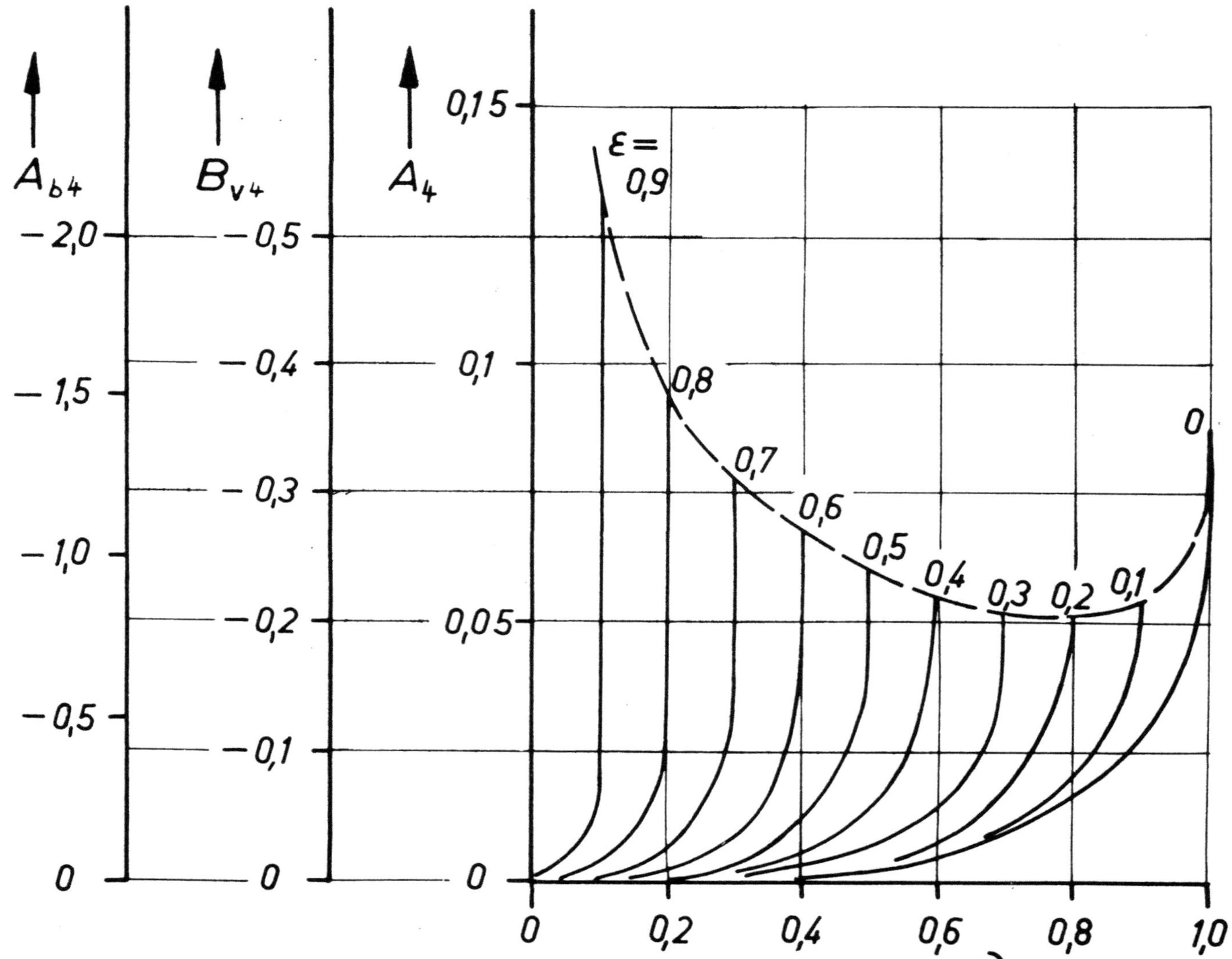

A b b i l d u n g 43e

Koeffizienten A_4, B_{v4} und A_{b4} der Bewegung des Schubgliedes (n=4) ohne Index: Weg
Index v: Geschwindigkeit Index b: Beschleunigung

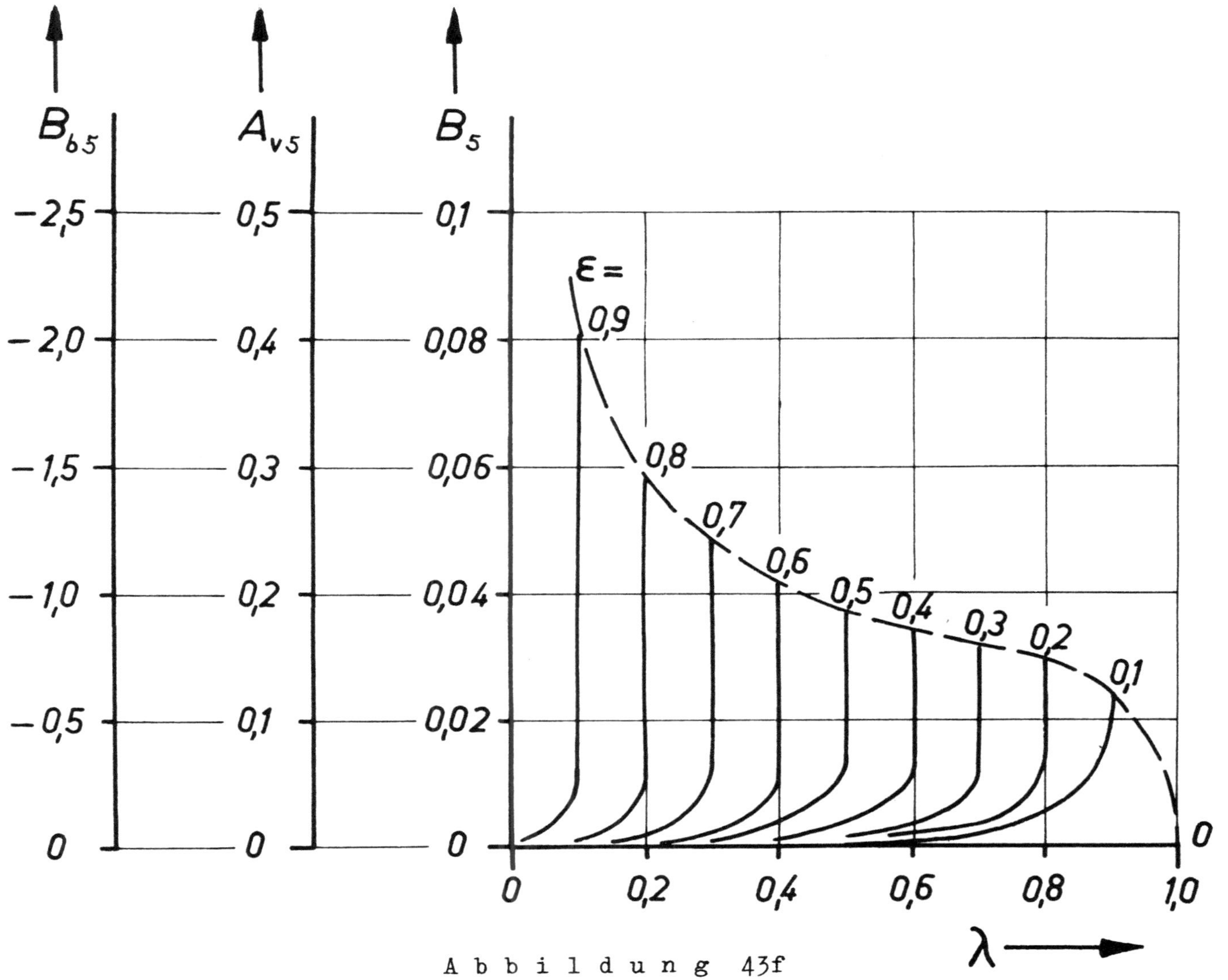

A b b i l d u n g 43f

Koeffizienten B_5, A_{v5} und B_{b5} der Bewegung des Schubgliedes (n=5) ohne Index: Weg
Index v: Geschwindigkeit Index b: Beschleunigung

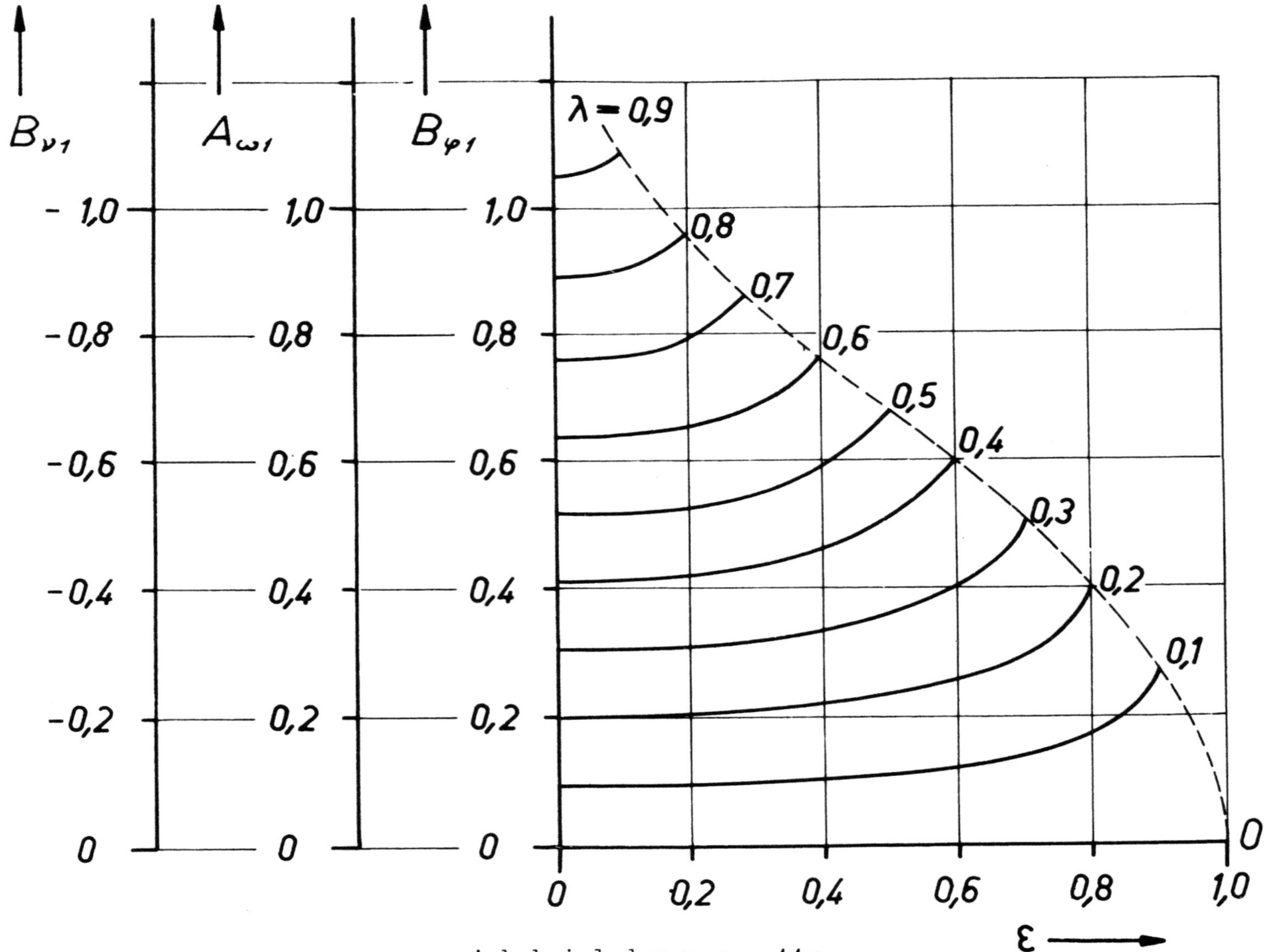

A b b i l d u n g 44 a

Koeffizienten der Harmonischen Analyse für die Bewegung der Koppel (n=1) Index φ : Winkel

Index ω : Winkelgeschwindigkeit Index ν : Winkelbeschleunigung

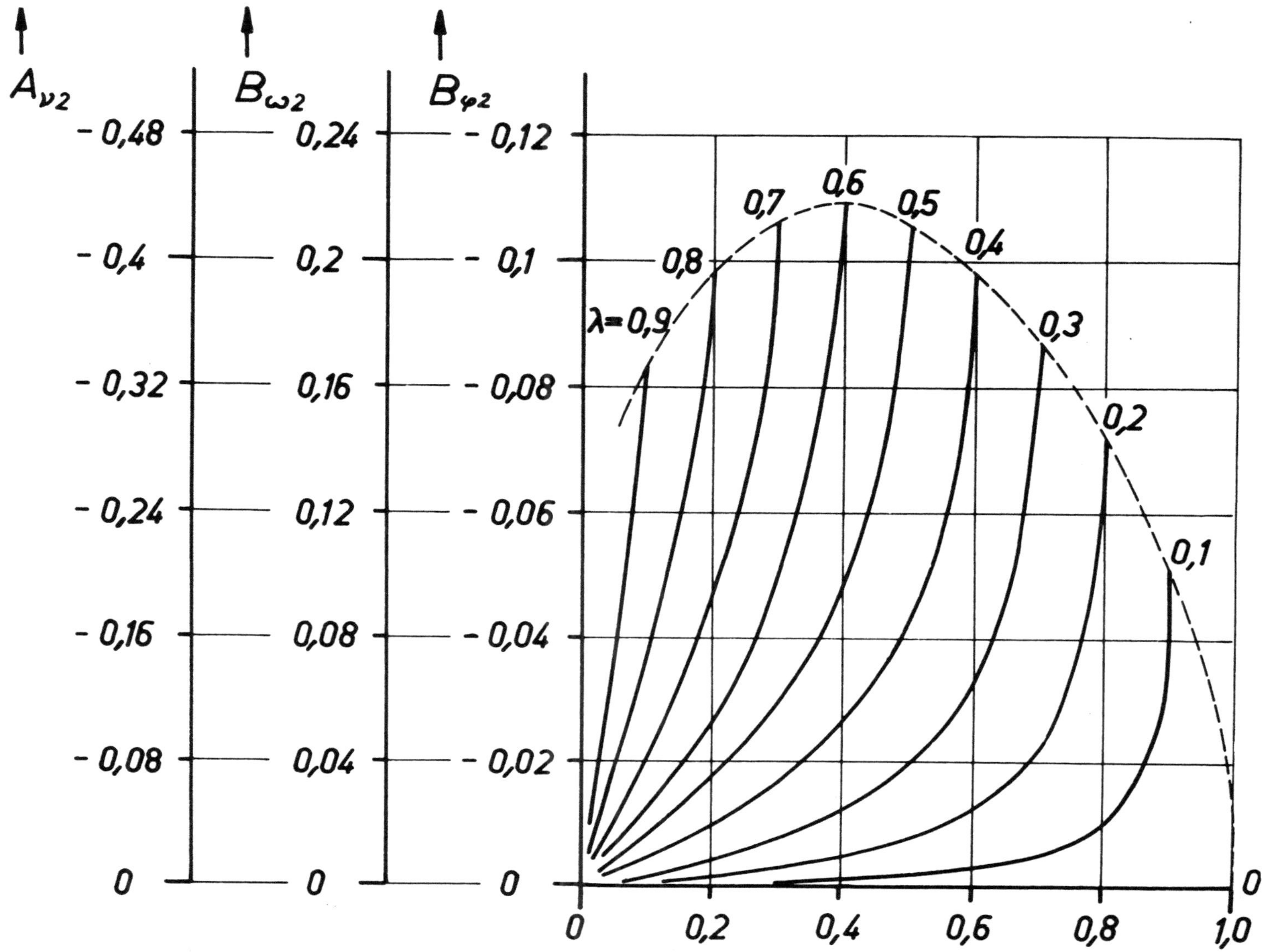

A b b i l d u n g 44b

Koeffizienten der Harmonischen Analyse für die Bewegung der Koppel (n=2) Index φ: Winkel
Index ω: Winkelgeschwindigkeit Index ν: Winkelbeschleunigung

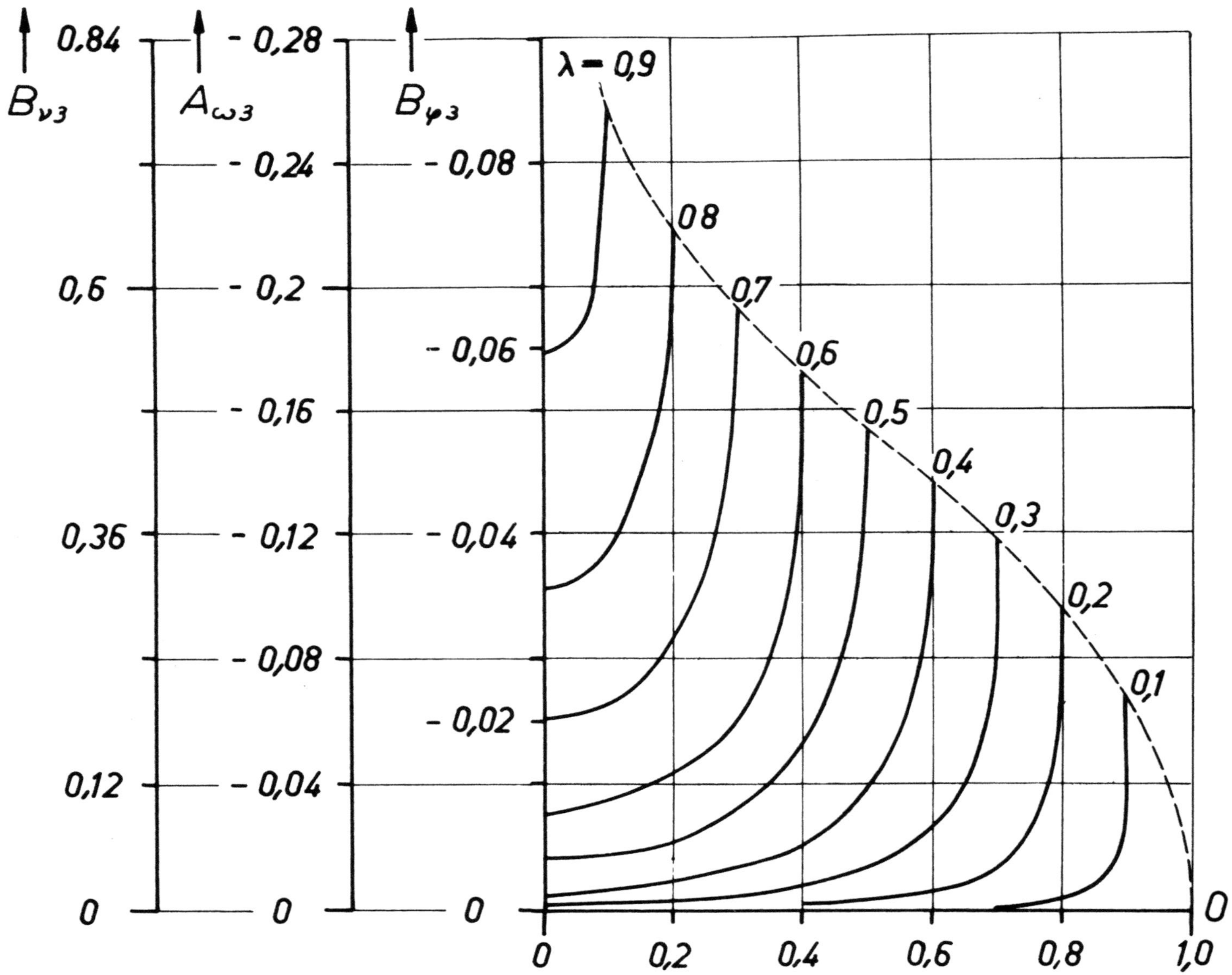

A b b i l d u n g 44c

Koeffizienten der Harmonischen Analyse für die Bewegung der Koppel (n=3) Index φ: Winkel
Index ω: Winkelgeschwindigkeit Index ν: Winkelbeschleunigung

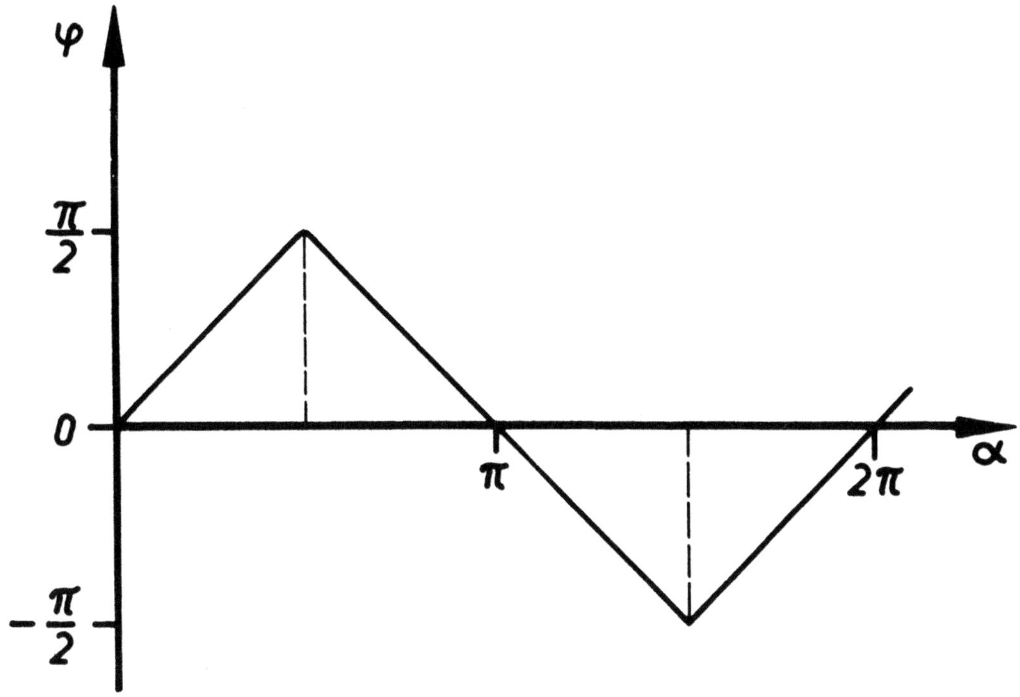

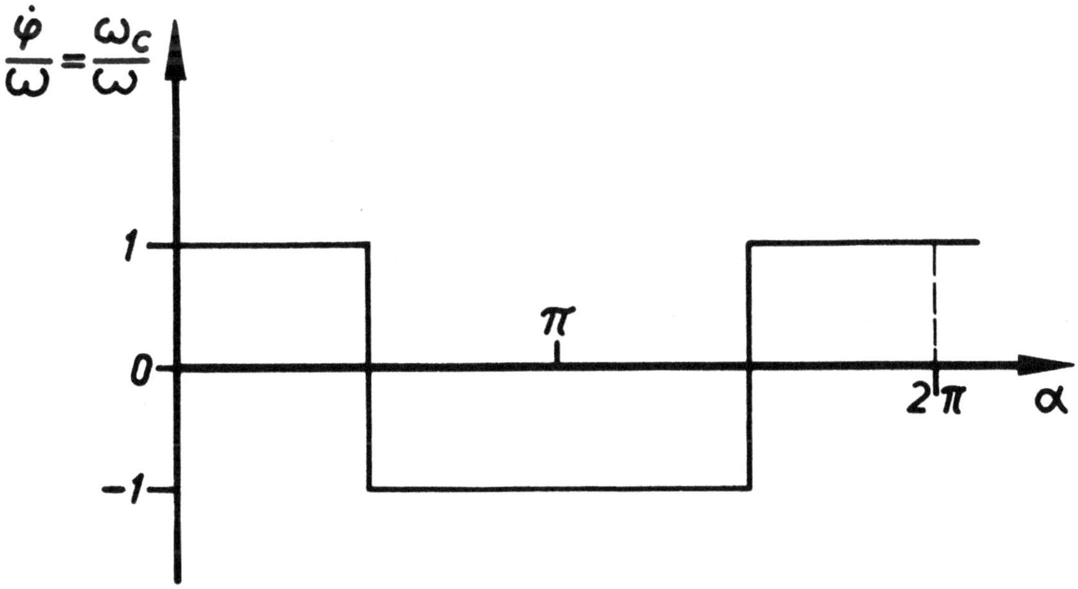

A b b i l d u n g 45

Winkel φ und Winkelgeschwindigkeit $\dot{\varphi}/\omega$ = ω_c/ω der Koppelebene für das zentrische durchschlagende Getriebe

($\varepsilon = 0$; $\lambda = 1$)

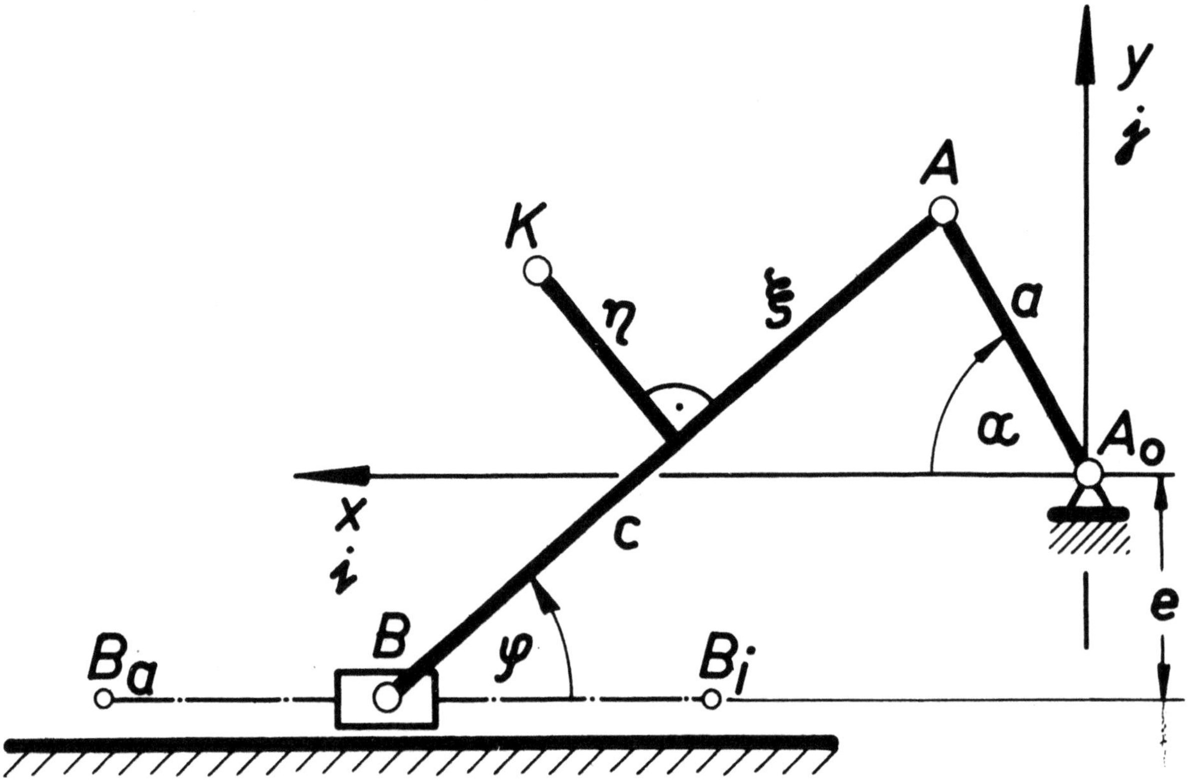

A b b i l d u n g   46

Koordinaten des Koppelpunktes K

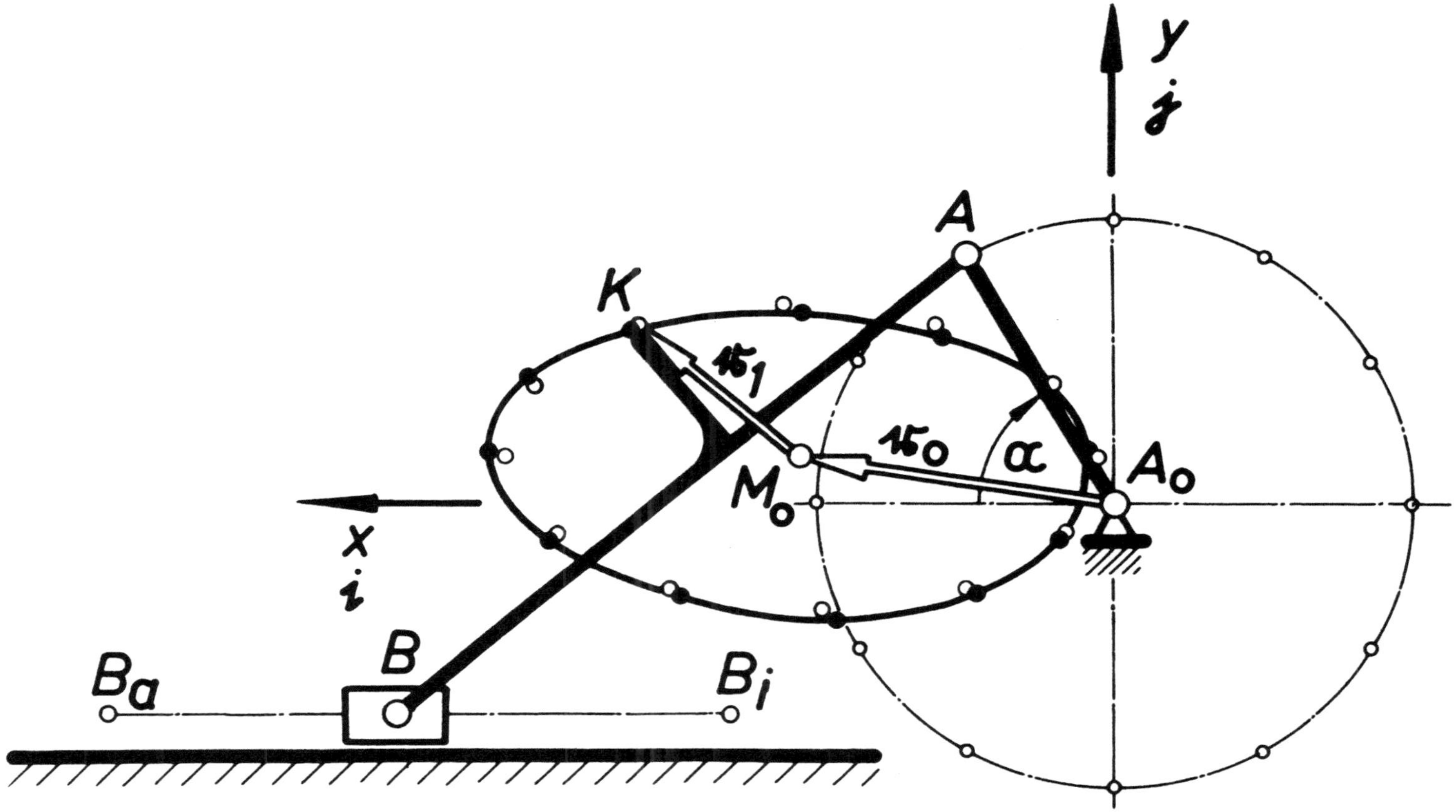

A b b i l d u n g 47a

Genäherte Darstellung einer Koppelkurve durch die Vektoren $\mathfrak{v}_0$ und $\mathfrak{v}_1$

Die offenen Kreise geben die genäherten, die ausgefüllten Kreise die genauen Werte wieder

$\lambda = 0{,}4 \qquad \xi/C = 0{,}4$

$\varepsilon = 0{,}3 \qquad \eta/C = 0{,}2$

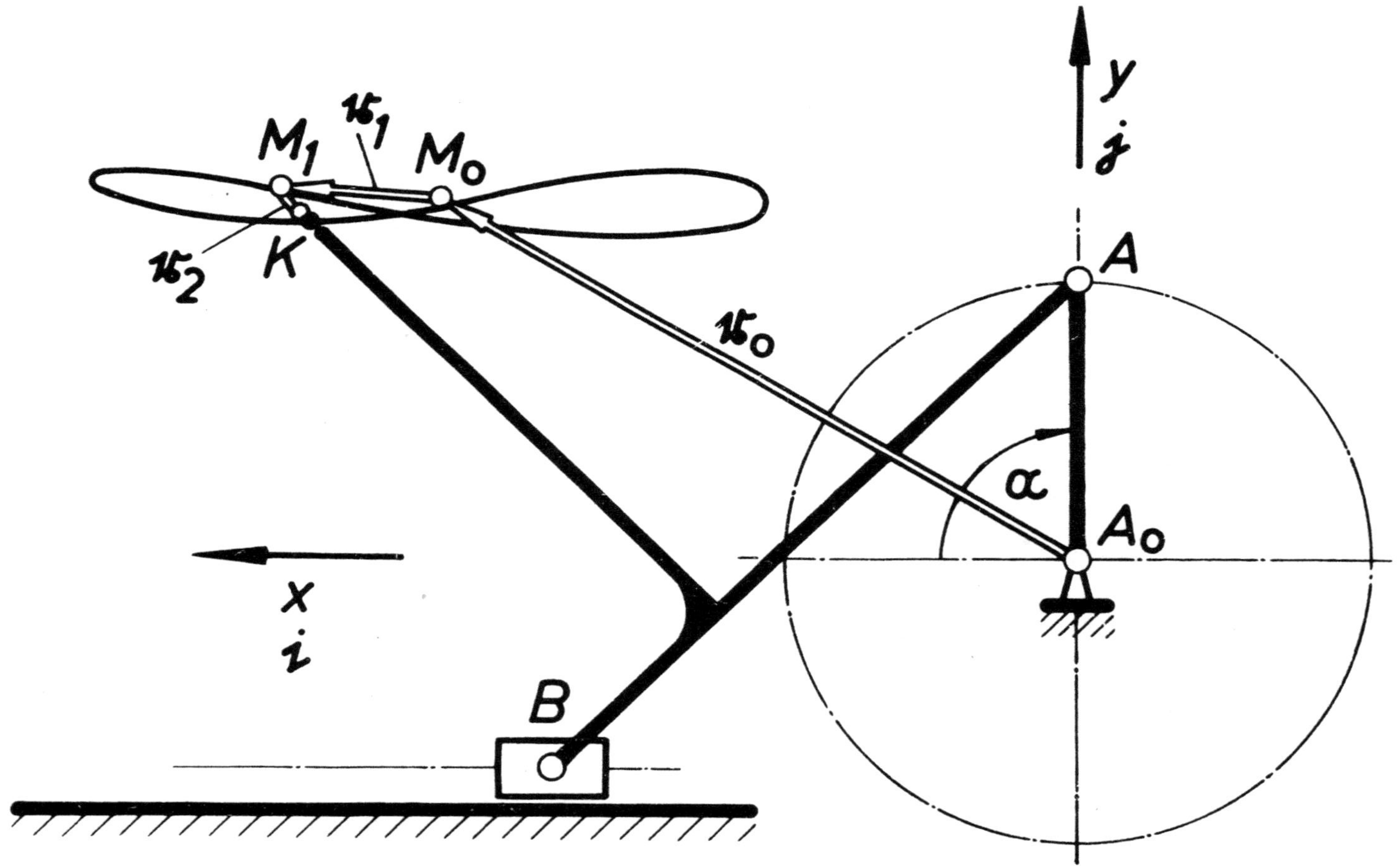

A b b i l d u n g 47b

Genäherte Darstellung einer Koppelkurve durch die Vektoren $\mathfrak{r}_0$, $\mathfrak{r}_1$ und $\mathfrak{r}_2$

$\lambda = 0{,}4 \qquad \xi/c = 0{,}7$

$\varepsilon = 0{,}3 \qquad \eta/c = 0{,}8$

FORSCHUNGSBERICHTE DES WIRTSCHAFTS- UND VERKEHRSMINISTERIUMS NORDRHEIN-WESTFALEN

Herausgegeben von Staatssekretär Prof. Dr. h. c. Leo Brandt

HEFT 1
Prof. Dr.-Ing. E. Flegler, Aachen
Untersuchungen oxydischer Ferromagnet-Werkstoffe
1952, 20 Seiten, DM 6,75

HEFT 2
Prof. Dr. W. Fuchs, Aachen
Untersuchungen über absatzfreie Teeröle
1952, 32 Seiten, 5 Abb., 6 Tabellen, DM 10,—

HEFT 3
Techn.-Wissenschaftl. Büro für die Bastfaserindustrie, Bielefeld
Untersuchungsarbeiten zur Verbesserung des Leinenwebstuhls
1952, 44 Seiten, 7 Abb., 3 Tabellen, DM 12,50

HEFT 4
Prof. Dr. E. A. Müller und Dipl.-Ing. H. Spitzer, Dortmund
Untersuchungen über die Hitzebelastung in Hüttenbetrieben
1952, 28 Seiten, 5 Abb., 1 Tabelle, DM 9,—

HEFT 5
Dipl.-Ing. W. Fister, Aachen
Prüfstand der Turbinenuntersuchungen
1952, 40 Seiten, 30 Abb., 3 Schaltbilder, DM 1,—

HEFT 6
Prof. Dr. W. Fuchs, Aachen
Untersuchungen über die Zusammensetzung und Verwendbarkeit von Schwelteerfraktionen
1952, 36 Seiten, DM 10,50

HEFT 7
Prof. Dr. W. Fuchs, Aachen
Untersuchungen über emsländisches Petrolatum
1952, 36 Seiten, 1 Abb., 17 Tabellen, DM 10,50

HEFT 8
M. E. Meffert und H. Stratmann, Essen
Algen-Großkulturen im Sommer 1951
1953, 52 Seiten, 4 Abb., 20 Tabellen, DM 9,75

HEFT 9
Techn.-Wissenschaftl. Büro für die Bastfaserindustrie, Bielefeld
Untersuchungen über die zweckmäßige Wicklungsart von Leinengarnkreuzspulen unter Berücksichtigung der Anwendung hoher Geschwindigkeiten des Garnes
Vorversuche für Zetteln und Scharen von Leinengarnen auf Hochleistungsmaschinen
1952, 48 Seiten, 7 Abb., 7 Tabellen, DM 9,25

HEFT 10
Prof. Dr. W. Vogel, Köln
„Das Streifenpaar" als neues System zur mechanischen Vergrößerung kleiner Verschiebungen und seine technischen Anwendungsmöglichkeiten
1953, 20 Seiten, 6 Abb., DM 4,50

HEFT 11
Laboratorium für Werkzeugmaschinen und Betriebslehre, Technische Hochschule Aachen
1. Untersuchungen über Metallbearbeitung im Fräsvorgang mit Hartmetallwerkzeugen und negativem Spanwinkel
2. Weiterentwicklung des Schleifverfahrens für die Herstellung von Präzisionswerkstücken unter Vermeidung hoher Temperaturen
3. Untersuchung von Oberflächenveredlungsverfahren zur Steigerung der Belastbarkeit hochbeanspruchter Bauteile
1953, 80 Seiten, 61 Abb., DM 15,75

HEFT 12
Elektrowärme-Institut, Langenberg (Rhld.)
Induktive Erwärmung mit Netzfrequenz
1952, 22 Seiten, 6 Abb., DM 5,20

HEFT 13
Techn.-Wissenschaftl. Büro für die Bastfaserindustrie, Bielefeld
Das Naßspinnen von Bastfasergarnen mit chemischen Zusätzen zum Spinnbad
1953, 52 Seiten, 4 Abb., 19 Tabellen, DM 10,—

HEFT 14
Forschungsstelle für Acetylen, Dortmund
Untersuchungen über Aceton als Lösungsmittel für Acetylen
1952, 64 Seiten, 10 Abb., 26 Tabellen, DM 12,25

HEFT 15
Wäschereiforschung Krefeld
Trocknen von Wäschestoffen
1953, 48 Seiten, 14 Abb., 2 Tabellen, DM 9,—

HEFT 16
Max-Planck-Institut für Kohlenforschung, Mülheim a. d. Ruhr
Arbeiten des MPI für Kohlenforschung
1953, 104 Seiten, 9 Abb., DM 17,80

HEFT 17
Ingenieurbüro Herbert Stein, M.-Gladbach
Untersuchung der Verzugsvorgänge in den Streckwerken verschiedener Spinnereimaschinen. 1. Bericht: Vergleichende Prüfung mit verschiedenen Dickenmeßgeräten
1952, 36 Seiten, 15 Abb., DM 8,—

HEFT 18
Wäschereiforschung Krefeld
Grundlagen zur Erfassung der chemischen Schädigung beim Waschen
1953, 68 Seiten, 15 Abb., 15 Tabellen, DM 12,75

HEFT 19
Techn.-Wissenschaftl. Büro für die Bastfaserindustrie, Bielefeld
Die Auswirkung des Schlichtens von Leinengarnketten auf den Verarbeitungswirkungsgrad, sowie die Festigkeit und Dehnungsverhältnisse der Garne und Gewebe
1953, 48 Seiten, 1 Abb., 9 Tabellen, DM 9,—

HEFT 20
Techn.-Wissenschaftl. Büro für die Bastfaserindustrie, Bielefeld
Trocknung von Leinengarnen I
Vorgang und Einwirkung auf die Garnqualität
1953, 62 Seiten, 18 Abb., 5 Tabellen, DM 12,—

HEFT 21
Techn.-Wissenschaftl. Büro für die Bastfaserindustrie, Bielefeld
Trocknung von Leinengarnen II
Spulenanordnung und Luftführung beim Trocknen von Kreuzspulen
1953, 66 Seiten, 22 Abb., 9 Tabellen, DM 13,—

HEFT 22
Techn.-Wissenschaftl. Büro für die Bastfaserindustrie, Bielefeld
Die Reparaturanfälligkeit von Webstühlen
1953, 28 Seiten, 7 Abb., 5 Tabellen, DM 5,80

HEFT 23
Institut für Starkstromtechnik, Aachen
Rechnerische und experimentelle Untersuchungen zur Kenntnis der Metadyne als Umformer von konstanter Spannung auf konstanten Strom
1953, 52 Seiten, 20 Abb., 4 Tafeln, DM 9,75

HEFT 24
Institut für Starkstromtechnik, Aachen
Vergleich verschiedener Generator-Metadyne-Schaltungen in bezug auf statisches Verhalten
1952, 44 Seiten, 23 Abb., DM 8,50

HEFT 25
Gesellschaft für Kohlentechnik mbH., Dortmund-Eving
Struktur der Steinkohlen und Steinkohlen-Kokse
1953, 58 Seiten, DM 11,—

HEFT 26
Techn.-Wissenschaftl. Büro für die Bastfaserindustrie, Bielefeld
Vergleichende Untersuchungen zweier neuzeitlicher Ungleichmäßigkeitsprüfer für Bänder und Garne hinsichtlich ihrer Eignung für die Bastfaserspinnerei
1953, 64 Seiten, 30 Abb., DM 12,50

HEFT 27
Prof. Dr. E. Schratz, Münster
Untersuchungen zur Rentabilität des Arzneipflanzenanbaues. Römische Kamille, Anthemis nobilis L.
1953, 16 Seiten, 1 Tabelle, DM 3,60

HEFT 28
Prof. Dr. E. Schratz, Münster
Calendula officinalis L. Studien zur Ernährung, Blütenfüllung und Rentabilität der Drogengewinnung
1953, 24 Seiten, 2 Abb., 3 Tabellen, DM 5,20

HEFT 29
Techn.-Wissenschaftl. Büro für die Bastfaserindustrie, Bielefeld
Die Ausnutzung der Leinengarne in Geweben
1953, 100 Seiten, 14 Abb., 10 Tabellen, DM 17,80

HEFT 30
Gesellschaft für Kohlentechnik mbH., Dortmund-Eving
Kombinierte Entaschung und Verschwelung von Steinkohle, Aufarbeitung von Steinkohlenschlämmen zu verkokbarer oder verschwelbarer Kohle
1953, 56 Seiten, 16 Abb., 10 Tabellen, DM 10,50

HEFT 31
Dipl.-Ing. A. Stormanns, Essen
Messung des Leistungsbedarfs von Doppelsteg-Kettenförderern
1954, 54 Seiten, 18 Abb., 3 Anlagen, DM 11,—

HEFT 32
Techn.-Wissenschaftl. Büro für die Bastfaserindustrie, Bielefeld
Der Einfluß der Natriumchloridbleiche auf Qualität und Verwebbarkeit von Leinengarnen und die Eigenschaften der Leinengewebe unter besonderer Berücksichtigung des Einsatzes von Schützen- und Spulenwechselautomaten in der Leinenweberei
1953, 64 Seiten, 2 Abb., 12 Tabellen, DM 11,50

HEFT 33
Kohlenstoffbiologische Forschungsstation e. V.
Eine Methode zur Bestimmung von Schwefeldioxyd und Schwefelwasserstoff in Rauchgasen und in der Atmosphäre
1953, 32 Seiten, 8 Abb., 3 Tabellen, DM 6,50

HEFT 34
Textilforschungsanstalt Krefeld
Quellungs- und Entquellungsvorgänge bei Faserstoffen
1953, 52 Seiten, 13 Abb., 13 Tabellen, DM 9,80

WESTDEUTSCHER VERLAG · KÖLN UND OPLADEN

HEFT 35
Professor Dr W Kast, Krefeld
Feinstrukturuntersuchungen an kunstlichen Zellulosefasern verschiedener Herstellungsverfahren Teil I
Der Orientierungszustand
1953, 74 Seiten, 30 Abb , 7 Tabellen, DM 13,80

HEFT 36
Forschungsinstitut der feuerfesten Industrie, Bonn
Untersuchungen uber die Trocknung von Rohton
Untersuchungen uber die chemische Reinigung von Silika- und Schamotte-Rohstoffen mit chlorhaltigen Gasen
1953, 60 Seiten, 5 Abb , 5 Tabellen, DM 11,—

HEFT 37
Forschungsinstitut der feuerfesten Industrie, Bonn
Untersuchungen uber den Einfluß der Probenvorbereitung auf die Kaltdruckfestigkeit feuerfester Steine
1953, 40 Seiten, 2 Abb , 5 Tabellen, DM 7,80

HEFT 38
Forschungsstelle fur Acetylen, Dortmund
Untersuchungen uber die Trocknung von Acetylen zur Herstellung von Dissousgas
1953, 36 Seiten, 11 Abb , 3 Tabellen, DM 6,80

HEFT 39
Forschungsgesellschaft Blechverarbeitung e V , Dusseldorf
Untersuchungen an pragegemusterten und vorgelochten Blechen
1953, 46 Seiten, 34 Abb , DM 9,50

HEFT 40
Landesgeologe Dr -Ing W Wolff,
Amt fur Bodenforschung, Krefeld
Untersuchungen uber die Anwendbarkeit geophysikalischer Verfahren zur Untersuchung von Spateisengangen im Siegerland
1953, 46 Seiten, 8 Abb , DM 8,80

HEFT 41
Techn -Wissenschaftl Buro fur die Bastfaserindustrie, Bielefeld
Untersuchungsarbeiten zur Verbesserung des Leinenwebstuhles II
1953, 40 Seiten, 4 Abb , 5 Tabellen, DM 7,80

HEFT 42
Professor Dr B Helferich, Bonn
Untersuchungen uber Wirkstoffe — Fermente — in der Kartoffel und die Moglichkeit ihrer Verwendung
1953, 58 Seiten, 9 Abb , DM 11,—

HEFT 43
Forschungsgesellschaft Blechverarbeitung e V , Dusseldorf
Forschungsergebnisse uber das Beizen von Blechen
1953, 48 Seiten, 38 Abb., 2 Tabellen, DM 11,30

HEFT 44
Arbeitsgemeinschaft fur praktische Dehnungsmessung, Dusseldorf
Eigenschaften und Anwendungen von Dehnungsmeßstreifen
1953, 68 Seiten, 43 Abb , 2 Tabellen, DM 13,70

HEFT 45
Losenhausenwerk Dusseldorfer Maschinenbau AG , Dusseldorf
Untersuchungen von storenden Einflussen auf die Lastgrenzenanzeige von Dauerschwingprufmaschinen
1953, 36 Seiten, 11 Abb , 3 Tabellen, DM 7,25

HEFT 46
Prof Dr W Fuchs, Aachen
Untersuchungen uber die Aufbereitung von Wasser fur die Dampferzeugung in Benson-Kesseln
1953, 58 Seiten, 18 Abb , 9 Tabellen, DM 11,20

HEFT 47
Prof Dr -Ing K Krekeler, Aachen
Versuche uber die Anwendung der induktiven Erwarmung zum Sintern von hochschmelzenden Metallen sowie zur Anlegierung und Vergutung von aufgespritzten Metallschichten mit dem Grundwerkstoff
1954, 66 Seiten, 39 Abb , DM 13,90

HEFT 48
Max-Planck-Institut fur Eisenforschung, Dusseldorf
Spektrochemische Analyse der Gefugebestandteile in Stahlen nach ihrer Isolierung
1953, 38 Seiten, 8 Abb , 5 Tabellen, DM 7,80

HEFT 49
Max-Planck-Institut fur Eisenforschung, Dusseldorf
Untersuchungen uber Ablauf der Desoxydation und die Bildung von Einschlussen in Stahlen
1953, 52 Seiten, 19 Abb , 3 Tabellen, DM 12,40

HEFT 50
Max-Planck-Institut fur Eisenforschung, Dusseldorf
Flammenspektralanalytische Untersuchung der Ferritzusammensetzung in Stahlen
1953, 44 Seiten, 15 Abb , 4 Tabellen, DM 8,60

HEFT 51
Verein zur Forderung von Forschungs- und Entwicklungsarbeiten in der Werkzeugindustrie e V , Remscheid
Untersuchungen an Kreissageblattern fur Holz, Fehler- und Spannungsprufverfahren
1953, 50 Seiten, 23 Abb , DM 10,—

HEFT 52
Forschungsstelle fur Acetylen, Dortmund
Untersuchungen uber den Umsatz bei der explosiblen Zersetzung von Azetylen
a) Zersetzung von gasformigem Azetylen
b) Zersetzung von an Silikagel absorbiertem Azetylen
1954, 48 Seiten, 8 Abb , 10 Tabellen, DM 9,25

HEFT 53
Professor Dr -Ing H Opitz, Aachen
Reibwert und Verschleißmessungen an Kunststoffgleitfuhrungen fur Werkzeugmaschinen
1954, 38 Seiten, 18 Abb , DM 8,20

HEFT 54
Professor Dr -Ing F A F Schmidt, Aachen
Schaffung von Grundlagen fur die Erhohung der spez Leistung und Herabsetzung des spez Brennstoffverbrauches bei Ottomotoren mit Teilbericht uber Arbeiten an einem neuen Einspritzverfahren
1954, 34 Seiten, 15 Abb , DM 7,40

HEFT 55
Forschungsgesellschaft Blechverarbeitung e V , Dusseldorf
Chemisches Glanzen von Messing und Neusilber
1954, 50 Seiten, 21 Abb , 1 Tabelle, DM 10,20

HEFT 56
Forschungsgesellschaft Blechverarbeitung e V , Dusseldorf
Untersuchungen uber einige Probleme der Behandlung von Blechoberflachen
1954, 52 Seiten, 42 Abb , DM 11,20

HEFT 57
Prof Dr -Ing F A F Schmidt, Aachen
Untersuchungen zur Erforschung des Einflusses des chemischen Aufbaues des Kraftstoffes auf sein Verhalten im Motor und in Brennkammern von Gasturbinen
1954, 70 Seiten, 32 Abb , DM 14,60

HEFT 58
Gesellschaft fur Kohlentechnik mbH , Dortmund
Herstellung und Untersuchung von Steinkohlenschwelteer
1954, 74 Seiten, 9 Abb , 9 Tabellen, DM 13,75

HEFT 59
Forschungsinstitut der Feuerfest-Industrie e V , Bonn
Ein Schnellanalysenverfahren zur Bestimmung von Aluminiumoxyd, Eisenoxyd und Titanoxyd in feuerfestem Material mittels organischer Farbreagenzien auf photometrischem Wege
Untersuchungen des Alkali-Gehaltes feuerfester Stoffe mit dem Flammenphotometer nach Riehm-Lange
1954, 62 Seiten, 12 Abb , 3 Tabellen, DM 11,60

HEFT 60
Forschungsgesellschaft Blechverarbeitung e V , Dusseldorf
Untersuchungen uber das Spritzlackieren im elektrostatischen Hochspannungsfeld
1954, 82 Seiten, 53 Abb , 7 Tabellen, DM 17,—

HEFT 61
Verein zur Forderung von Forschungs- und Entwicklungsarbeiten in der Werkzeugindustrie e V , Remscheid
Schwingungs- und Arbeitsverhalten von Kreissageblattern fur Holz
1954, 54 Seiten, 31 Abb , DM 11,40

HEFT 62
Professor Dr W Franz, Institut fur theoretische Physik der Universitat Munster
Berechnung des elektrischen Durchschlags durch feste und flussige Isolatoren
1954, 36 Seiten, DM 7,—

HEFT 63
Textilforschungsanstalt Krefeld
Neue Methoden zur Untersuchung der Wirkungsweise von Textilhilfsmitteln
Untersuchungen uber Schlichtungs- und Entschlichtungsvorgange
1954, 34 Seiten, 1 Abb , 5 Tabellen, DM 6,80

HEFT 64
Textilforschungsanstalt Krefeld
Die Kettenlangenverteilung von hochpolymeren Faserstoffen
Uber die fraktionierte Fallung von Polyamiden
1954, 44 Seiten, 13 Abb , DM 8,60

HEFT 65
Fachverband Schneidwarenindustrie, Solingen
Untersuchungen uber das elektrolytische Polieren von Tafelmesserklingen aus rostfreiem Stahl
1954, 90 Seiten, 38 Abb , 9 Tabellen, DM 17,35

HEFT 66
Dr -Ing P Fusgen VDI †, Dusseldorf
Untersuchungen uber das Auftreten des Ratterns bei selbsthemmenden Schneckengetrieben und seine Verhutung
1954, 32 Seiten, 5 Abb , DM 6,60

HEFT 67
Heinrich Wosthoff o H G , Apparatebau, Bochum
Entwicklung einer chemisch-physikalischen Apparatur zur Bestimmung kleinster Kohlenoxyd-Konzentrationen
1954, 94 Seiten, 48 Abb , 2 Tabellen, DM 18,25

HEFT 68
Kohlenstoffbiologische Forschungsstation e V , Essen
Algengroßkulturen im Sommer 1952
II Uber die unsterile Großkultur von Scenedesmus obliquus
1954, 62 Seiten, 3 Abb , 29 Tabellen, DM 11,40

HEFT 69
Waschereiforschung Krefeld
Bestimmung des Faserabbaues bei Leinen unter besonderer Berucksichtigung der Leinengarnbleiche
1954, 48 Seiten, 15 Abb , 3 Tabellen, DM 9,60

HEFT 70
Waschereiforschung Krefeld
Trocknen von Waschestoffen
1954, 52 Seiten, 18 Abb , 3 Tabellen, DM 10,—

HEFT 71
Prof Dr -Ing. K Leist, Aachen
Kleingasturbinen, insbesondere zum Fahrzeugantrieb
1954, 114 Seiten, 85 Abb , DM 22,—

HEFT 72
Prof Dr -Ing K Leist, Aachen
Beitrag zur Untersuchung von stehenden geraden Turbinengittern mit Hilfe von Druckverteilungsmessungen
1954, 152 Seiten, 111 Abb , DM 36,20

HEFT 73
Prof Dr -Ing K Leist, Aachen
Spannungsoptische Untersuchungen von Turbinenschaufelfußen
1954, 66 Seiten, 46 Abb , 2 Tabellen, DM 14,60

HEFT 74
Max-Planck-Institut fur Eisenforschung, Dusseldorf
Versuche zur Klarung des Umwandlungsverhaltens eines sonderkarbidbildenden Chromstahls
1954, 58 Seiten, 10 Abb , DM 14,—

HEFT 75
Max-Planck-Institut fur Eisenforschung, Dusseldorf
Zeit-Temperatur-Umwandlungs-Schaubilder als Grundlage der Warmebehandlung der Stahle
1954, 44 Seiten, 13 Abb , DM 8,70

HEFT 76
Max-Planck-Institut fur Arbeitsphysiologie, Dortmund
Arbeitstechnische und arbeitsphysiologische Rationalisierung von Mauersteinen
1954, 52 Seiten, 12 Abb , 3 Tabellen, DM 10,20

HEFT 77
Meteor Apparatebau Paul Schmeck GmbH , Siegen
Entwicklung von Leuchtstoffrohren hoher Leistung
1954, 46 Seiten, 12 Abb , 2 Tabellen, DM 9,15

HEFT 78
Forschungsstelle fur Acetylen, Dortmund
Uber die Zustandsgleichung des gasformigen Acetylens und das Gleichgewicht Acetylen — Aceton
1954, 42 Seiten, 3 Abb , 8 Tabellen, DM 8,—

HEFT 79
Techn -Wissenschaftl Buro fur die Bastfaserindustrie, Bielefeld
Trocknung von Leinengarnen III
Spinnspulen- und Spinnkopstrocknung
Vorgang und Einwirkung auf die Garnqualitat
1954, 74 Seiten, 18 Abb , 10 Tabellen, DM 14,—

WESTDEUTSCHER VERLAG · KÖLN UND OPLADEN

HEFT 80

Techn.-Wissenschaftl. Buro fur die Bastfaserindustrie, Bielefeld

Die Verarbeitung von Leinengarn auf Webstuhlen mit und ohne Oberbau

1954, 30 Seiten, 2 Abb., 2 Tabellen, DM 6,—

HEFT 81

Pruf- und Forschungsinstitut fur Ziegeleierzeugnisse, Essen-Kray

Die Einfuhrung des großformatigen Einheits-Gitterziegels im Lande Nordrhein-Westfalen

1954, 54 Seiten, 2 Abb., 2 Tabellen, DM 10,—

HEFT 82

Vereinigte Aluminium-Werke AG, Bonn

Forschungsarbeiten auf dem Gebiet der Veredelung von Aluminium-Oberflachen

1954, 46 Seiten, 34 Abb., DM 9,60

HEFT 83

Prof. Dr. S. Strugger, Munster

Über die Struktur der Proplastiden

1954, 30 Seiten, 15 Abb., DM 8,40

HEFT 84

Dr. H. Baron, Dusseldorf

Über Standardisierung von Wundtextilien

1954, 32 Seiten, DM 6,40

HEFT 85

Textilforschungsanstalt Krefeld

Physikalische Untersuchungen an Fasern, Faden, Garnen und Geweben

Untersuchungen am Knickscheuergerat nach Weltzien

1954, 40 Seiten, 11 Abb, 8 Tabellen, DM 10,—

HEFT 86

Prof. Dr.-Ing H. Opitz, Aachen

Untersuchungen uber das Frasen von Baustahl sowie uber den Einfluß des Gefuges auf die Zerspanbarkeit

1954, 108 Seiten, 73 Abb, 7 Tabellen, DM 22,—

HEFT 87

Gemeinschaftsausschuß Verzinken, Dusseldorf

Untersuchungen uber Gute von Verzinkungen

1954, 68 Seiten, 56 Abb, 3 Tabellen, DM 15,30

HEFT 88

Gesellschaft fur Kohlentechnik mbH, Dortmund-Eving

Oxydation von Steinkohle mit Salpetersäure

1954, 62 Seiten, 2 Abb., 1 Tabelle, DM 11,50

HEFT 89

Verein Deutscher Ingenieure, Gleitlagerforschung, Dusseldorf und Prof. Dr.-Ing. G. Vogelpohl, Gottingen

Versuche mit Preßstoff-Lagern fur Walzwerke

1954, 70 Seiten, 34 Abb., DM 14,10

HEFT 90

Forschungs-Institut der Feuerfest-Industrie, Bonn

Das Verhalten von Silikasteinen im Siemens-Martin-Ofengewolbe

1954, 62 Seiten, 15 Abb., 11 Tabellen, DM 11,90

HEFT 91

Forschungs-Institut der Feuerfest-Industrie, Bonn

Untersuchungen des Zusammenhangs zwischen Leistung und Kohlenverbrauch von Kammerofen zum Brennen von feuerfesten Materialien

1954, 42 Seiten, 6 Abb, DM 8,30

HEFT 92

Techn.-Wissenschaftl. Buro fur die Bastfaserindustrie, Bielefeld

und Laboratorium fur textile Meßtechnik, M.-Gladbach

Messungen von Vorgangen am Webstuhl

1954, 76 Seiten, 45 Abb., DM 15,50

HEFT 93

Prof. Dr. W. Kast, Krefeld

Spinnversuche zur Strukturerfassung kunstlicher Zellulosefasern

1954, 82 Seiten, 39 Abb, 6 Tabellen, DM 16,—

HEFT 94

Prof. Dr. G. Winter, Bonn

Die Heilpflanzen des MATTHIOLUS (1611) gegen Infektionen der Harnwege und Verunreinigung der Wunden bzw. zur Forderung der Wundheilung im Lichte der Antibiotikaforschung

1954, 58 Seiten, 1 Abb., 2 Tabellen, DM 11,50

HEFT 95

Prof. Dr. G. Winter, Bonn

Untersuchungen uber die fluchtigen Antibiotika aus der Kapuziner- (Tropaeolum maius) und Gartenkresse (Lepidium sativum) und ihr Verhalten im menschlichen Korper bei Aufnahme von Kapuziner- bzw. Gartenkressensalat per os

1955, 74 Seiten, 9 Abb, 25 Tabellen, DM 14,—

HEFT 96

Dr.-Ing P. Koch, Dortmund

Austritt von Exoelektronen aus Metalloberflachen unter Berucksichtigung der Verwendung des Effektes fur die Materialprufung

1954, 34 Seiten, 13 Abb., DM 7,—

HEFT 97

Ing. H Stein, Laboratorium fur textile Meßtechnik, M.-Gladbach

Untersuchung der Verzugsvorgange an den Streckwerken verschiedener Spinnereimaschinen

2 Bericht: Ermittlung der Haft-Gleiteigenschaften von Faserbandern und Vorgarnen

1955, 98 Seiten, 54 Abb., DM 21,—

HEFT 98

Fachverband Gesenkschmieden, Hagen

Die Arbeitsgenauigkeit beim Gesenkschmieden unter Hammern

1955, 132 Seiten, 55 Abb., 9 Tabellen, DM 24,75

HEFT 99

Prof. Dr.-Ing G. Garbotz, Aachen

Der Kraft- und Arbeitsaufwand sowie die Leistungen beim Biegen von Bewehrungsstahlen in Abhängigkeit von den Abmessungen, den Formen und der Gute der Stahle (Ermittlung von Leistungsrichtlinien)

1955, 136 Seiten, 53 Abb, 3 Anlagen, 18 Tabellen, DM 30,—

HEFT 100

Prof. Dr.-Ing. H. Opitz, Aachen

Untersuchungen von elektrischen Antrieben, Steuerungen und Regelungen an Werkzeugmaschinen

1955, 166 Seiten, 71 Abb., 3 Tabellen, DM 31,30

HEFT 101

Prof. Dr.-Ing. H. Opitz, Aachen

Wirtschaftlichkeitsbetrachtungen beim Außenrundschleifen

1955, 100 Seiten, 56 Abb., 3 Tabellen, DM 19,30

HEFT 102

Dr. P. Hölemann, Ing. R. Hasselmann und Ing G Dix, Dortmund

Untersuchungen uber die thermische Zundung von explosiblen Acetylenzersetzungen in Kapillaren

1954, 44 Seiten, 5 Abb., 4 Tabellen, DM 8,60

HEFT 103

Prof. Dr. W. Wetzel, Bonn

Durchfuhrung von experimentellen Untersuchungen uber den zeitlichen Ablauf von Funken in komprimierten Edelgasen sowie zu deren mathematischen Berechnung

1955, 46 Seiten, 12 Abb, DM 9,10

HEFT 104

Prof. Dr. W. Wetzel, Bonn

Über den Einfluß der Elektroden auf die Eigenschaften von Cadmium-Sulfid-Widerstands-Photozellen

1955, 48 Seiten, 12 Abb, DM 9,45

HEFT 105

Dr.-Ing. R. Meldau, Harsewinkel/Westf

Auswertung von Gekorn — Analysen des Musterstaubes „Flugasche Fortuna I"

1955, 42 Seiten, 14 Abb., DM 8,50

HEFT 106

ORR. Dr.-Ing W. Kuch, Dortmund

Untersuchungen uber die Einwirkung von feuchtigkeitsgesattigter Luft auf die Festigkeit von Leimverbindungen

1954, 60 Seiten, 10 Abb., 6 Tabellen, DM 11,40

HEFT 107

Prof Dr. H. Lange und Dipl.-Phys. P. St. Putter, Koln

Über die Konstruktion von Laboratoriumsmagneten

1955, 66 Seiten, 19 Abb., 1 Tabelle, DM 12,30

HEFT 108

Prof. Dr. W. Fuchs, Aachen

Untersuchungen uber neue Beizmethoden und Beizabwasser

I Die Entzunderung von Drähten mit Natriumhydrid

II Die Aufbereitung von Beizabwässern

1955, 82 S., 15 Abb., 14 Tabellen, 1 Falttafel, DM 15,25

HEFT 109

Dr. P. Hölemann und Ing. R Hasselmann, Dortmund

Untersuchungen uber die Loslichkeit von Azetylen in verschiedenen organischen Losungsmitteln

1954, 42 Seiten, 10 Abb., 8 Tabellen, DM 8,30

HEFT 110

Dr. P. Hölemann und Ing R. Hasselmann, Dortmund

Untersuchungen uber den Druckverlauf bei der explosiblen Zersetzung von gasformigem Azetylen

1955, 54 Seiten, 10 Abb., 5 Tabellen, DM 11,—

HEFT 111

Fachverband Steinzeugindustrie, Koln

Die Entwicklung eines Gerates zur Beschickung seitlicher Feuer von Steinzeug-Einzelkammerofen mit festen Brennstoffen

1955, 46 Seiten, 16 Abb, DM 9,40

HEFT 112

Prof Dr.-Ing. H. Opitz, Aachen

Verschleißmessungen beim Drehen mit aktivierten Hartmetallwerkzeugen

1954, 44 Seiten, 17 Abb., 6 Tabellen, DM 8,80

HEFT 113

Prof Dr. O. Graf, Dortmund

Erforschung der geistigen Ermudung und nervosen Belastung: Studien uber die vegetative 24-Stunden-Rhythmik in Ruhe und unter Belastung

1955, 40 Seiten, 12 Abb, DM 8,20

HEFT 114

Prof Dr O Graf, Dortmund

Studien uber Fließarbeitsprobleme an einer praxisnahen Experimentieranlage

1954, 34 Seiten, 6 Abb., DM 7,—

HEFT 115

Prof. Dr. O Graf, Dortmund

Studium uber Arbeitspausen in Betrieben bei freier und zeitgebundener Arbeit (Fließarbeit) und ihre Auswirkung auf die Leistungsfähigkeit

1955, 50 Seiten, 13 Abb., 2 Tabellen, DM 9,80

HEFT 116

Prof. Dr.-Ing. E. Siebel und Dr.-Ing. H Weiss, Stuttgart

Untersuchungen an einigen Problemen des Tiefziehens — I. Teil

1955, 74 Seiten, 50 Abb., 5 Tabellen, DM 14,50

HEFT 117

Dr.-Ing. H. Beißwanger, Stuttgart, und Dr.-Ing. S Schwandt, Trier

Untersuchungen an einigen Problemen des Tiefziehens — II Teil

1955, 92 Seiten, 34 Abb., 8 Tabellen, DM 17,70

HEFT 118

Prof Dr E. A Muller und Dr H G Wenzel, Dortmund

Neuartige Klima-Anlage zur Erzeugung ungleicher Luft- und Strahlungstemperaturen in einem Versuchsraum

1955, 68 Seiten, 10 z. T. mehrfarb. Abb, DM 14,—

HEFT 119

Dr.-Ing. O Viertel, Krefeld

Wäscherei- und energietechnische Untersuchung einer Gemeinschafts-Waschanlage

1955, 50 Seiten, 18 Abb, DM 10,20

HEFT 120

Dipl.-Ing. A. Weisbecker, Ludenscheid

Über Anfressung an Reinstaluminium-Schweißnahten bei der elektrolytischen Oxydation

Gebr. Hörstermann GmbH., Velbert

Entwicklung und Erprobung eines neuartigen Gummibandforderers

1955, 46 Seiten, 18 Abb., DM 9,70

HEFT 121

Dr. H. Krebs, Bonn

I Die Struktur und die Eigenschaften der Halbmetalle

II. Die Bestimmung der Atomverteilung in amorphen Substanzen

III. Die chemische Bindung in anorganischen Festkorpern und das Entstehen metallischer Eigenschaften

1955, 124 Seiten, 36 Abb, 13 Tabellen, DM 22,90

HEFT 122

Prof. Dr. W. Fuchs, Aachen

Untersuchungen zur Verbesserung der Wasseraufbereitung und Wasseranalyse.

Über die Schnellbewertung von Ionenaustauscher

1955, 62 Seiten, 32 Abb., DM 12,30

HEFT 123

Dipl.-Ing J. Emondts, Aachen

Über Bodenverformungen bei stark gestortem und mächtigem, wasserfuhrendem Deckgebirge im Aachener Steinkohlengebiet

1955, 196 Seiten, 37 Abb., 10 Tabellen, DM 28,80

HEFT 124

Prof. Dr R. Seyffert, Koln

Wege und Kosten der Distribution der Hausratwaren im Lande Nordrhein-Westfalen

1955, 74 Seiten, 25 Tabellen, DM 9,—

HEFT 125
Prof Dr E. Kappler, Munster
Eine neue Methode zur Bestimmung von Kondensations-Koeffizienten von Wasser
1955, 46 Seiten, 11 Abb , 1 Tabelle, DM 9,10

HEFT 126
Prof Dr -Ing J Mathieu, Aachen
Arbeitszeitvergleich
Grundlagen, Methodik und praktische Durchfuhrung
1955, 70 Seiten, DM 13,—

HEFT 127
Gutesschutz Betonstein e V , Arbeitskreis Nordrhein-Westfalen, Dortmund
Die Betonwaren-Gutesicherung im Lande Nordrhein-Westfalen
1955, 58 Seiten, 15 Abb , 3 Tabellen, DM 11,50

HEFT 128
Prof Dr O Schmitz-DuMont, Bonn
Untersuchungen uber Reaktionen in flussigem Ammoniak
1955, 96 Seiten, 11 Abb , 6 Tabellen, DM 17,75

HEFT 129
Prof Dr -Ing. J Mathieu und Dr C A. Roos, Aachen
Die Anlernung von Industriearbeitern
I Ergebnisse einer grundsatzlichen Untersuchung der gegenwartigen Industriearbeiter-Kurzanlernung
1955, 106 Seiten, DM 19,70

HEFT 130
Prof Dr -Ing J Mathieu und Dr C A Roos, Aachen
Die Anlernung von Industriearbeitern
II Beitrage zur Methodenfrage der Kurzanlernung
1955, 108 Seiten, DM 19,90

HEFT 131
Dr W Hoerburger, Koln
Versuche zur Biosynthese von Eiweiß aus Kohlenwasserstoff
1955, 34 Seiten, 2 Abb DM 6,90

HEFT 132
Prof Dr W Seith, Munster
Uber Diffusionserscheinungen in festen Metallen
1955, 42 Seiten, 19 Abb., 4 Tabellen, DM 9,10

HEFT 133
Prof. Dr E Jenckel, Aachen
Uber einen fur Schwermetalle selektiven Ionenaustauscher
1955, 48 Seiten, 8 Abb , 13 Tabellen, DM 9,50

HEFT 134
Prof Dr.-Ing H Winterhager, Aachen
Uber die elektrochemischen Grundlagen der Schmelzfluß-Elektrolyse von Bleisulfid in geschmolzenen Mischungen mit Bleichlorid
1955, 54 Seiten, 20 Abb , 5 Tabellen, DM 11,80

HEFT 135
Prof Dr -Ing K. Krekeler und Dr -Ing H. Peukert, Aachen
Die Anderung der mechanischen Eigenschaften thermoplastischer Kunststoffe durch Warmrecken
1955, 54 Seiten, 27 Abb , DM 11,10

HEFT 136
Dipl -Phys. P Pilz, Remscheid
Uber spezielle Probleme der Zerkleinerungstechnik von Weichstoffen
1955, 58 Seiten, 19 Abb , 2 Tabellen, DM 11,50

HEFT 137
Prof Dr W Baumeister, Munster
Beitrage zur Mineralstoffernahrung der Pflanzen
1955, 64 Seiten, 6 Tabellen, DM 11,80

HEFT 138
Dr P Holemann und Ing R Hasselmann, Dortmund
Untersuchungen uber die Zersetzungswarme von gasformigem und in Azeton gelostem Azetylen
1955, 54 Seiten, 8 Abb , 7 Tabellen, DM 10,40

HEFT 139
Prof Dr W Fuchs, Aachen
Studien uber die thermische Zersetzung der Kohle und die Kohlendestillatprodukte
1955, 64 Seiten, 20 Abb., 22 Tabellen, DM 11,80

HEFT 140
Dr -Ing G Hausberg, Essen
Modellversuche an Zyklonen
1955, 78 Seiten, 24 Abb , DM 15,70

HEFT 141
Dr. J. van Calker und Dr. R Wienecke, Munster
Untersuchungen uber den Einfluß dritter Analysenpartner auf die spektrochemische Analyse
1955, 42 Seiten, 15 Abb , DM 9,10

HEFT 142
Dipl -Ing G M F Wiebel, Hannover, A Konermann und A Ottenheym, Sennelager
Entwicklung eines Kalksandleichtsteines
1955, 38 Seiten, 4 Abb , DM 8,—

HEFT 143
Prof Dr F Wever, Dr A Rose und Dipl -Ing W Straßburg, Dusseldorf
Hartbarkeit und Umwandlungsverhalten der Stahle
1955, 50 Seiten, 12 Abb., 3 Tabellen, DM 10,70

HEFT 144
Prof Dr H Wurmbach, Bonn
Steuerung von Wachstum und Formbildung
1955, 48 Seiten, 19 Abb , DM 10,30

HEFT 145
Dr G. Hennemann, Werdohl (Westf)
Beitrag zur Interpretation der modernen Atomphysik
1955, 34 Seiten, DM 10,—

HEFT 146
Dr -Ing F Gruß, Dusseldorf
Sterilisation mit Heißluft
1955, 34 Seiten, 10 Abb , DM 7,70

HEFT 147
Dr -Ing W Rudisch, Unna
Untersuchung einer drehelastischen Elektromagnet-Synchronkupplung
1955, 82 Seiten, 65 Abb , DM 17,70

HEFT 148
Prof Dr H Bittel u Dipl -Phys. L Storm, Munster
Untersuchungen uber Widerstandsrauschen
1955, 40 Seiten, 5 Abb , DM 8,40

HEFT 149
Dipl -Ing. K Konopicky und Dipl -Chem P. Kampa, Bonn
I Beitrag zur flammenphotometrischen Bestimmung des Calciums
Dr -Ing K Konopicky, Bonn
II Die Wanderung von Schlackenbestandteilen in feuerfesten Baustoffen
1955, 54 Seiten, 10 Abb , 5 Tabellen, DM 11,—

HEFT 150
Prof Dr -Ing O Kienzle und Dipl -Ing W Timmerbeil, Hannover
Das Durchziehen enger Kragen an ebenen Fein- und Mittelblechen
1955, 52 Seiten, 20 Abb., 8 Tabellen, DM 11,30

HEFT 151
Dipl -Ing P Karabasch, Aachen
Feststellung des optimalen Gasgehaltes von Bronzen zur Erzielung druckdichter Gußstucke
1956, 64 Seiten, 31 Abb , 5 Tabellen, DM 13,90

HEFT 152
Dipl -Ing G Muller, Köln
Ermittlung der Laufeigenschaften (Vergießbarkeit) von Bronze und Rotguß mittels der Schneider-Gießspirale
1955, 60 Seiten, 33 Abb., DM 13,30

HEFT 153
Prof Dr. F Wever, Dr.-Ing W. A. Fischer und Dipl -Ing J. Engelbrecht, Dusseldorf
I Die Reduktion sauerstoffhaltiger Eisenschmelzen im Hochvakuum mit Wasserstoff und Kohlenstoff
II Einfluß geringer Sauerstoffgehalte auf das Gefuge und Alterungsverhalten von Reineisen
1955, 54 Seiten, 15 Abb , 2 Tabellen, DM 12,40

HEFT 154
Prof Dr -Ing. P. Bardenheuer und Dr -Ing W A Fischer, Dusseldorf
Die Verschlackung von Titan aus Stahlschmelzen im sauren und basischen Hochfrequenzofen unter verschiedenen Schlacken
1955, 36 Seiten, 10 Abb , 1 Tabelle, DM 7,95

HEFT 155
Dipl -Phys K H Schirmer, Munchen
Die auf Grau abgestimmte Farbwiedergabe im Dreifarbenbuchdruck
1955, 46 Seiten, 17 Abb , 2 Farbtafeln, DM 10,—

HEFT 156
Prof Dr -Ing. B. von Borries und Mitarbeiter, Dusseldorf
Die Entwicklung regelbarer permanentmagnetischer Elektronenlinsen hoher Brechkraft und eines mit ihnen ausgerusteten Elektronenmikroskopes neuer Bauart
1956, 102 Seiten, 52 Abb , DM 22,55

HEFT 157
Dr. W Jawtusch, Dr G Schuster und Prof Dr.-Ing R Jaeckel, Bonn
Untersuchungen uber die Stoßvorgange zwischen neutralen Atomen und Molekulen
1955, 48 Seiten, 15 Abb , 3 Tabellen, DM 10,50

HEFT 158
Dipl -Ing W Rosenkranz, Meinerzhagen
Ein Beitrag zum Problem der Spannungskorrosion bei Preßprofilen und Preßteilen aus Aluminium-Legierungen
1956, 112 Seiten, 61 Abb , 5 Tabellen, DM 27,40

HEFT 159
Dr -Ing O Viertel und O. Oldenroth, Krefeld
Das Bleichen von Weißwasche mit Wasserstoffsuperoxyd bzw. Natriumhypochlorit beim maschinellen Waschen
1955, 54 Seiten, 23 Abb , 2 Tabellen, DM 11,45

HEFT 160
Prof. Dr W Klemm, Munster
Über neue Sauerstoff- und Fluor-haltige Komplexe
1955, 50 Seiten, 13 Abb , 7 Tabellen, DM 10,80

HEFT 161
Prof Dr W Weltzien und Dr G Hauschild, Krefeld
Über Silikone und ihre Anwendung in der Textilveredlung
1955, 162 Seiten, 22 Abb , 10 Tabellen, DM 27,—

HEFT 162
Prof Dr F Wever, Prof Dr A Kochendorfer und Dr -Ing. Chr Rohrbach, Dusseldorf
Kennzeichnung der Sprodbruchneigung von Stahlen durch Messung der Fließspannung, Reißspannung und Brucheinschnurung an dreiachsig beanspruchten Proben
1955, 58 Seiten, 26 Abb , DM 13,—

HEFT 163
Dipl.-Ing W. Rohs und Text -Ing H Griese, Bielefeld
Untersuchungsarbeiten zur Verbesserung des Leinenwebstuhls III
1955, 80 Seiten, 15 Abb., 18 Tabellen, DM 15,80

HEFT 164
Dr.-Ing H Schmachtenberg, Koln
Neuartige Prufeinrichtungen fur Kraftfahrzeuge
1955, 44 Seiten, 23 Abb , DM 9,60

HEFT 165
Dr -Ing W Wilhelm, Aachen
Instationare Gasstromung im Auspuffsystem eines Zweitaktmotors
1955, 62 Seiten, 31 Abb., 8 Tabellen, DM 13,60

HEFT 166
Prof Dr M v Stackelberg, Dr H Heindze, Dr H Hubschke und Dr. K H. Frangen, Bonn
Kolloidchemische Untersuchungen
1955, 106 Seiten, 8 Abb., 13 Tabellen, DM 21,25

HEFT 167
Prof. Dr -Ing F. Schuster, Essen
I Über die Heißkarburierung von Brenngasen mit Olen und Teeren
II. Die Strahlungsvorgange in brennstoffbeheizten Ofen bei verschiedenen Verbrennungsatmospharen
1955, 38 Seiten, 8 Abb , DM 8,30

HEFT 168
Prof Dr -Ing F Schuster, Essen
I. Luftvorwarmung an Gasfeuerungen
II Heizwerthohe von Brenngasen und Wirkungsgrad sowie Gasverbrauch bei der Gasverwendung
III Sauerstoffangereicherte Luft und feuerungstechnische Kenngroßen von Brenngasen
1955, 60 Seiten, 18 Abb., DM 12,50

HEFT 169
Forschungsinstitut fur Pigmente und Lacke, Stuttgart
Arbeiten uber die Bestimmung des Gebrauchswertes von Lackfilmen durch physikalische Prufungen
1955, 70 Seiten, 23 Abb , 4 Tabellen, DM 15,—

HEFT 170
Prof. Dr. F Wever, Dr A Rose und Dipl -Ing L Rademacher, Dusseldorf
Anwendung der Umwandlungsschaubilder auf Fragen der Werkstoffauswahl beim Schweißen und Flammharten
1955, 64 Seiten, 25 Abb , DM 13,70

WESTDEUTSCHER VERLAG · KÖLN UND OPLADEN

HEFT 171
Wäschereiforschung Krefeld
Untersuchung der Wäscheentwässerung mit Hilfe von Zentrifugen und Pressen
1955, 42 Seiten, 16 Abb., 4 Tabellen, DM 9,70

HEFT 172
Dipl.-Ing. W. Rohs, Dr.-Ing. G. Satlow und Text.-Ing. G. Heller, Bielefeld
Trocknung von Hanfgarnen Kreuzspultrocknung
1955, 60 Seiten, 7 Abb., 4 Tabellen, DM 10,30

HEFT 173
Prof. Dr. R. Hosemann und Dipl.-Phys. G. Schoknecht, Berlin, vorgelegt von Prof. Dr. W. Kast, Krefeld
Lichtoptische Herstellung und Diskussion der Faltungsquadrate parakristalliner Gitter
1956, 108 Seiten, 63 Abb., 6 Tabellen, DM 24,70

HEFT 174
Prof. Dr. W. von Fragstein, Dr. J. Meingast und H. Hoch, Köln
Herstellung von Solen einheitlicher Teilchengröße und Ermittlung ihrer optischen Eigenschaften
1955, 78 Seiten, 80 Abb., 4 Tabellen, DM 18,25

HEFT 175
Dr.-Ing. H. Zeller, Aachen
Beitrag zur eindimensionalen stationären und nichtstationären Gasströmung mit Reibung und Wärmeleitung, insbesondere in Röhren mit unstetigen Querschnittsänderungen.
1956, 138 Seiten, 56 Abb., DM 29,30

HEFT 176
Dipl.-Ing. H. Schöberl, Duisburg
Über die Methoden zur Ermittlung der Verbrennungstemperatur von Brennstoffen und ein Vorschlag zu ihrer Verbesserung
1955, 30 Seiten, 3 Abb., DM 6,50

HEFT 177
Dipl.-Ing. H. Studemann, Solingen, und Dr.-Ing. W. Muchler, Essen
Entwicklung eines Verfahrens zur zahlenmäßigen Bestimmung der Schneideigenschaften von Messerklingen
1956, 104 Seiten, 68 Abb., 4 Tabellen, DM 22,20

HEFT 178
Prof. Dr. M. von Stackelberg u. Dr. W. Hans, Bonn
Untersuchungen zur Ausarbeitung und Verbesserung von polarographischen Analysenmethoden
1955, 46 Seiten, 14 Abb., DM 10,50

HEFT 179
Dipl.-Ing. H. F. Reineke, Bochum
Entwicklungsarbeiten auf dem Gebiete der Meß- und Regeltechnik
1955, 46 Seiten, 10 Abb., DM 10,—

HEFT 180
Dr.-Ing. W. Piepenburg, Dipl.-Ing. B. Buhling und Bauing. J. Behnke, Köln
Putzarbeiten im Hochbau und Versuche mit aktiviertem Mörtel und mechanischem Mörtelauftrag
1955, 116 Seiten, 31 Abb., 68 Tabellen, DM 23,—

HEFT 181
Prof. Dr. W. Franz, Münster
Theorie der elektrischen Leitvorgänge in Halbleitern und isolierenden Festkörpern bei hohen elektrischen Feldern
1955, 28 Seiten, 2 Abb., 1 Tabelle, DM 6,20

HEFT 182
Dr.-Ing. P. Schenk u. Dr. K. Osterloh, Düsseldorf
Katalytisch-thermische Spaltung von gasförmigen und flüssigen Kohlenwasserstoffen zur Spitzengaserzeugung
1955, 50 Seiten, 11 Abb., 11 Tabellen, DM 10,90

HEFT 183
Dr. W. Bornheim, Köln
Entwicklungsarbeiten an Flaschen- und Ampullen-Behandlungsmaschinen für die pharmazeutische Industrie
1956, 48 Seiten, 24 Abb., DM 11,70

HEFT 184
Dr.-Ing. E. Printz, Kettwig
Vollhydraulische Parallel-Kupplung für Ackerschlepper
1955, 32 Seiten, 4 Abb., DM 7,80

HEFT 185
Dipl.-Ing. W. Rohs und Text.-Ing. G. Heller, Bielefeld
Studien an einem neuzeitlichen Kreuzspultrockner für Bastfasergarne mit Wiederbefeuchtungszone
1955, 52 Seiten, 9 Abb., 3 Tabellen, DM 10,70

HEFT 186
Dr. E. Wedekind, Krefeld
Untersuchungen zur Arbeitsbestgestaltung bei der Fertigstellung von Oberhemden in gewerblichen Wäschereien
1955, 124 Seiten, 28 Abb., 6 Tabellen, 2 Falttaf., DM 12,—

HEFT 187
Dipl.-Ing. F. Göttgens, Essen
Über die Eigenarten der Bimetall-, Thermo- und Flammenionisationssicherungsmethode in ihrer Anwendung auf Zündsicherungen
1955, 40 Seiten, 6 Abb., 4 Tabellen, DM 8,40

HEFT 188
W. Kinnebrock, Langenberg (Rhld.)
Der Einfluß des Austausches gleicher Gaskochbrenner bzw. Gaskochbrennerteile auf den Wirkungsgrad und insbesondere auf den CO-Gehalt der Verbrennungsgase
1955, 42 Seiten, 7 Tabellen, DM 8,70

HEFT 189
Fa. E. Leybold's Nachfolger, Köln
I. Ausgewählte Kapitel aus der Vakuumtechnik
II. Zum Verlust anorganisch-nichtflüchtiger Substanzen während der Gefriertrocknung
1955, 52 Seiten, 16 Abb., 3 Tabellen, DM 11,20

HEFT 190
Prof. Dr. A. Neuhaus, Prof. Dr. O. Schmitz-DuMont und Dipl.-Chem. H. Reckhard, Bonn
Zur Kenntnis der Alkalititanate
1955, 60 Seiten, 13 Abb., 1 Tabelle, DM 12,20

HEFT 191
Dr. H. Söhngen, Darmstadt
Schwingungsverhalten eines Schaufelkranzes im Vakuum
1955, 36 Seiten, 7 Abb., DM 7,80

HEFT 192
Dipl.-Phys. E. M. Schneider, München
Kohlebogenlampen für Aufnahme und Kopie
1955, 48 Seiten, 21 Abb., 3 Tabellen, DM 10,60

HEFT 193
Prof. Dr. O. Schmitz-DuMont, Bonn
Untersuchungen über neue Pigmentfarbstoffe
1956, 50 Seiten, 16 Abb., 8 Tabellen, DM 11,20

HEFT 194
Dr. K. Hecht, Köln
Entwicklung neuartiger physikalischer Unterrichtsgeräte
1955, 42 Seiten, 16 Abb., DM 9,90

HEFT 195
Dr.-Ing. E. Rößger, Köln
Gedanken über einen neuen deutschen Luftverkehr
1955, 342 Seiten, 29 Abb., 122 Tabellen, DM 50,—

HEFT 196
Dipl.-Ing. W. Rohs und Text.-Ing. H. Griese, Bielefeld
Auswirkungen von Garnfehlern bei der Verarbeitung von Leinengarnen
1955, 36 Seiten, 3 Abb., 6 Tabellen, DM 7,80

HEFT 197
Dr. E. Wedekind, Krefeld
Untersuchungen zur Bestimmung der optimalen Arbeitsplatzgröße bei Mehrstuhlarbeit in der Weberei
1955, 92 Seiten, 34 Abb., DM 18,50

HEFT 198
Prof. Dr. J. Weissinger, Karlsruhe
Zur Aerodynamik des Ringflügels. Die Druckverteilung dünner, fast drehsymmetrischer Flügel in Unterschallströmung
1955, 42 Seiten, 5 Abb., DM 9,—

HEFT 199
Textilforschungsanstalt Krefeld
Die Messung von Gewebetemperaturen mittels Temperaturstrahlung
1955, 50 Seiten, 12 Abb., DM 10,90

HEFT 200
R. Seipenbusch, Langenberg (Rhld.)
Spitzengas durch Zusatz von Flüssiggas-Wassergas- und Flüssiggas-Generatorgas-Gemischen zu Stadtgas
1955, 48 Seiten, 21 Tabellen, DM 10,35

HEFT 201
Dr.-Ing. E. W. Pleines, Frankfurt/Main
Die Sicherheit im Luftverkehr
1956, 194 Seiten, 39 Abb., 19 Tabellen, DM 39,50

HEFT 202
Dipl.-Ing. D. Fiecke, Stuttgart/Zuffenhausen
Die Bestimmung der Flugzeugpolaren für Entwurfszwecke I. Teil. Unterlagen
1956, 216 Seiten, 171 Diagr., DM 59,70

HEFT 203
Dr. G. Wandel, Bonn
Uferbewachsung und Lebendverbauung an den Nordwestdeutschen Kanälen und ihren Zuflüssen sowie an der Ruhr
1956, 122 Seiten, 88 Abb., DM 25,70

HEFT 204
Dipl.-Ing. B. Naendorf, Langenberg (Rhld.)
Bestimmung der Brenneigenschaften und des Brennverhaltens verschiedener Gasarten und Einfluß verschiedener Düsengestaltung
1955, 32 Seiten, DM 7,10

HEFT 205
Dr. C. Schaarwächter, Düsseldorf
Über plastische Kupfer-Eisen-Phosphor-Legierungen
1956, 36 Seiten, 10 Abb., 10 Tabellen, DM 8,30

HEFT 206
Dr. P. Holemann, Ing. R. Hasselmann und Ing. G. Dix, Dortmund
Untersuchungen über die Vorgänge bei der Zersetzung von in Azeton gelöstem Azetylen
1956, 74 Seiten, 7 Abb., 7 Tabellen, DM 15,55

HEFT 207
Prof. Dr.-Ing. H. Opitz, Dipl.-Ing. K. H. Fröhlich und Dipl.-Ing. H. Siebel, Aachen
Richtwerte für das Fräsen von unlegierten und legierten Baustahlen mit Hartmetall I. Teil
1956, 48 Seiten, 27 Abb., 3 Tabellen, DM 11,10

HEFT 208
Prof. Dr.-Ing. H. Müller, Essen
Untersuchung von Elektrowärmegeräten für Laienbedienung hinsichtlich Sicherheit und Gebrauchsfähigkeit. I. Untersuchungen an Kochplatten
1956, 100 Seiten, 76 Abb., 7 Tabellen, DM 22,70

HEFT 209
Dr. K. Bunge, Leverkusen
Materialabbau in Funkenentladungen Untersuchungen an Zinkkathoden
1956, 54 Seiten, 10 Abb., 5 Tabellen, DM 11,40

HEFT 210
Dr. W. Porschen und Prof. Dr. W. Riezler, Bonn
Langlebige Alphaaktivitäten bei natürlichen Elementen
1955, 40 Seiten, 5 Abb., 4 Tabellen, DM 8,80

HEFT 211
Prof. Dipl.-Ing. W. Sturtzel und Dr.-Ing. W. Graff, Duisburg
Die Versuchsanstalt für Binnenschiffbau, Duisburg
1956, 48 Seiten, 22 Abb., 11,—

HEFT 212
Dipl.-Ing. H. Spodig, Selm
Untersuchung zur Anwendung der Dauermagnete in der Technik
1955, 44 Seiten, 25 Abb., DM 9,80

HEFT 213
Dipl.-Ing. K. F. Rittinghaus, Aachen
Zusammenstellung eines Meßwagens für Bau- und Raumakustik
1957, 96 Seiten 17 Abb., 7 Tabellen DM 19,80

HEFT 214
Dr.-Ing. J. Endres, München
Berechnung der optimalen Leistungen, Kraftstoffverbräuche und Wirkungsgrade von Einkreis-Turbolader-Strahltriebwerken am Boden und in der Höhe bei Fluggeschwindigkeiten von 0—2000 km/h
1956, 72 Seiten, 18 Abb., 8 Tabellen, DM 15,40

HEFT 215
Prof. Dr.-Ing. H. Opitz und Dr.-Ing. G. Weber, Aachen
Einfluß der Wärmebehandlung von Baustahlen auf Spanentstehung, Schnittkraft- und Standzeitverhalten
1956, 80 Seiten, 30 Abb., 10 Tabellen, DM 18,40

HEFT 216
Dr. E. Kloth, Köln
Untersuchungen über die Ausbreitung kurzer Schallimpulse bei der Materialprüfung mit Ultraschall
1956, 90 Seiten, 60 Abb., 4 Tabellen, DM 19,40

HEFT 217
Rationalisierungskuratorium der Deutschen Wirtschaft (RKW), Frankfurt/Main
Typenvielzahl bei Haushaltgeräten und Möglichkeiten einer Beschränkung
1956, 328 Seiten, 2 Abb., 181 Tabellen, DM 49,50

HEFT 218
Dr. F. Keune, Aachen
Bericht über eine Theorie der Strömung um Rotationskörper ohne Anstellung bei Machzahl Eins
1955, 40 Seiten, 8 Abb., 5 Formelblätter, DM 8,80

WESTDEUTSCHER VERLAG · KÖLN UND OPLADEN

HEFT 219
Prof Dr W Fuchs, Aachen
Untersuchungen zur Holzabfallverwertung und zur Chemie des Lignins
1955, 54 Seiten, 11 Abb, 15 Tabellen DM 11,40

HEFT 220
Prof Dr W Fuchs, Aachen
Die Entwicklung neuer Regel- und Kontroll-Apparate zur coulometrischen Analyse
1956, 76 Seiten, 17 Abb 23 Tabellen, DM 15,50

HEFT 221
Dr W Meyer-Eppler, Bonn
Experimentelle Untersuchungen zum Mechanismus von Stimme und Gehor in der lautsprachlichen Kommunikation *1955, 56 Seiten, 24 Abb, DM 13,45*

HEFT 222
Dr L Kollner, Munster, und Dipl-Volkswirt M Kaiser, Bochum
Die internationale Wettbewerbsfahigkeit der westdeutschen Wollindustrie *1956, 214 Seiten, DM 39,50*

HEFT 223
Dr-Ing K Alberti und Dr F Schwarz, Koln
Über das Problem Hartbrand-Weichbrand
1956, 54 Seiten, 25 Abb, 14 Tabellen, DM 12,10

HEFT 224
Dipl-Ing H Stidemann und Ing R Beu, Solingen
Verfahren zur Prufung der Korrosionsbestandigkeit von Messerklingen aus rostfreiem Stahl
1956, 82 Seiten, 28 Abb, DM 16,90

HEFT 225
Dr-Ing E Barz, Remscheid
Der Spannungszustand von Gattersageblattern
1956, 74 Seiten, 54 Abb, DM 16,50

HEFT 226
Technisch-wissenschaftliches Buro fur die Bastfaserindustrie, Bielefeld
Untersuchungen zur Verbesserung des Leinenwebstuhles IV
Die Wirkung verschiedener Kettbaumbremsen auf die Verwebung von Leinengarnen
1956, 64 Seiten, 9 Abb, 4 Tabellen, DM 13,50

HEFT 227
Prof Dr F Wever, Dusseldorf und Dr W Wepner, Koln
Untersuchung der Alterungsneigung von weichen unlegierten Stahlen durch Harteprufung bei Temperaturen bis 300 Grad C
1956, 34 Seiten, 20 Abb, 3 Tabellen, DM 7,95

HEFT 228
Prof Dr F Wever, Dr W Koch, Dusseldorf, und Dr B A Steinkopf, Dortmund
Spektrochemische Grundlagen der Analyse von Gemischen aus Kohlenmonoxyd, Wasserstoff und Stickstoff *1956, 42 Seiten, 18 Abb, 1 Tabelle, DM 9,90*

HEFT 229
Prof Dr F Wever, Dr W Koch und Dr-Ing H Malissa, Dusseldorf
Über die Anwendung disubstituierter Dithiocarbamate der analytischen Chemie
1956, 44 Seiten, 30 Abb, 5 Tabellen, DM 10,50

HEFT 230
Prof Dr F Wever, Dusseldorf, und Dr W Wepner, Koln
Bestimmung kleiner Kohlenstoffgehalte im Alpha-Eisen durch Dampfungsmessung
1956, 34 Seiten, 5 Abb, 2 Tabellen, DM 7,70

HEFT 231
Dr-Ing W Kuch, Dortmund
Über die Wechselwirkung zwischen Holzschutzbehandlung und Verleimung
1956, 48 Seiten, 10 Abb, 8 Tabellen, DM 10,40

HEFT 232
Prof Dr-Ing. O Kienzle, Hannover, und Dr-Ing H Munnich, Schweinfurt
Feststellung der Spannungen und Dehnungen und Bruchdrehzahlen der unter Fliehkraft und Bearbeitungskraft beanspruchten Schleifkorper
in Vorbereitung

HEFT 233
Dr H Haase, Hamburg
Infrarot-Bibliographie *1956, 90 Seiten, DM 17,80*

HEFT 234
Dr-Ing K G Speith und Dr-Ing A Bungeroth, Duisburg
Versuche zur Steigerung des Kokillen-Schluckvermogens beim Stranggießen von Stahl
1956, 26 Seiten, 5 Abb, DM 6,15

HEFT 235
Prof Dr-Ing K Leist und Dipl-Ing W Dettmering, Aachen
Turbinenschaufeln aus Kunststoff fur Kaltluftversuchsanlagen
1956, 46 Seiten, 43 Abb, 3 Tabellen, DM 12,30

HEFT 236
Dr-Ing O Viertel und S Lucas, Krefeld
Ergebnisse einer Hausfrauenbefragung uber Wascheinrichtungen und Waschmethoden in stadtischen Haushaltungen
1956, 34 Seiten, 4 Abb, DM 7,60

HEFT 237
Dr P Endler und Dr H Ludes, Koln
Bericht uber eine Studienreise zur Orientierung der heutigen Behandlung der Lungentuberkulose in den Vereinigten Staaten von Nordamerika
1956, 32 Seiten, DM 7,10

HEFT 238
Institut fur textile Meßtechnik, M-Gladbach, e V
Untersuchungen der Verzugsvorgange an den Streckwerken verschiedener Spinnereimaschinen 3 Bericht Theoretische Betrachtungen uber den Einfluß schlagender Zylinder und Druckrollen
1956, 66 Seiten, 21 Abb, DM 14,10

HEFT 239
Prof Dr-Ing K Leist, Dipl-Ing H Scheele, Aachen, und Dipl-Ing. F H Flottmann, Herne
Versuche an einem neuartigen luftgekuhlten Hochleistungs-Kolbenkompressor
1956, 72 Seiten, 19 Abb, 7 Tabellen, DM 14,40

HEFT 240
Prof Dr-Ing K Leist und Dipl-Ing H Scheele, Aachen
Temperaturmessungen an einem einstufigen luftgekuhlten 4-Zylinder-Kolbenkompressor mit Kuhlgeblase *1956, 74 Seiten, 36 Abb, DM 14,80*

HEFT 241
Prof Dr-Ing K Leist und Dipl-Ing M Potke, Aachen
Leistungsversuche an einem Kuhlluftgeblase
1956, 60 Seiten, 13 Abb, DM 11,70

HEFT 242
Prof Dr-Ing K Leist und Dipl-Ing K Graf, Aachen
Straßenfahrzeuge mit Gasturbinenantrieb
1956, 82 Seiten, 63 Abb, DM 17,20

HEFT 243
Prof Dr-Ing K Leist und Dipl-Ing S Forster, Aachen
Die franzosische Kleingasturbine Artouste — 1 Teil
1956, 80 Seiten, 41 Abb, DM 15,85

HEFT 244
Prof Dr F Wever, Dr. W Koch und Dr S Eckhard, Dusseldorf
Erfahrungen mit der spektrochemischen Analyse von Gefugebestandteilen des Stahles
1956, 32 Seiten, 8 Abb, 2 Tabellen, DM 7,80

HEFT 245
Prof Dr-Ing habil K Krekeler, Aachen
Das Verbinden von Metallen durch Kunstharzkleber Teil I Eigenschaften und Verwendung der Metallklebstoffe *1956, 48 Seiten, 8 Abb, DM 10,25*

HEFT 246
Prof. Dr-Ing habil K Krekeler, Aachen
Das Verbinden von Metallen durch Kunstharzkleber Teil II Untersuchungen an geklebten Leichtmetall-Verbindungen *1956, 80 Seiten, 40 Abb, DM 17,50*

HEFT 247
Dr H Sohngen, Darmstadt
Stromung vor einem Überschall-Laufrad
1956, 26 Seiten, 4 Abb., DM 7,60

HEFT 248
Rheinische Aktiengesellschaft fur Braunkohlenbergbau und Brikettfabrikation, Koln
Untersuchung der Bindemitteleigenschaften von Braunkohlenfilteraschen
1956, 176 Seiten, 26 Abb, 30 Tabellen, DM 35,60

HEFT 249
Dr M-E Meffert, Essen
Weitere Kulturversuche Scenedesmus obliquus
1956, 36 Seiten, 5 Abb, 10 Tabellen, DM 8,—

HEFT 250
Dr. F. Schwarz und Dr-Ing. K Alberti, Koln
Entwicklung von Untersuchungsverfahren zur Gutebeurteilung von Industriekalken
1956, 36 Seiten, 9 Abb, DM 16,50

HEFT 251
Prof. Dr H Bittel, Munster
Zur Statistik der ferromagnetischen Elementarvorgange und ihren Einfluß auf das Barkhausenrauschen
1956, 52 Seiten, 14 Abb, DM 11,65

HEFT 252
Dipl-Ing H Frings, Geilenkirchen
Die Wirkung abfallender Wetterfuhrung auf Wettertemperatur, Grubengasgehalt und Staubbildung
1957, 126 Seiten, 23 Abb, 13 Falttafeln, 38 Tab, DM 35,70

HEFT 253
Dipl-Ing S Schirmanski, Berghausen
Stand und Auswertung der Forschungsarbeiten uber Temperatur- und Feuchtigkeitsgrenzen bei der bergmannischen Arbeit
1957, 80 Seiten, 24 Abb, 12 Tab, DM 17,10

HEFT 254
Prof Dr R Danneel, Bonn
Quantitative Untersuchungen uber die Entwicklung des Ehrlich-Ascitestumors bei Inzuchtmausen
1956, 52 Seiten, 17 Tabellen, DM 11,75

HEFT 255
Ing B v Schlippe, Bad Nauheim
Stromung von Flussigkeiten mit temperaturabhangiger Zahigkeit (Kuhlung von Ofen)
1956, 54 Seiten, 12 Abb, 4 Tabellen, DM 11,70

HEFT 256
Prof Dr C Schmieden und Dipl-Math. K H Muller, Darmstadt
Die Stromung einer Quellstrecke im Halbraum — eine strenge Losung der Navier-Stokes-Gleichungen
1956, 40 Seiten, 9 Abb, DM 8,80

HEFT 257
Prof Dr G Lehmann und Dr J Tamm, Dortmund
Die Beeinflussung vegetativer Funktionen des Menschen durch Gerausche
1956, 48 Seiten, 25 Abb, 3 Tabellen, DM 11,20

HEFT 258
Dr H Paul, Linz (Rhein), und Prof Dr O Graf, Dortmund
Zur Frage der Unfalle im Bergbau
1956, 52 Seiten, 9 Abb, 22 Tabellen, DM 11,20

HEFT 259
Prof D W Linke, Aachen
Stromungsvorgange in kunstlich belufteten Raumen
1956, 52 Seiten, 37 Abb, 1 Tabelle, DM 11,80

HEFT 260
Prof Dr W Kast, Freiburg (Br), Prof Dr A H Stuart und Dipl-Phys H G Fendler, Hannover
Lichtzerstreuungsmessungen an Losungen hochpolymerer Stoffe
1956, 70 Seiten, 25 Abb, 5 Tabellen, DM 15,60

HEFT 261
Prof Dr W Kast, Freiburg (Br)
Feinstruktur-Untersuchungen an kunstlichen Zellulosefasern verschiedener Herstellungsverfahren
Teil II Der Kristallisationszustand
1956, 80 Seiten, 27 Abb, 11 Tabellen, DM 17,20

HEFT 262
Dr-Ing W Batel, Aachen
Untersuchungen zur Absiebung feuchter, feinkorniger Haufwerke und Schwingsieben
1956, 100 Seiten, 45 Abb, 5 Tabellen, DM 23,40

HEFT 263
Prof Dr H Lange und Dipl-Phys R Kohlhaas, Koln
Über die Warmeleitfahigkeit von Stählen bei hohen Temperaturen Teil I Literaturbericht
1956, 48 Seiten, 26 Abb, 8 Tabellen, DM 10,70

HEFT 264
Prof Dr W Weizel, Bonn
Durch schnelle Funkenzusammenbruche ausgeloste Signale auf einer Leitung
1956, 26 Seiten, 4 Abb, 3 Tabellen, DM 6,10

HEFT 265
Prof Dr F. Micheel und Dr R Engel, Munster
Eine Apparatur zur elektrophoretischen Trennung von Stoffgemischen
1956, 38 Seiten, 21 Abb, DM 9,20

HEFT 266
Fliesen-Beratungsstelle Bad Godesberg-Mehlem
Guteeigenschaften keramischer Wand- und Bodenfliesen und deren Prufmethoden
1956, 32 Seiten, DM 7,10

HEFT 267
Prof Dr W Weizel und B Brandt, Bonn
Zur Stabilitat stromstarker Glimmentladungen
1956, 36 Seiten, 7 Abb, DM 8,40

HEFT 268

Prof Dr -Ing G Vogelpohl, Gottingen

Über die Tragfahigkeit von Gleitlagern und ihre Berechnung

1956, 76 Seiten, 24 Abb, 7 Tabellen, DM 16,85

HEFT 269

Markscheider R Bals, Bochum

Eignung des Gebirgsankerausbaus zur Erleichterung des Streckenvortriebs im Steinkohlenbergbau

1956, 84 Seiten, 41 Abb, DM 18,75

HEFT 270

Dr H Krebs und Mitarbeiter, Bonn

Die Trennung von Racematen auf chromatographischem Wege

1956, 62 Seiten, 18 Tabellen, DM 12,95

HEFT 271

Prof Dr -Ing H. Opitz und Dipl -Ing H Axer, Aachen

Beeinflussung des Verschleißverhaltens bei spanenden Werkzeugen durch flussige und gasformige Kuhlmittel und elektrische Maßnahmen

1956, 46 Seiten, 28 Abb, DM 10,70

HEFT 272

Prof. Dr W. Fuchs und Dr H Dressa, Aachen

Untersuchungen uber die Schnellverbrennung und Schnellvergasung fester Brennstoffe

1956, 56 Seiten, 14 Abb, 3 Tabellen, DM 11,90

HEFT 273

Fa. K W Tacke G.m b H, Wuppertal-Barmen

Erfahrungen beim Verspinnen von Perlonfasern und bei der Herstellung von Trikotagen aus gesponnenem Perlon

1956, 36 Seiten, DM 7,90

HEFT 274

Prof Dr -Ing K Krekeler, Aachen

Qualitative Untersuchungen bei Verbindungsschweißungen mittels Lichtbogenschweißautomaten unter Verwendung von Blankdraht und Zugabe von ferromagnetischem Pulver als Umhullung

1956, 68 Seiten, 40 Abb., 8 Tabellen, DM 15,45

HEFT 275

Prof Dr -Ing habil K Krekeler, Aachen, und Dipl.-Ing H Verhoeven, Aachen

Quantitative Untersuchungen von Punktschweißverbindungen an Tiefzieh- und Aluminiumblechen, die nach dem Argonarc-Punktschweißverfahren hergestellt werden

1956, 64 Seiten, 45 Abb, DM 14,60

HEFT 276

Fa E Haage, Mulheim (Ruhr)

Entwicklungsarbeiten im Apparatebau fur Laboratorien

1956, 48 Seiten, 18 Abb., DM 10,50

HEFT 277

Dr.-Ing. W. Muchler, Essen

Untersuchung und zahlenmaßige Bestimmung der Schneideigenschaften von Messern mit besonderer Berucksichtigung rostfreier Messerstahle

1956, 60 Seiten, 27 Abb, 5 Tabellen, DM 13,20

HEFT 278

Dipl.-Ing. J Stelter und Dipl -Ing H. Kickert, Aachen

I Sichtbarmachung von Ultraschallfeldern unter Verwendung photographischer Emulsionsschichten

II. Methode zur Bestimmung der wirklichen Temperaturverhältnisse in Flussigkeiten wahrend der Beschallung (Nach einer Diplom-Arbeit von H Schnitzler)

1956, 54 Seiten, 24 Abb, DM 12,75

HEFT 279

Dr. F Keune, Aachen

Der gewolbte und verwundene Tragflugel ohne Dicke in Schallnahe

1956, 42 Seiten, 15 Abb., DM 9,25

HEFT 280

Dipl -Ing J Stelter und Dipl -Ing E. Pfende, Aachen

Über Storerscheinungen bei Schallgeschwindigkeitsmessungen mittels der Interferometermethode

1956, 42 Seiten, 13 Abb, DM 9,60

HEFT 281

Prof. Dr.-Ing K Lurenbaum, Aachen

Der Meßwagen des Instituts fur Maschinen-Dynamik der Deutschen Versuchsanstalt fur Luftfahrt, Aachen

1956, 34 Seiten, 17 Abb, DM 8,60

HEFT 282

Bergrat a. D. Scherer, Bochum

Das B. T.-Schwelverfahren und seine Anwendung auf der Anlage Marienau

1956, 44 Seiten, 7 Abb, DM 9,60

HEFT 283

Prof Dr F Wever und Dr -Ing W Lueg, Dusseldorf

Warmstauchversuche zur Ermittlung der Formanderungsfestigkeit von Gesenkschmiede-Stahlen

1956, 44 Seiten, 19 Abb, DM 9,90

Heft 284

Prof Dr F Wever, Dusseldorf, Dr -Ing H J Wiester, Essen, Dr -Ing F W Straßburg, Duisburg, Prof Dr.-Ing H Opitz, Aachen, und Dr -Ing K H Frohlich, Köln

Einfluß des Gefuges auf die Zerspanbarkeit von Einsatz- und Vergutungsstahlen

1957, 88 Seiten, 126 Abb, 11 Tab, DM 22,45

HEFT 285

Prof Dr -Ing O Kienzle, Dr -Ing K Lange, Hannover, und Dipl -Ing H Meinert, Osterode

Einfluß der Oberflache auf das Verschleißverhalten von Schmiedegesenken

1956, 62 Seiten, 29 Abb, 8 Tabellen, DM 14,60

HEFT 286

Dr -Ing K Lange, Hannover, Dipl -Ing H Meinert, Osterode, unter Mitarbeit von Dr -Ing H Arend, Mulheim (Ruhr)

Verschleißverhalten hartverchromter Schmiedegesenke

1956, 74 Seiten, 53 Abb., 6 Tabellen, DM 17,65

HEFT 287

Prof Dr -Ing habil. K Krekeler, Aachen

Anderungen der mechanischen Eigenschaftswerte thermoplastischer Kunststoffe bei Beanspruchung in verschiedenen Medien

1956, 62 Seiten, 23 Abb, 5 Tabellen, DM 13,70

HEFT 288

Dr K Brucker-Steinkuhl, Dusseldorf

Anwendung mathematisch-statischer Verfahren in der Industrie

1956, 103 Seiten, 27 Abb, 14 Tabellen, DM 24,20

HEFT 289

Prof. Dr -Ing. H Winterhager, Aachen

Kombinierter Widerstands- und Lichtbogen-Vakuumofen zur Verarbeitung von Titanschwamm

Prof Dr Dr. h. c R. Schwarz, Aachen

Erforschung neuer Wege zur Darstellung von Titanmetall

1957, 42 Seiten, 18 Abb, DM 9,70

HEFT 290

Dr D Horstmann, Dusseldorf

I Der verstarkte Angriff des Zinks auf Eisen im Temperaturgebiet um 500° C

II. Einfluß eines Antimongehaltes auf den Angriff von Zinkschmelzen auf Eisen

1956, 48 Seiten, 33 Abb., 3 Tabellen, DM 11,90

HEFT 291

Dr -Ing. H J Wiester und Dr. D Horstmann, Dusseldorf

Der Angriff eisengesattigter Zinkschmelzen auf silizium- und manganhaltiges Eisen

1956, 52 Seiten, 45 Abb, 8 Tabellen, DM 12,60

HEFT 292

Dipl -Ing W Rohs und Text -Ing. H Griese, Bielefeld

Webversuche an Leinenwebstuhlen mit verbesserter Schaftbewegung

1956, 34 Seiten, 3 Abb, 2 Tabellen, DM 7,60

HEFT 293

Prof. J W Korte, unter Mitarbeit von Dipl.-Ing P A. Macke und Dipl -Ing W Leutzbach, Aachen

Die Leistungsfähigkeit von Verkehrsanlagen des motorisierten städtischen Straßenverkehrs

1956, 98 Seiten, 35 Abb, 5 Tabellen, 1 Falttafel, DM 22,50

HEFT 294

Dipl -Ing B Naendorf, Essen

Untersuchungen industrieller Gasbrenner

1956, 58 Seiten, 6 Abb, 3 Tabellen, DM 12,40

HEFT 295

Prof. Dr.-Ing H. Opitz und Dipl -Ing H Axer, Aachen

Untersuchung und Weiterentwicklung neuartiger elektrischer Bearbeitungsverfahren

1956, 42 Seiten, 27 Abb, DM 10,30

HEFT 296

Prof. Dr -Ing H Opitz, Aachen

I Untersuchungen an elektronischen Regelantrieben

II Statische Untersuchungen zur Ausnutzung von Drehbanken

1956, 46 Seiten, 18 Abb, DM 10,40

HEFT 297

Dr. K Schaarwachter, Dusseldorf

Die Reduktion von Siliziumtetrachlorid im Lichtbogen zur nachfolgenden Silizierung von Eisenblechen

1958, 30 Seiten, 12 Abb, DM 8,20

HEFT 298

Prof Dr -Ing E Oehler, Aachen

Untersuchung von kritischen Drehzahlen, die durch Kreiselmomente verursacht werden

1956, 50 Seiten, 35 Abb, DM 13,15

HEFT 299

Dr J Fassbender und W Hoppe, Bonn

Eine photoelektrische Nachlaufeinrichtung fur Analogie-Rechenmaschinen

1956, 20 Seiten, 8 Abb, DM 7,65

HEFT 300

Prof Dr E Schutz und Privatdozent Dr H Caspers, Munster

Tierexperimentelle Untersuchungen uber die Alkoholwirkungen auf Erregbarkeit und bioelektrische Spontanaktivitat der Hirnrinde

1956, 44 Seiten, 6 Abb, 1 Tabelle, DM 9,55

HEFT 301

Prof Dr W. Weltzien, Dr G Cossmann und P Diehl, Krefeld

Über die fraktionierte Fullung von Polyamiden (II)

1956, 54 Seiten, 1 Abb, 16 Tabellen, DM 11,30

HEFT 302

Prof Dr -Ing W Wegener und Dipl -Ing W Zahn, Aachen

Untersuchungen von gesponnenen Garnen auf ihre Gleichmaßigkeit nach verschiedenen Meßmethoden

1957, 58 Seiten, 34 Abb, DM 15,20

HEFT 303

Prof Dr Ing S Kiesskalt, Aachen

Das Institut der Forschungsgesellschaft Verfahrenstechnik e. V an der Technischen Hochschule Aachen

1956, 76 Seiten, 20 Abb, 3 Tabellen, DM 16,40

HEFT 304

Prof Dr.-Ing K Krekeler, Dusseldorf, und Dipl -Ing. A Kleine-Albers, Aachen

Beitrag zur thermoelastischen Warmformbarkeit von Hart-PVC

1957, 72 Seiten, 29 Abb, DM 17,70

HEFT 305

Prof Dr -Ing K. Krekeler, Dusseldorf, Dr -Ing. H Peukert, Aachen, und Dipl -Ing W Schmitz, Siegburg

Heißgas-Schweißung von Hart-Polyvinylchlorid mit Zusatzwerkstoff

1956, 44 Seiten, 27 Abb, 5 Tabellen, DM 12,50

HEFT 306

Prof Dr. B. Rensch, Munster

Elektrophysiologische Untersuchungen zur Analysierung der Bildung von Assoziationen und Gedachtnisspuren in Gehirn und Ruckenmark

Prof Dr. A Loeser, Munster

Akute und chronische Giftwirkungen sauerstoffhaltiger Losungsmittel

1956, 36 Seiten, 9 Abb, DM 8,90

HEFT 307

Privatdozent Dr J. Juilfs, Krefeld

Vergleichende Untersuchungen zur elastischen und bleibenden Dehnung von Fasern

1956, 36 Seiten, 11 Abb, DM 8,30

HEFT 308

Privatdozent Dr. J Juilfs, Krefeld

Zur Messung der Fadenglatte

1956, 22 Seiten, 10 Abb, 2 Tabellen, DM 8,—

HEFT 309

Prof Dr K Cruse und Mitarbeiter, Clausthal-Zellerfeld

Aufbau und Arbeitsweise eines universell verwendbaren Hochfrequenz-Titrationsgerates

1957, 48 Seiten, 29 Abb, DM 11,90

HEFT 310

Dr P F Muller, Bonn

Die Integrieranlage des Rheinisch-Westfalischen Instituts fur Instrumentelle Mathematik in Bonn

1956, 62 Seiten, 6 Abb, 30 Satzskizzen, DM 14,45

HEFT 311

Prof Dr F Wever und Dr. M Hempel, Dusseldorf

Dauerschwingfestigkeit von Stahlen bei erhohten Temperaturen

Teil I Erkenntnisse aus bisherigen Dauerschwingversuchen in der Warme

1956, 48 Seiten, 19 Abb., 2 Tabellen, DM 10,90

HEFT 312

Prof Dr. F Wever und Dr M Hempel, Dusseldorf

Dauerschwingfestigkeit von Stählen bei erhohten Temperaturen

Teil II Zug-Druck-Dauerschwingversuche an zwei warmfesten Stahlen bei Temperaturen von 500 bis 650°

1956, 48 Seiten, 20 Abb, 3 Tabellen. DM 13,—

HEFT 313
Prof Dr F Wever, Dr W Koch und Dipl-Phys H Rohde, Dusseldorf
Anderungen des Babitus und der Gitterkonstanten des Zementits in Chromstahlen bei verschiedenen Warmebehandlungen
1956, 88 Seiten, 29 Abb, 8 Tabellen, DM 20,90

HEFT 314
Prof Dr F Wever, Dr-Ing A Krisch, Dusseldorf, und Dr-Ing H-J Wiester, Essen
Veranderungen im Gefugeaufbau von Chrom-Nickel-Molybdan-Stahlen bei langzeitiger Beanspruchung im Zeitstandversuch bei 500°
1956, 48 Seiten, 26 Abb, 5 Tabellen, DM 11,70

HEFT 315
Prof Dr F Wever und Dr-Ing A Krisch, Dusseldorf
Metallkundliche Untersuchungen an Zeitstandproben
1956, 38 Seiten, 12 Abb, DM 9,15

HEFT 316
Dr F Keune, Aachen
Zusammenfassende Darstellung und Erweiterung des Aequivalenzsatzes fur schallnahe Stromung
1956, 80 Seiten, 22 Abb, DM 17,90

HEFT 317
Dr-Ing J Stelter, Aachen
Mikrobiologische Ultraschallwirkungen
1957, 106 Seiten, 41 Abb, 12 Tab, DM 23,90

HEFT 318
Dipl-Ing H Kickert, Aachen
Uber die Ausbreitung von Ultraschall in Luft
1957, 78 Seiten, 51 Abb, 7 Tab, DM 19,20

HEFT 319
Prof Dr C Kroger, Aachen
Gemengereaktionen und Glasschmelze
1957, 118 Seiten, 53 Abb, 16 Tab, DM 26,—

HEFT 320
Dr H-E Caspary, Koln
Verwendung von Szintillationszahlern an Stelle von Zahlrohren zur zerstorungsfreien Materialprufung
1956, 42 Seiten, 13 Abb, 2 Tabellen, DM 10,10

HEFT 321
Prof Dr F Wever, Dusseldorf, und Dr W Wepner, Koln
Gleichzeitige Bestimmung kleiner Kohlenstoff- und Stickstoffgehalte im α-Eisen durch Dampfungsmessung
1956, 30 Seiten, 3 Abb, 4 Tabellen, DM 6,80

HEFT 322
Prof Dr-Ing F Bollenrath und Dipl-Ing W Domke, Aachen
Eigenspannungen in verguteten, dickwandigen Stahlzylindern nach Oberflachenhartung mit induktiver Erwarmung
1956, 30 Seiten, 9 Abb 2 Tabellen, DM 6,90

HEFT 323
Prof Dr R Seyffert, Koln
Wege und Kosten der Distribution der Textilien, Schuh- und Lederwaren
1956, 98 Seiten, 37 Tabellen, 1 Falttaf, DM 12,—

HEFT 324
Prof Dr-Ing H Opitz, Dr-Ing E Salje und Dipl-Ing K E Schwartz, Aachen
Richtwerte fur das Außenrund-Langs- und Einstechschleifen
1956, 62 Seiten, 44 Abb, 2 Tabellen, DM 13,85

HEFT 325
Prof Dr E Schratz, Munster
Pharmakognostische Untersuchungen am Medizinal-Rhabarber
1957, 62 Seiten, 29 Abb, 3 Tabellen, DM 17,90

HEFT 326
Prof Dr-Ing E Essers und Mitarbeiter, Aachen
Deichselkrafte an Lastzugen
1957, 96 Seiten, 34 Abb, DM 22,10

HEFT 327
Prof Dr-Ing. habil K Krekeler und Dr-Ing H Peukert, Aachen
Beitrag zur thermoelastischen Formbarkeit von Polyathylen
1956, 56 Seiten, 49 Abb, 9 Tabellen, DM 12,80

HEFT 328
Dr H Maeder, Belo Horizonte
Schweißen von Temperguß
1957, 92 Seiten, 59 Abb, 42 Tabellen, DM 25,50

HEFT 329
Dipl-Ing A Kruger, Karlsruhe, und Feuerwehr-Ing R Radusch, Dortmund
Wasserzerstaubung im Strahlrohr
1956, 86 Seiten, 21 Abb, 3 Tabellen, DM 18,65

HEFT 330
Dipl-Physiker E Pepping, Aachen
Die Durchflußzahl des Rechteckschlitzes in einer sehr großen Wand
1957, 54 Seiten, 21 Abb, DM 12,35

HEFT 331
Dipl-Ing G Bretschneider, Rutt
Die Messung der wiederkehrenden Spannung mit Hilfe des Netzmodelles
1957, 46 Seiten, 21 Abb, 2 Tab, DM 11,20

HEFT 332
Prof Dr-Ing R Jaeckel und Dr G Reich, Bonn
Messung von Dampfdrucken im Gebiet unter 10^{-2} Torr
1956, 42 Seiten, 16 Abb, 2 Tabellen, DM 10,40

HEFT 333
Prof Dipl-Ing W Sturtzel und Dr-Ing W Graff, Duisburg
I Der Flachwassereinfluß auf den Form- und Reibungswiderstand von Binnenschiffen
II Der Flachwassereinfluß auf die Nachstrom- und Sogverhaltnisse bei Binnenschiffen
1956, 44 Seiten, 14 Abb, DM 9,80

HEFT 334
Prof Dr W Weizel und Dr G Meister, Bonn
Spektralanalyse durch Messung des Interferenz-Kontrastes
1956, 42 Seiten, DM 9,30

HEFT 335
Prof Dr W Weizel und H Hornberg, Bonn
Untersuchungen der anodischen Teile einer Glimmentladung
1957, 62 Seiten, 14 Farbabb, 21 Abb, 1 Tab, DM 32,80

HEFT 336
Dr Tung-ping Yao, Aachen
Die Viskositat metallischer Schmelzen
1957, 64 Seiten, 28 Abb, 2 Tab, DM 14,40

HEFT 337
Dr R Hoeppener und Dr W Bierther, Bonn
Tektonik und Lagestatten im Rheinischen Schiefergebirge
1957, 66 Seiten, 14 Abb, DM 16,25

HEFT 338
Prof Dr-Ing W Wegener, Aachen, und Dipl-Ing J Schneider, M-Gladbach
Die Bedeutung der Knotenart fur die Herabminderung der Fadenbruche
1957, 40 Seiten, 6 Abb, DM 9,80

HEFT 339
Prof Dr-Ing W Wegener und Dipl-Ing W Zahn, Aachen
Vergleich des normalen mit verschiedenen abgekurzten Baumwollspinnverfahren in bezug auf Gleichmaßigkeit und Sortierungsstreuung der Garne
1956, 56 Seiten, 17 Abb, 17 Tabellen, DM 12,70

HEFT 340
Dipl-Ing W Robs und Dipl-Ing R Otto, Bielefeld
Das Naßspinnen von Bastfasergarnen mit Spinnbadzusatzen unter Ausnutzung einer zentralen Spinnwasserversorgungsanlage
1956, 56 Seiten, 2 Abb, 6 Tabellen, DM 11,60

HEFT 341
Prof Dr-Ing H Winterhager und Dipl-Ing L Werner, Aachen
Prazisions-Meßverfahren zur Bestimmung des elektrischen Leitvermogens geschmolzener Salze
1956, 44 Seiten, 19 Abb, 1 Tabelle, DM 10,60

HEFT 342
Prof Dr-Ing H Winterhager und Dipl-Ing W Barthel, Aachen
Die Gewinnung von Titanschlackenkonzentraten aus eisenreichen Ilemniten
1957, 60 Seiten, 30 Abb, 6 Tab, DM 13,30

HEFT 343
Prof Dr-Ing W Petersen, Aachen, und Dipl-Ing S Wawroschek, Aachen
Die zweckmaßigsten Gutebestimmungsverfahren und Brikettierungsbedingungen bei der Erzeugung von Braunkohlen-Eisenerz-Briketts
1956, 64 Seiten, 28 Abb, DM 13,95

HEFT 344
Prof Dr-Ing W Fucks, Aachen
Zur Deutung einfachster mathematischer Sprachcharakteristiken
1956, 38 Seiten, 12 Abb, DM 7,80

HEFT 345
Dipl-Ing G Cerbe und Dipl-Ing H Monstadt, Essen
Konvektive Trocknung mit gasbeheizter Luft und Trocknung durch Gasstrahler
1957, 46 Seiten, 16 Abb, DM 10,40

HEFT 346
Dipl-Ing O Arnold, Aachen
Erfahrungen mit Kernbohrungen zur Lagerstattenuntersuchung im Erzbergbau
1957, 36 Seiten, 2 Abb, 3 Falttaf 6 Tab, DM 8,80

HEFT 347
S Ruff, F Kipp, H Hansteen und G Muller, Bonn
Untersuchungen zur Frage der Gehorschadigungen des fliegenden Personals der Propellerflugzeuge
1957, 50 Seiten, 27 Abb, 3 Tab, DM 11,10

HEFT 348
Prof Dr-Ing E Piwowarsky und Dr-Ing E G Nickel, Aachen
Metallurgie eines hochwertigen Gußeisens mit kompakter bis kugelformiger Graphitausbildung
1957, 54 Seiten, 27 Abb, 5 Tab, DM 13,30

HEFT 349
Dr-Ing W A Fischer, Dr-Ing H Treppschuh und Dr-Ing K H Kothemann, Dusseldorf
Tiegel aus Schmelzmagnesia fur Vakuuminduktionsofen
1957, 34 Seiten, 14 Abb, DM 8,40

HEFT 350
Prof Dr-Ing habil K Krekeler und Dr-Ing H Peukert, Aachen
Das Spannungsverhalten der Kunststoffe bei der Verarbeitung
1958, 32 Seiten, 12 Abb, DM 20,—

HEFT 351
Prof Dr-Ing H Opitz, Dipl-Ing H Axer und Dipl-Ing H Rhode, Aachen
Zerspanbarkeit hochwarmfester und nichtrostender Stähle Teil I
1957, 96 Seiten, 73 Abb, 2 Tab, DM 21,80

HEFT 352
Dipl-Ing H Fauser, Aachen
Fahrdynamik und Batterie-Arbeitsverbrauch von Akkumulatorenlokomotiven im Untertagebetrieb
1957, 152 Seiten, 78 Abb, DM 36,10

HEFT 353
Forschungsinstitut fur Rationalisierung, Aachen
Schlagwortregister zur Rationalisierung
1957, 376 Seiten, DM 56,—

HEFT 354
Dipl-Ing D Wagener, Aachen
Auswirkungen neuer Gaserzeugungs-Verfahren unter Berucksichtigung der Auswirkung auf den Kokereibetrieb
in Vorbereitung

HEFT 355
Prof Dr-Ing habil K Krekeler, Dr-Ing H Peukert und Dipl-Ing A Kleine-Albers, Aachen
Heißgas-Schweißungen von Weich-Polyvinylchlorid mit Zusatzwerkstoff
1957, 44 Seiten, 19 Abb, DM 11,—

HEFT 356
Dipl-Phys G Gurke, Aachen
Aufbau einer Meßanlage fur Untersuchungen elektrischer Gasentladung im Bereiche großer p d-Werte
1956, 38 Seiten, 13 Abb, DM 8,65

HEFT 357
Prof Dr-Ing W Fucks, Aachen
Mathematische Analyse der Formalstruktur von Musik
1958, 54 Seiten, 29 Abb, 16 Tabellen, DM 13,60

HEFT 358
Prof Dr rer nat W Weltzien, Dipl-Chem P Ringel und Text-Ing H Kirchhoff, Krefeld
Die Waschechtheit von Farbungen Vergleichende Untersuchungen auf dem Gebiete der Echtheitsprufung
1958, 62 Seiten, 12 farb Abb, DM 58,—

HEFT 359
Dr-Ing F J Meister, Dusseldorf
Veranderung der Horscharfe, Lautheitsempfindung und Sprachaufnahme während des Arbeitsprozesses bei Larmarbeitern
1957, 84 Seiten, 11 Abb, 40 Audiogramme, 41 Tab, DM 19,90

HEFT 360
Dr-Ing E Barz, Remscheid
Fertigungsverfahren und Spannungsverlauf bei Kreissageblattern fur Holz
1957, 72 Seiten, 40 Abb, DM 17,—

HEFT 361
Dipl-Ing H F Klein, Aachen
Die nichtstationaren Stromungsvorgange und der Warmeubergang in einem Schwingfeuergerät
1957, 84 Seiten, 34 Abb, 4 Falttafeln, DM 25,90

HEFT 362
Prof Dr med G Lehmann und Dipl-Phys D Dieckmann, Dortmund
Die Wirkung mechanischer Schwingungen (0,5 bis 100 Hertz) auf den Menschen
1957, 100 Seiten, 53 Abb, 6 Tab., DM 22,50

WESTDEUTSCHER VERLAG · KÖLN UND OPLADEN

HEFT 363
Dr.-Ing. U. Domm, Frankenthal (Pfalz)
Über eine Hypothese, die den Mechanismus der Turbulenz-Entstehung betrifft
1956, 28 Seiten, 4 Abb., DM 6,45

HEFT 364
Prof. Dr. Th. Beste, Köln
Die Mehrkosten bei der Herstellung ungängiger Erzeugnisse im Vergleich zur Herstellung vereinheitlichter Erzeugnisse
1957, 352 Seiten, DM 50,—

HEFT 365
Sozialforschungsstelle an der Universität Münster, Dortmund
Standort und Wohnort
1957, Textband: 350 Seiten, 28 Karten, 73 Tab.
Anlageband: 15 Karten, 21 Tab., DM 99,—

HEFT 366
Versuchsanstalt für Binnenschiffbau e. V., Duisburg
Bei Flachwasserfahrten durch die Strömungsverteilung am Boden und an den Seiten stattfindende Beeinflussung des Reibungswiderstandes von Schiffen
1957, 96 Seiten, 39 Abb., 28 Tab., DM 20,40

HEFT 367
Dr. rer. nat. D. Horstmann, Düsseldorf
Der Angriff eisengesättigter Zinkschmelzen auf kohlenstoff-, schwefel- und phosphorhaltiges Eisen
1957, 52 Seiten, 22 Abb., 6 Tab., DM 12,85

HEFT 368
Prof. Dr. phil. H. Kaiser, Dortmund
Entwicklung betriebsmäßiger spektrochemischer Analysenverfahren für technische Gläser
1957, 40 Seiten, 11 Abb., DM 9,10

HEFT 369
Prof. Dr.-Ing. R. Jaeckel und Dipl.-Phys. F. J. Schittko, Bonn
Gasabgabe von Werkstoffen ins Vakuum
1957, 48 Seiten, 20 Abb., 6 Tab., DM 13,30

HEFT 370
Dr. phil. habil. F. Schwarz, Köln
Physikochemische Grundlagen der Bildsamkeit von Kalken unter Einbeziehung des Begriffes der aktiven Oberfläche
in Vorbereitung

HEFT 371
Dr. phil. W. Lejeune, Köln
Beitrag zur statistischen Verifikation der Minderheiten-Theorie
1958, 80 Seiten, 14 Abb., DM 17,90

HEFT 372
Prof. Dr. phil. M. von Stackelberg, Bonn
Untersuchungen zur Ausarbeitung und Verbesserung von polarographischen Analysenmethoden. 2. Bericht
1957, 44 Seiten, 9 Abb., 7 Tab., DM 10,10

HEFT 373
Dipl.-Ing. H. J. Koch, Essen
Druckgasfeuerung — ein Verfahren zum Betrieb von Gasfeuerstätten
1957, 38 Seiten, 8 Abb., 10 Tab., DM 8,50

HEFT 374
Dr. E. Paproth, Krefeld
Paläontologische Bearbeitung der in den devonischen Schichten des Siegerlandes enthaltenen Faunen
1957, 38 Seiten, 3 Tab., DM 8,30

HEFT 375
Technischer Überwachungsverein e. V., Essen
Wanddickenmessungen mittels radioaktiver Strahlen und Zählrohrgerät
1958, 38 Seiten, 15 Abb., DM 9,55

HEFT 376
Technischer Überwachungsverein e. V., Essen
Wasserumlaufprobleme an Hochdruckkesseln
1958, 140 Seiten, 56 Abb., 8 Tabellen, DM 32,60

HEFT 377
Technischer Überwachungsverein e. V., Essen
Versuche an Wanderrostkesseln mit befeuchteter Verbrennungsluft
1958, 50 Seiten, 19 Abb., 3 Tabellen, DM 12,20

HEFT 378
Oberingenieur H. Stein, M.-Gladbach
Beobachtung und maßtechnische Erfassung der Vorgänge im Spinn- und Aufwindefeld von Ringspinn- und Ringzwirnmaschinen
1957, 104 Seiten, 88 Abb., 3 Tabellen, DM 26,90

HEFT 379
Laboratorium für textile Meßtechnik, M.-Gladbach
Schußfadenspannung beim Weben
1957, 76 Seiten, 17 Abb., 3 Tabellen, DM 18,60

HEFT 380
Dipl.-Phys. R. Trappenberg, Karlsruhe
Theoretische und experimentelle Untersuchungen zur Staubverteilung einer Rauchfahne
1957, 64 Seiten, 7 Abb., 18 Tabellen, DM 14,90

HEFT 381
Dr. J. Juilfs, Krefeld
Zur Dichtebestimmung von Fasern. Methoden und Beispiele der praktischen Anwendung
1957, 76 Seiten, 34 Abb., 18 Tabellen, DM 17,—

HEFT 382
Dr. phil. habil. P. Hölemann, Ing. R. Hasselmann und Ing. G. Dix, Dortmund
Die Messung von Flammen und Detonationsgeschwindigkeiten bei der explosiven Zersetzung von Acetylen in Rohren
1957, 36 Seiten, 7 Abb., 4 Tab., DM 8,10

HEFT 383
Dr. phil. habil. P. Hölemann und Ing. R. Hasselmann, Dortmund
Verlauf von Azetylenexplosionen in Rohren bei Gegenwart von porösen Massen
1957, 68 Seiten, 10 Abb., 15 Tabellen, DM 16,60

HEFT 384
Prof. Dr.-Ing. H. Opitz, Aachen
Schwingungsuntersuchungen an Werkzeugmaschinen
in Vorbereitung

HEFT 385
Prof. Dr.-Ing. H. Opitz, Aachen
Zerspanbarkeit hochwarmfester und nichtrostender Stähle. Teil II
1957, 86 Seiten, 54 Abb., 5 Tabellen, DM 19,30

HEFT 386
Prof. Dr.-Ing. H. Opitz, Aachen
Standzeituntersuchungen und Verschleißmessungen mit radioaktiven Isotopen
1958, 50 Seiten, 33 Abb., 3 Tabellen, DM 12,75

HEFT 387
Prof. Dr. med. W. Kikuth und Dozent Dr. med. L. Grün, Düsseldorf
Die Verhütung von Infektion durch Desinfektion des Raumes und der Raumluft
1957, 96 Seiten, 14 Abb., 20 Tab., DM 22,50

HEFT 388
Prof. Dr. rer. nat. habil. W. Baumeister und Dr. rer. nat. H. Burghardt, Münster
Die Bedeutung der Elemente Zink und Fluor für das Pflanzenwachstum
1957, 48 Seiten, 17 Tab. DM 10,20

HEFT 389
Prof. Dr.-Ing. habil. H. Fink und K. W. Hoppenhaus, Köln
Die biologische Eiweiß-Synthese von höheren und niederen Pilzen und die alimentäre Lebernekrose der Ratte
1957, 76 Seiten, 2 Abb., 24 Tab., DM 15,60

HEFT 390
Dr.-Ing. J. Endres und Dr.-Ing. G. Hiebel, München
Berechnung der optimalen Leistungen, Kraftstoffverbräuche und Wirkungsgrade von Luftfahrt-Gasturbinen-Triebwerken am Boden und in der Höhe bei Fluggeschwindigkeiten von 0—2000 km/h und bei vorgegebenen Düsenausstromgeschwindigkeiten
1958, 130 Seiten, 16 Abb., DM 24,90

HEFT 391
Prof. Dr. phil. F. Wever, Dr. phil. W. Koch und Dipl.-Chem. F. Stricker, Düsseldorf
Die quantitative spektrographische Analyse von Gasgemischen aus Kohlenmonoxyd, Wasserstoff und Stickstoff
1957, 48 Seiten, 21 Abb., 3 Tab., DM 11,30

HEFT 392
Prof. Dr. phil. F. Wever u. a., Düsseldorf
Untersuchungen über den Konverterrauch im Hinblick auf die spektrale Überwachung des Thomasprozesses
1957, 48 Seiten, 14 Abb., 4 Tab., DM 12,10

HEFT 393
Dr.-Ing. O. Viertel und S. Bruckner-Lucas, Krefeld
Arbeitszeitstudien an Haushaltwaschmaschinen
1957, 74 Seiten, 8 Abb., 13 Tab., DM 17,30

HEFT 394
Privatdozent Dr. med. W. Koch, Münster
Die Ablagerung radioaktiver Substanzen im Knochen
1958, 264 Seiten, 147 Abb., DM 51,00

HEFT 395
Dipl.-Ing. L. Hahn, Clausthal-Zellerfeld
Untersuchungen zur Frage des optimalen Bohrloch- und Patronendurchmessers
1957, 132 Seiten, 49 Abb., 19 Tab., DM 31,25

HEFT 396
Prof. Dr.-Ing. F. Schultz-Grunow, Dr.-Ing. A. Jogerich, Essen, Dipl.-Ing. H. Meyer, cand. ing. P. Sand, Aachen
Untersuchungen des Luftwiderstandes von Güterwagen
1957, 42 Seiten, 18 Abb., 5 Tab., DM 10,90

HEFT 397
Techn.-Wissenschaftliches Büro für die Bastfaserindustrie, Bielefeld
Ungleichmäßigkeiten in Bändern von Bastfaserkarden, ihre Ursachen und Auswirkungen
1957, 60 Seiten, 18 Abb., 1 Tab., DM 14,80

HEFT 398
Prof. Dr. habil. H. E. Schwiete, Aachen, u. a.
Einlagerungsversuche an synthetischem Mullit I — Die Zusammensetzung der Schmelzphase in Schamottesteinen I
1957, 58 Seiten, 6 Abb., 9 Tab., DM 14,40

HEFT 399
Prof. Dr. habil. H. E. Schwiete und Dr.-Ing. R. Vinkeloe, Aachen
Möglichkeiten der quantitativen Mineralanalyse mit dem Zählrohrgerät unter besonderer Berücksichtigung der Mineralgehaltsbestimmung von Tonen
1958, 102 Seiten, 34 Abb., 1 Tabelle, DM 26,70

HEFT 400
Prof. Dr. phil. W. Fuchs und Dipl.-Chem. H. Weyerstrass, Aachen
Entwicklung eines Heißfilters zur Reinigung von Gichtgas eines mit Kohle betriebenen Niederschachtofens
1958, 88 Seiten, 30 Abb., DM 20,20

HEFT 401
Prof. Dr.-Ing. M. Lipp und Dipl.-Chem. G. Frielingsdorf, Aachen
Darstellung reaktionsfähiger Verbindungen des Camphansystems und Versuche zu deren Fluorierung
1957, 84 Seiten, DM 17,—

HEFT 402
Prof. Dr. W. Linke, Aachen
Die Wärmeübertragung durch Thermopane-Fenster
1958, 44 Seiten, 17 Abb., 2 Tabellen, DM 10,80

HEFT 403
Prof. Dr.-Ing. P. Denzel und Dipl.-Ing. W. Cremer, Aachen
Verbesserung der Benutzungsdauer der Höchstlast in ländlichen Netzen durch Anwendung elektrischer Geräte in der Landwirtschaft
1957, 46 Seiten, 23 Abb., DM 12,10

HEFT 404
Prof. Dr. R. Jaeckel und Dipl.-Phys. F. Gross, Bonn
Die Löslichkeit von Gasen in schwerflüchtigen organischen Flüssigkeiten
1957, 46 Seiten, 17 Abb., 1 Tab., DM 11.50

HEFT 405
Prof. Dr.-Ing. H. Opitz und Dipl.-Ing. H. Schuler, Aachen
Untersuchungen für einen Wirtschaftlichkeitsvergleich der Feinbearbeitungsverfahren
1958, 72 Seiten, 43 Abb., DM 17,90

HEFT 406
W. Kirsch, Remscheid
Entwicklungsarbeiten auf dem Gebiete des Korrosionsschutzes
1957, 86 Seiten, 28 Abb., 11 Tabellen, DM 19,—

HEFT 407
Prof. Dr.-Ing. H. Schenk, Aachen, und Dr.-Ing. W. Wenzel, Bad Godesberg
Entwicklungsarbeiten auf dem Gebiete der Verhüttung von Erzstaub in Schmelzkammern
1957, 82 Seiten, 9 Abb., 18 Tabellen, DM 17,10

HEFT 408
Prof. Dr. phil. F. Wever, Dr.-Ing. W. Lueg und Dr.-Ing. H. G. Müller, Düsseldorf
Kraft- und Arbeitsbedarf beim Warmscheren von Stahl in Abhängigkeit von Temperatur und Schnittgeschwindigkeit
1957, 46 Seiten, 15 Abb., 3 Tab., DM 11,35

WESTDEUTSCHER VERLAG · KÖLN UND OPLADEN

HEFT 409

Prof. Dr. phil. F. Wever, Dr. phil. W. Koch, Dr. rer. nat. Ch. Ilschner-Gensch und Dipl.-Phys. H. Rohde, Düsseldorf
Das Auftreten eines kubischen Nitrids in aluminiumlegierten Stählen
1957, 38 Seiten, 12 Abb., 3 Tabellen, DM 10,10

HEFT 410

Prof. Dr. phil. F. Wever, Prof. Dr. rer. techn. A. Kochendörfer, Dr. phil. nat. M. Hempel, Düsseldorf und Dipl.-Phys. E. Hillenhagen, Köln
Biegewechselversuche mit Flachproben aus Alpha-Eisen-Einkristallen zur Bestimmung der Wechselfestigkeit und der Gleitspuren
1957, 112 Seiten, 58 Abb., 3 Tabellen, DM 30,—

HEFT 411

Prof. Dr. W. Halbsguth und Dr. L. Sommer, Frankfurt/M.
Grundlegende Versuche zur Keimungsphysiologie von Pilzsporen
1957, 100 Seiten, 13 Abb., 32 Tabellen, DM 22,70

HEFT 412

Prof. Dr.-Ing. H. Opitz, Aachen
Kennwerte und Leistungsbedarf für Werkzeugmaschinengetriebe
1958, 72 Seiten, 35 Abb., DM 17,20

HEFT 413

Prof. Dr.-Ing. H. Opitz, Aachen
Richtwerte für das Fräsen von unlegierten und legierten Baustählen mit Hartmetall, Teil II
1957, 56 Seiten, 35 Abb., 4 Tabellen, DM 14,40

HEFT 414

Dr. med. H.-K. Parchwitz und Dr. med. C. Winkler, Bonn
Speicherung organischer Farbstoffe und künstlich radioaktiver Substanzen in Geschwülsten
1958, 46 Seiten, 14 Abb., DM 13,35

HEFT 415

Prof. Dr.-Ing. W. Paul, Dr. rer. nat. O. Osberghaus und Dipl.-Phys. E. Fischer, Bonn
Ein Ionenkäfig
1958, 56 Seiten, 18 Abb., DM 13,65

HEFT 416

Oberreg.-Gewerberat Dipl.-Ing. G. Steinicke, Hamburg
Die Wirkung von Lärm auf den Schlaf des Menschen
1957, 46 Seiten, 14 Abb., 8 Tab., DM 11,60

HEFT 417

Prof. Dr.-Ing. habil. E. Roßger, Berlin
I. Teil: Die Entwicklung des Weltluftverkehrs, Ergänzungsbericht 1954
II. Teil: Die zivile Luftfahrtpolitik der USA
1957, 230 Seiten, 6 Abb., 83 Tab., DM 48,—

HEFT 418

O. Gdaniec, Mülheim/Ruhr
Über die Randlochkarte als Hilfsmittel in der Dokumentation
1957, 44 Seiten, 15 Abb., 8 Tab., DM 10,10

HEFT 419

Dipl.-Ing. K. Brooks
Die Messungen der Reflexionseigenschaften künstlicher und natürlicher Materialien mit quasi-optischen Methoden bei Mikrowellen
1957, 78 Seiten, 52 Abb., DM 20,35

HEFT 420

Dipl.-Ing. M. Vogel, Oberpfaffenhofen
Das Spektralgebiet zwischen dem langwelligen Ultrarot und Mikrowellen
1957, 66 Seiten, 2 Abb., DM 13,50

HEFT 421

ORR Dipl.-Volkswirt Dr. H. Rogmann, Düsseldorf
Die Erforschung der Verkehrskonjunktur und der langzeitigen Dynamik in der Verkehrswirtschaft (Zusammenfassung der eingegangenen Stellungnahmen und Vorschläge)
1957, 168 Seiten, 3 Falttafeln, DM 26,60

HEFT 422

Prof. Dr.-Ing. K. Leist und Dipl.-Ing. W. Dettmering, Aachen
Prüfstände zur Messung der Druckverteilung an rotierenden Schaufeln
in Vorbereitung

HEFT 423

Prof. Dr.-Ing. K. Leist und Dr.-Ing. O. Thun, Aachen
Strömungsmessungen über Brennkammer-Wirkungsgrade
in Vorbereitung

HEFT 424

Prof. Dr.-Ing. K. Leist und Dipl.-Ing. I. Weber, Aachen
Spannungsoptische Untersuchungen von rotierenden Scheiben mit exzentrischen Bohrungen
1958, 74 Seiten, 80 Abb., 7 Tab., DM 22,65

HEFT 425

Dipl.-Ing. H. Lübke, Hamburg
Gasturbinen und Strahlantriebe für Hubschrauber
1958, 120 Seiten, 70 Abb., 9 Falttafeln, 1 Tab., DM 30,40

HEFT 426

Prof. Dr.-Ing. H. Opitz und Dipl.-Ing. W. Scholz, Aachen
Untersuchungen über den Raumvorgang
1957, 74 Seiten, 36 Abb., 7 Tab., DM 16,55

HEFT 427

Dr.-Ing. J. Endres, München
Kinematische Untersuchung eines Zweitakt-Hochleistungs-Dieseltriebwerks mit achsparallelen Zylindern und gegenläufigen Kolben
1958, 46 Seiten, 15 Abb., DM 11,55

HEFT 428

Dr.-Ing. J. Endres, München
Untersuchungen der Beschleunigungsverhältnisse eines Zweitakt-Hochleistungs-Dieseltriebwerks mit achsparallelen Zylindern und gegenläufigen Kolben
in Vorbereitung

HEFT 429

Prof. Dr. O. Kuhn, Köln
Selektive Wirkung verschiedener Stoffgruppen auf tierische Gewebe
1957, 54 Seiten, 32 Abb., DM 13,15

HEFT 430

Prof. Dr. G. Garbotz, Aachen und Dr.-Ing. G. Dress, Cadiz
Untersuchungen über das Kräftespiel an Flachbagger-Schneidwerkzeugen in Mittelsand und schwach bindigem, sandigem Schluff unter besonderer Berücksichtigung der Planierschilde und ebenen Schürfkübelschneiden
1958, 156 Seiten, 81 Abb., DM 37,50

HEFT 431

Prof. Dr.-Ing. H. Winterhager, Dr.-Ing. R. Kammel und Dipl.-Ing. W. Barthel, Aachen
Fortschritte auf dem Gebiet der Titanmetallurgie 1950—1955
1957, 160 Seiten, DM 34,50

HEFT 432

Dipl.-Phys. R. Werz, Bonn
Die Entwicklung einer Synchrozyklotron-Ionenquelle
1958, 122 Seiten, 90 Abb., 1 Tabelle, DM 30,30

HEFT 433

Dr.-Ing. G. Satlow, Aachen
Über einige physikalische und chemische Eigenschaften der Wolle von der gewaschenen Wolle bis zum Kammzug
1957, 72 Seiten, 15 Abb., 19 Tab., DM 15,25

HEFT 434

Dipl.-Ing. W. Rohs und Dr. J. Geurten, Bielefeld
Schlichten für Baumwollgarne
1957, 108 Seiten, 3 Abb., zahlreiche Tab., DM 23,70

HEFT 435

Dipl.-Ing. W. Rohs und Dipl.-Ing. L. Steinmetz, Bielefeld
Die Masseungleichmäßigkeit von Flachstreckenbändern in Abhängigkeit von Verzug und Dopplung
1957, 42 Seiten, 4 Abb., 2 Tabellen, DM 9,90

HEFT 436

Priv.-Doz. Dr. habil. J. Juilfs, Krefeld
Zur Bestimmung der Reißlast (Zugfestigkeit) von Fasern, Fäden und Garnen
in Vorbereitung

HEFT 437

Prof. Dr. G. Schmölders und Dr. I. Meyer, Köln
Geldwertbewußtsein und Münzpolitik — Das sogenannte Gresham'sche Gesetz im Lichte der ökonomischen Verhaltensforschung
1957, 92 Seiten, DM 20,30

HEFT 438

Prof. Dr.-Ing. H. Winterhager und Dr.-Ing. L. Werner, Aachen
Bestimmung des elektrischen Leitvermögens geschmolzener Fluoride
1957, 52 Seiten, 18 Abb., 10 Tab., DM 11,90

HEFT 439

Prof. Dr. phil. H. Lange, Köln und Dr. rer. nat. R. Kohlhaas, Neuß/Rh.
Anwendung der thermomagnetischen Analyse zum Studium des Umwandlungsverhaltens von Eisenwerkstoffen im Temperaturbereich von —150°C bis +1500°C
1958, 108 Seiten, 72 Abb., 2 Tabellen, DM 27,10

HEFT 440

Dr.-Ing. H. Wolf, Aachen
Gekoppelte Hochfrequenzleitungen als Richtkoppler
1958, 122 Seiten, 44 Abb., DM 31,60

HEFT 441

Dr. phil. habil. P. Holemann und Ing. R. Hasselmann, Düsseldorf
Messung des Temperatur- und Druckverlaufes beim Füllen und Entspannen von Dissousgas
1957, 52 Seiten, 6 Abb., 7 Tab., DM 11,25

HEFT 442

Dipl.-Ing. W. Rohs, Text.-Ing. Griese und Text.-Ing. W. Lauer, Bielefeld
Die Auswirkungen der Trocknungsart naßgesponnener Leinengarne auf deren Verarbeitungswirkungsgrad sowie auf die Festigkeits- und Dehnungseigenschaften der Garne und Gewebe
1957, 28 Seiten, 2 Abb., 3 Tab., DM 6,50

HEFT 443

Prof. Dr. phil. W. Weizel und K. Kluth, Bonn
Über die Struktur der positiven Gleitentladungen
1957, 44 Seiten, 30 Abb., DM 12,20

HEFT 444

Dr.-Ing. W. Wilhelm, Aachen
Einfluß der Saugrohrabmessung, der Einlaßsteuerlage und der Größe des Kurbelkastenvolumens auf den Ladungswechsel eines Einzylinder-Zweitakt-Dieselmotors
1958, 104 Seiten, 22 Abb., DM 22,40

HEFT 445

Dr.-Ing. E. Barz, Remscheid
Fertigungs- und Prüfverfahren für Feilen
vergriffen

HEFT 446

Dr. med. G. Schäfer
Glutationsstoffwechsel und Sauerstoffmangel
1957, 28 Seiten, 5 Tab., DM 6,40

HEFT 447

Prof. Dr.-Ing. F. Bollenrath, Aachen, Dr.-Ing. H. Fullenbach, Seesen/Harz und Dipl.-Ing. J. Schumacher, Neubeckum/Westf.
Entwicklung rationell arbeitender Spritzkabinen
1958, 56 Seiten, 26 Abb., DM 13,55

HEFT 448

Dr. med. C. Winkler, Bonn
Ein Koinzidenz-Szintillometer zum Zwecke der Schilddrüsenfunktionsdiagnostik und der Tumordiagnostik
1957, 32 Seiten, 12 Abb., DM 8,35

HEFT 449

Priv.-Doz. Oberbaurat Dr.-Ing. W. Meyer zur Capellen und Mitarbeiter, Aachen
Bewegungsverhältnisse an der geschränkten Schubkurbel
in Vorbereitung

HEFT 450

Prof. Dr.-Ing. W. Paul, Bonn, und Dipl.-Phys. H. P. Reinhard, M.-Gladbach
Das elektrische Massenfilter als Isotopentrenner
1958, 56 Seiten, 20 Abb., DM 13,50

HEFT 451

Prof. Dr. G. Schmölders, Köln
Rationalisierung und Steuersystem
1957, 78 Seiten, DM 17,15

HEFT 452

Prof. Dr. rer. nat. W. Weltzien und Dr. phil. K. Windeck, Krefeld
Veränderungen an Fasern bei der Bleiche mit Natriumchlorid und über einige Vergilbungserscheinungen
1957, 64 Seiten, 3 Abb., 13 Tabellen, DM 14,85

HEFT 453

Forschungsinstitut der Feuerfest-Industrie, Bonn
Die Arbeiten der technisch-wissenschaftlichen Kommission der PRE (Vereinigung der europäischen Feuerfest-Industrie)
1957, 62 Seiten, 9 Abb., 18 Tabellen, DM 14,75

HEFT 454

Dr.-Ing. W. Piepenburg, Dipl.-Ing. B. Buhling und Baumg. J. Behnke, Köln
Haftfestigkeit der Putzmörtel
1958, 128 Seiten, 6 Abb., 63 Tabellen, DM 28,30

WESTDEUTSCHER VERLAG · KÖLN UND OPLADEN

HEFT 455
Dr.-Ing. W. A. Fischer, Dr.-Ing. H. Treppschuh und Dipl.-Phys. K. H. Köthemann, Düsseldorf
Erschmelzung von Reinsteisen nach dem Kohlenstoffproduktionsverfahren und Kerbschlagzähigkeit-Temperatur-Kurven dieses Eisens
1957, 38 Seiten, 7 Abb., 6 Tabellen, DM 9,35

HEFT 456
Priv.-Doz. Dir. Dr.-Ing. K. Bungardt, Essen
Zeitstandversuche an austenitischen Stählen und Legierungen
in Vorbereitung

HEFT 457
Prof. Dr. phil. F. Wever, Düsseldorf und Dr. phil. W. Wepner, Köln
Dämpfungsmessungen an schwach gereckten Eisen-Kohlenstoff-Legierungen
1957, 34 Seiten, 7 Abb., 3 Tab., DM 8,40

HEFT 458
Prof. Dr.-Ing. H. Schenck und Dr.-Ing. E. Schmidtmann, Aachen
Das Frischen von Thomas-Roheisen mit Sauerstoff-Wasserdampf-Gemischen und die Eigenschaften der damit erblasenen Stähle
1957, 62 Seiten, 56 Abb., DM 16,35

HEFT 459
Prof. Dr. phil. F. Wever, Dr. phil. O. Krisement und Hanna Schadler, Düsseldorf
Ein isothermes Mikrokalorimeter zur kinetischen Messung von Umwandlungs- und Ausscheidungsvorgängen in Legierungen
1957, 44 Seiten, 14 Abb., DM 10,75

HEFT 460
Prof. Dr. phil. F. Wever und Dr. rer. nat. B. Ilschner, Düsseldorf
Ein isothermes Lösungskalorimeter zur Bestimmung thermo-dynamischer Zustandsgrößen von Legierungen
1957, 44 Seiten, 7 Abb., 4 Tabellen, DM 10,40

HEFT 461
Prof. Dr.-Ing. habil. E. Piwowarski †, Prof. Dr.-Ing. W. Patterson und Dipl.-Ing. F. W. Iske, Aachen
Verbesserung der Zähigkeitseigenschaften von Bessemer-Stahlguß
1958, 54 Seiten, 15 Abb., 16 Tabellen, DM 12,75

HEFT 462
Prof. Dr. rer. nat. J. Weissinger
Zur Aerodynamik des Ringflügels — II Die Ruderwirkung
Zur Aerodynamik des Ringflügels — III Der Einfluß der Profildicken
1957, 82 Seiten, 7 Abb., 6 Tabellen, DM 18,20

HEFT 463
Dipl.-Ing. G. Pluss, Essen-Steele
Die Aufteilung der verbrennlichen Bestandteile in Verbrennungsgasen auf CO und H_2 bei Verbrennung mit Luftunterschuß und bei Luftüberschuß und künstlicher Flammenkühlung
1957, 34 Seiten, 7 Abb., 2 Tabellen, DM 8,40

HEFT 464
Dr. phil. habil. P. Holemann und Ing. R. Hasselmann, Dortmund
Die Möglichkeit der Zündung von Acetylen in Rohrleitungen beim Ausblasen mit Stickstoff
1957, 38 Seiten, 6 Abb., 6 Tabellen, DM 9,20

HEFT 465
Dr.-Ing. R. Koch, Köln
Amerikanische Fertigungsunterlagen und ihre Werkstattreifmachung für deutsche Betriebe
in Vorbereitung

HEFT 466
Prof. Dr.-Ing. J. Mathieu, Aachen
Überbetrieblicher Verfahrensvergleich
1958, 68 Seiten, 16 Abb., DM 16,65

HEFT 467
Prof. Dr. Dr. h. c. E. Klenk und Dr. phil. H. Faillard, Köln
Neue Erkenntnisse über den Mechanismus der Zellinfektion durch Influenzavirus
Die Bedeutung der Neuraminsäure als Zellreceptor für das Influenzavirus
1957, 52 Seiten, 5 Abb., DM 14,40

HEFT 468
Prof. Dr. med. Dr. med. dent. G. Korkhaus und Dr. med. R. Alfter, Bonn
Die Vakuumwurzelbehandlung
1958, 52 Seiten, 51 Abb., DM 16,55

HEFT 469
Dr. sc. agr. F. Riemann und Dipl.-Volksw. R. Hengstenberg, Göttingen
Zur Industrialisierung kleinbäuerlicher Räume
1957, 138 Seiten, 4 Karten, 23 Tab., DM 27,—

HEFT 470
O. Wehrmann
Hitzdrahtmessungen in einer aufgespaltenen Kármánschen Wirbelstraße
1957, 42 Seiten, 14 Abb., 4 Tabellen, DM 10,90

HEFT 471
Prof. Dr. phil. habil. A. Naumann, Dr.-Ing. A. Heyser und Dr. phil. Dipl.-Ing. W. Trommsdorf, Aachen
Der Überdruck-Windkanal in Aachen
1957, 44 Seiten, 20 Abb., DM 11,—

HEFT 472
Dipl.-Ing. A. Freitag, Essen-Steele
Verhalten von Katalytstrahlern bei Betrieb mit Luftvormischung zum Gas und der Verbrennung von Luft gegen eine Gasatmosphäre
1958, 44 Seiten, 18 Abb., 1 Tabelle, DM 11,10

HEFT 473
Prof. Dr. phil. F. Wever, Dr.-Ing. W. Lueg und Dipl.-Ing. P. Funke jr., Düsseldorf
Versuche an einer hydraulischen 25 t-Stangenziehbank
1957, 34 Seiten, 11 Abb., DM 8,95

HEFT 474
Dr.-Ing. R. Ibing und Dipl.-Ing. G. Meier, Hannover
Eichung und Entwicklung von Staubentnahmesonden
1958, 32 Seiten, 9 Abb., 2 Tabellen, DM 8,65

HEFT 475
Prof. Dipl.-Ing. W. Sturtzel, Obering. Helm und Dipl.-Ing. Heuser, Duisburg
Systematische Ruderversuche mit einem Schleppkahn und einem Binnenselbstfahrer vom Typ „Gustav Koenigs"
1958, 84 Seiten, 38 Abb., 4 Tabellen, DM 20,10

HEFT 476
Prof. Dipl.-Ing. W. Sturtzel und Dipl.-Ing. Schmidt-Stiebitz, Duisburg
Einfluß der Hinterschiffsform auf das Manövrieren von Schiffen auf flachem Wasser
in Vorbereitung

HEFT 477
Dr. K. Utermann, Dortmund
Freizeitprobleme bei der männlichen Jugend einer Zechengemeinde
1957, 56 Seiten, DM 12,75

HEFT 478
Prof. Dr.-Ing. habil. W. Petersen und Dr.-Ing. S. Wawroschek, Aachen
Brikettierungsversuche zur Erzeugung von Möllerbriketts unter Verwendung von Braunkohle
1957, 102 Seiten, 42 Abb., 6 Tabellen, DM 24,25

HEFT 479
Prof. Dr.-Ing. W. Wegener, Aachen, und Dipl.-Ing. H. Fourné, Bochum
Ursachen des Überschreitens der Toleranzgrenze nach oben oder unten (Meter pro Gramm) an der Strecke
1958, 60 Seiten, 17 Abb., 3 Tabellen, DM 14,60

HEFT 480
Dr. phil. K. Brücker-Steinkuhl, Düsseldorf
Anwendung mathematisch-statistischer Verfahren bei der Fabrikationsüberwachung
in Vorbereitung

HEFT 481
Oberbaurat Dr.-Ing. W. Meyer zur Capellen, Aachen
Fünf- und sechspunktige Geradführung in Sonderlagen des ebenen Gelenkvierecks
in Vorbereitung

HEFT 482
Dipl.-Ing. R. Pels-Leusden und Dr. K. Bergmann, Essen
Die Frostbeständigkeit von Ziegeln, Einflüsse der Materialzusammensetzung und des Brandes
1958, 84 Seiten, 31 Abb., 4 Tab., DM 20,45

HEFT 483
Prof. Dr.-Ing. habil. F. A. F. Schmidt, Aachen
Gemischbildungs-, Selbstzündungs- und Verbrennungsvorgänge als Grundlage für Entwicklungsarbeiten an Gasturbinenbrennkammern
in Vorbereitung

HEFT 484
Prof. Dr. habil. H. E. Schwiete und Dr. G. Schwiete, Aachen
Beitrag zur Struktur des Montmorillonit
in Vorbereitung

HEFT 485
Prof. Dr. phil. E. Jenckel, Aachen, Dr. H. Wilsing, Dormagen, Dr. H. Dorffurt, Wesseling/Bez. Köln und Dipl.-Phys. H. Rinkens, Eschweiler
Kristallisation der Hochpolymeren
in Vorbereitung

HEFT 486
Doz. Dr. med. E. Lerche und Dr. med. J. Schulze, Aachen
Hörermüdung und Adaptation im Tierexperiment
1958, 44 Seiten, 12 Abb., DM 10,55

HEFT 487
Prof. Dipl.-Ing. W. Blume, Duisburg
Festigkeitseigenschaften kombinierter Leichtbaustoffe im Hinblick auf die Verkehrstechnik, insbesondere des Flugzeugbaus
1958, 102 Seiten, 31 Abb., 2 Tabellen, DM 25,50

HEFT 488
Prof. Dr. habil. H. E. Schwiete und Dipl.-Chem. H. Westmark
Beitrag zur Kennzeichnung der Texturen von Schamottesteinen
1958, 62 Seiten, 34 Abb., 7 Tab., DM 16,80

HEFT 489
Dipl.-Math. K. H. Müller
Strenge Lösungen der Navier-Stokes-Gleichung für rotationssymmetrische Strömungen
1957, 64 Seiten, 23 Abb., DM 14,85

HEFT 490
Hauptstelle für Staub- und Silikosebekämpfung des Steinkohlenbergbauvereins, Essen-Ruttenscheid
Zur Staub- und Silikosebekämpfung im Steinkohlenbergbau
in Vorbereitung

HEFT 491
Prof. Dr. Fr. Lotze und K. Kötter, Münster
Chloridgehalte des oberen Emsgebietes und ihre Beziehungen zur Hydrogeologie
in Vorbereitung

HEFT 492
Prof. Dr. phil. J. Meixner und B. Manz, Aachen
Zur Theorie der irreversiblen Prozesse in α-Eisen
1958, 22 Seiten, 1 Abb., DM 5,70

HEFT 493
Prof. Dr. phil. habil. A. Naumann und Dipl.-Ing. H. Pfeiffer, Aachen
Versuche an Wirbelstraßen hinter Zylindern bei hohen Geschwindigkeiten
1958, 46 Seiten, 19 Abb., DM 11,65

HEFT 494
Dipl.-Ing. W. Rohs und Text.-Ing. Griese, Bielefeld
Entwicklung und Erprobung eines verbesserten elektrischen Kettfadenwächtergeschirrs für die Leinen- und Halbleinenweberei
1957, 56 Seiten, 9 Abb., 11 Tabellen, DM 13,—

HEFT 495
Prof. Dr. phil. E. Asmus und Dr. rer. nat. H.-F. Kurandt, Berlin
Einige analytische Anwendungen der Zincke-Königschen Reaktion
1958, 46 Seiten, 14 Abb., 7 Tabellen, DM 11,45

HEFT 496
Dipl.-Chem. P. Vogel, Krefeld
Färberische Eigenschaften von zur Herstellung von Verdickungen in der Stoffdruckerei bestimmten Stoffen
1957, 38 Seiten, 3 Abb., 3 Tabellen, DM 9,30

HEFT 497
Oberarzt Dr. med. G. Mußgnug, Bottrop
Die Knochenveränderungen und der Knochenstoffwechsel beim Sudeck-Syndrom
1958, 58 Seiten, 18 Abb., DM 13,85

HEFT 498
Prof. Dr.-Ing. H. Zahn und Dr. rer. nat. W. Gerstner, Aachen
Herstellung säurefester technischer Gewebe
1957, 40 Seiten, 8 Tabellen, DM 9,65

HEFT 499
Priv.-Doz. Dr. J. Juilfs, Krefeld
Die Bestimmung des Wasserrückhaltevermögens (bzw. des Quellwertes) von Fasern
1958, 42 Seiten, 8 Abb., 8 Tabellen, DM 10,35

HEFT 500

Priv.-Doz Dr J Julfs, Krefeld
Vergleichende Untersuchungen am Schopper-Scheuer-prufgerat
1958, 74 Seiten, 34 Abb , verschied Tab , DM 18,10

HEFT 501

Dipl -Ing W Rohs und Dr J Geurten, Bielefeld
Untersuchungen in der Leinengarnbleiche
1958, 50 Seiten, 5 Abb , 5 Tabellen, DM 11,50

HEFT 502

Prof Dr M Diem und Dr R Trappenberg, Karlsruhe
Berechnung der Ausbreitung von Staub und Gas
1957, 200 Seiten, mit zahlreichen Diagr , DM 37,30

HEFT 503

Dr rer nat J Faßbinder, Bonn
Untersuchungen uber die Eigenschaften von Cadmiumsulfid-Sandwich-Zellen
1957, 36 Seiten, 8 Abb , DM 8,80

HEFT 504

Prof Dr phil F Wever, Dr phil W Wink und Dr rer nat W Jellinghaus, Dusseldorf
Versuchsanordnung zur Messung der Suszeptibilitat paramagnetischer Stoffe und Meßergebnisse an Nickel-Chrom- und Kobalt-Nickel-Chrom-Werkstoffen
1958, 38 Seiten, 10 Abb , 2 Tabellen, DM 9,95

HEFT 505

Prof Dr -Ing F A F Schmidt und Dipl -Ing H Heitland, Aachen
Einfluß des Selbstzundungsverhaltens der Kraftstoffe auf den Verbrennungsablauf, Wirkungsgrad und Druckverlust von Hochleistungsbrennkammern
in Vorbereitung

HEFT 506

Prof Dr -Ing W Meyer zur Capellen, Aachen
Der Flacheninhalt von Koppelkurven — Ein Beitrag zu ihrem Formenwandel
in Vorbereitung

HEFT 507

Prof Dr H Kaiser, Dr G Bergmann und Dr. G Gresze, Dortmund
Kartei zur Dokumentation in der Molekulspektroskopie
in Vorbereitung

HEFT 508

Dr H Schmidt-Ries, Krefeld
Limnologische Untersuchungen des Rheinstromes I (Hydrobiologische und physiographische Untersuchungen)
1958, 76 Seiten, DM 33,90

HEFT 509

Dr Schmidt-Ries, Krefeld
Limnologische Untersuchungen des Rheinstromes I (Tabellenwerk)
in Vorbereitung

HEFT 510

Prof Dr rer nat W Groth und Dr -Ing K. Bayerle, Bonn
Anreicherung der Uranisotope nach dem Gaszentrifugenverfahren
1958, 88 Seiten, 43 Abb , DM 21,20

HEFT 511

H Wahl, G Kantenwein und W Schafer, Essen
Gesteinsbohr-Modellversuche zur Frage des Drehbohrens, Schlagbohrens und Drehschlagbohrens
in Vorbereitung

HEFT 512

Prof Dr H Strassl, Bonn
Azimut-Monogramme fur alle Stundenwinkel und Deklinationen im Bereich der geographischen Breiten von —80° bis +80°
in Vorbereitung

HEFT 513

Prof Dr W Schmitz und Dr rer F Schmitt, Mulheim/Ruhr
Die Verwendung des Magnetbandgerates zur Speicherung des Kurvenverlaufs elektrischer Strome
1958, 68 Seiten, 35 Abb , DM 17,65

HEFT 514

Dr rer nat M-E Meffert, Essen
Die Kultur von Scenedesmus obliquus in Abwasser
1957, 46 Seiten, 7 Abb , 7 Tabellen, DM 10,85

HEFT 515

Prof Dr habil H E Schwiete und Dr -Ing Chr Hummel, Aachen
Thermochemische Untersuchungen im System SiO_2 und $Na_2O—SiO_2$
1958, 122 Seiten, 29 Abb , 28 Tabellen, DM 28,00

HEFT 516

Prof Dr -Ing H Muller, Dipl -Ing F Reinke und Dipl -Ing W Sorgenicht, Essen
Gesamtstrahlungsmessungen der Temperaturstrahlung
in Vorbereitung

HEFT 517

Prof Dr med G Lehmann und Dr med J Meyer-Delius, Dortmund
Gefaßreaktionen der Korperperipherie bei Schalleinwirkung
1958, 36 Seiten, 12 Abb , DM 9,15

HEFT 518

Dr -Ing H Scheffler, Dortmund
Funktionelle Zusammenhange der dynamischen Einflußgroßen beim handgefuhrten Druckluft-Abbauhammer und ihre Berucksichtigung fur die Konstruktion ruckstoßarmer Hammer
in Vorbereitung

HEFT 519

Prof Dr phil F Wever, Dr phil W Koch und Dr phil S Eckhard, Dusseldorf
Die spektrographische Bestimmung der Spurenelemente in Stahl ohne vorherige Abbrennung
1958, 50 Seiten, 22 Abb , DM 12,60

HEFT 520

Prof Dr -Ing H Opitz, Dipl -Ing H Obrig und Dipl -Ing P Kips, Aachen
Untersuchung neuartiger elektrischer Bearbeitungsverfahren
1958, 58 Seiten, 35 Abb , DM 14,70

HEFT 521

Prof Dr -Ing H Opitz und Dipl -Ing K E Schwartz, Aachen
Das Abrichten von Schleifscheiben mit Diamanten
1958, 72 Seiten, 34 Abb , 3 Tabellen, DM 17,15

HEFT 522

J Lorentz und K Brocks
Elektrische Meßverfahren in der Geodasie
1958, 118 Seiten, 49 Abb , 5 Tab , DM 28,—

HEFT 523

K Eberts
Entwicklungen einiger Meßverfahren und einer Frequenz- und amplitudenstabilisierten Meßeinrichtung zur gleichzeitigen Bestimmung der komplexen Dielektrizitats- und Permeabilitatskonstante von festen und flussigen Materialien im rechteckigen Hohlleiter und im freien Raum bei Frequenzen von 9200 und 33000 MHz
1958, 132 Seiten, 37 Abb , DM 30,20

HEFT 524

Dr rer nat S Lockau, Emlichheim
Versuche zur Gewinnung von Kartoffeleiweiß
1958, 56 Seiten, 2 Abb , DM 12,70

HEFT 525

Prof Dr Dr h c H P Kaufmann und Dr F Wegborst, Munster
Beiträge zur Chemie und Technologie der Fetthärtung I
in Vorbereitung

HEFT 526

Dr. phil habil P Holemann und Ing R Hasselmann, Dortmund
Einfluß der Oberflachenbeschaffenheit der Wandung auf den Ablauf von Azetylenexplosionen
1958, 62 Seiten, 8 Abb , 10 Tabellen, DM 14,50

HEFT 527

Dr rer nat K G Muller, Hanau/W
Warmeubertragung auf eine Flugstaubstromung im senkrechten Rohr sowie auf eine durchstromte Schuttgutschicht
in Vorbereitung

HEFT 528

Dr P Ney und Dr F Schwarz, Koln
Physikochemische Grundlagen der Bildsamkeit von Kalken unter Einbeziehung des Begriffs der aktiven Oberflache
Kristallchemische Betrachtung der Bildsamkeit
1958, 110 Seiten, 34 Abb , 6 Tabellen, DM 26,75

HEFT 529

Dr phil G Riedel, Dortmund
Messung und Regelung des Klimazustandes durch eine die Erträglichkeit fur den Menschen anzeigende Klimasonde
1958, 78 Seiten, 35 Abb , DM 17,95

HEFT 530

Prof Dr med O Graf, Dortmund
Nervose Belastung im Betrieb — I Teil. Nachtarbeit und nervose Belastung
in Vorbereitung

HEFT 531

Prof Dr -Ing habil K Krekeler, Dipl -Ing H Verhoeven und Dipl -Ing H Ernenputsch, Aachen
Autogenes Entspannen bei niedrigen Temperaturen
in Vorbereitung

HEFT 532

Prof Dr -Ing habil K Krekeler, Dipl -Ing H Verhoeven und Dipl -Ing W Krieweth, Aachen
Schutzgasschweißen mit kontinuierlich abschmelzender Elektrode von niedriglegierten Kohlenstoffstahlen (Sigma-Schweißen)
in Vorbereitung

HEFT 533

Prof Dr -Ing H Opitz und Dipl -Ing W Holken, Aachen
Untersuchung von Ratterschwingungen an Drehbanken
1958, 84 Seiten, 44 Abb , 2 Tab , DM 19,70

HEFT 534

Oberbergamtsdirektor H Sanders, Dortmund
Seismische Forschungsarbeiten im Ostteil des Grubenfeldes Konig Ludwig
in Vorbereitung

HEFT 535

Dr.-Ing J Lennertz, Koln
Einfluß des Ausbaugrades und Benutzungsgrades nachrichtentechnischer Einrichtungen auf die Gesamtwirtschaft
in Vorbereitung

HEFT 536

Dr rer nat C W Czernin-Chudenitz, Krefeld
Limnologische Untersuchungen des Rheinstromes — Quantitative Phytoplanktonuntersuchungen
in Vorbereitung

HEFT 537

Dr -Ing N Gössl, Frankfurt/M
Probleme der Zugforderung im Zusammenhang mit der Ausnutzung der Atom-Energie
in Vorbereitung

HEFT 538

Prof Dr K Hinsberg, Dusseldorf
Reaktion zur Fruhdiagnose von Krebserkrankungen
1958, 28 Seiten, 1 Abb , 3 Tabellen, DM 7,00

HEFT 539

Prof Dr L v Ubisch, Norwegen
Die philogenetischen Symmetrieveranderungen bei den Seeigeln
in Vorbereitung

HEFT 540

Prof Dr rer nat H Krebs, Bonn
Die katalytische Aktivierung des Schwefels
in Vorbereitung

HEFT 541

Prof Dr O Schmitz-DuMont, Bonn
Reaktionen in flussigem Ammoniak zur Gewinnung von 1 Titanylamid, 2 Oxykobalt (III)-amiden, 3 Ammonobasischen Kobalt (III)-benzylaten
in Vorbereitung

HEFT 542

Dr phil nat G Zapf, Schwelm
Entwicklung eines Verfahrens zur Herstellung von Formteilen aus Sintermessing
in Vorbereitung

HEFT 543

Prof Dr phil habil H E Schwiete, Dr phil H Muller-Hesse und Dipl -Ing G Gelsdorf, Aachen
Einlagerungsversuche an synthetischem Mullit
Teil II
1958, 42 Seiten, 5 Abb , 10 Tab , DM 10,—

HEFT 544

Prof Dr phil habil H E Schwiete, Dr -Ing A K Bose und Dr phil H Muller-Hesse, Aachen
Die Schmelzphase in Schamottesteinen — Teil II
in Vorbereitung

HEFT 545

Prof Dr phil habil H E Schwiete, Dr rer nat G Ziegler und Dipl -Ing Ch Kliesch, Aachen
Thermochemische Untersuchungen uber die Dehydration des Montmorillonits
in Vorbereitung

HEFT 546

Prof Dr -Ing K Leist und K Graf, Aachen
Vergleich von Gleichdruck- und Verpuffungsgasturbinen
in Vorbereitung

HEFT 547

Prof Dr -Ing K Leist, K Graf und D Stojek, Aachen
Das betriebliche Verhalten von Gasturbinen-Fahrzeugen
in Vorbereitung

WESTDEUTSCHER VERLAG · KÖLN UND OPLADEN

HEFT 548
Prof. Dr.-Ing. K. Leist und J. Weber, Aachen
Spannungsoptische Untersuchungen von Turbinenscheiben mit angefrästen und eingesetzten Schaufeln
in Vorbereitung

HEFT 549
Dr.-Ing. R. Merten, Duisburg
Resonanzanpassung bei einem Tiefpaß
1958, 36 Seiten, 16 Abb., DM 9,—

HEFT 550
Dr. H. Stephan, Bonn
Elektrisches Standhohenmeßgerät fur Flussigkeiten
1958, 40 Seiten, 13 Abb., 2 Tab., DM 10,10

HEFT 551
Prof. Dr. phil W. Wetzel und Dipl.-Phys B. Brandt, Bonn
Betriebsbedingungen einer stromstarken Glimmentladung
1958, 68 Seiten, 18 Abb., DM 16,00

HEFT 552
Dr.-Ing. G. Leiber und Dipl.-Ing D. Schauwinhold, Duisburg-Hamborn
Versuche zur Erzeugung halbberuhigten Stahles
1958, 42 Seiten, 23 Abb., 6 Tabellen, DM 11,30

HEFT 553
Prof. Dr. rer. pol G. Garbotz und Dipl.-Ing J. Theiner, Aachen
Untersuchungen der Walzverdichtungsvorgänge auf Loßlehm, Kies und Schotter
in Vorbereitung

HEFT 554
Prof. Dr.-Ing. H. Muller, Essen
Untersuchung von Elektrowärmegeräten fur Laienbedienung hinsichtlich Sicherheit und Gebrauchsfähigkeit. — Teil II Temperaturen an und in schmiegsamen Elektrogeräten
in Vorbereitung

HEFT 555
Prof. Dr. med. H. Elbel und Dipl.-Phys. K. Sellier, Bonn
Der Nachweis kleinster CO-Mengen in Korperflussigkeiten
1958, 36 Seiten, 12 Abb., DM 9,10

HEFT 556
Prof. Dr. A. Gutgemann und Dr. med. G. Karcher, Bonn
Klinische und experimentelle Untersuchungen mit Hilfe einer kunstlichen Niere
1958, 28 Seiten, 4 Abb., DM 7,10

HEFT 557
Dr.-Ing. H. Schiffers, Dipl.-Ing D. Ammann, Dipl.-Ing E. Brugger und R. Dicke, Aachen
Härtbarkeit von Gußeisen mit Lamellen- und Kugelgraphit in Abhängigkeit von Zusammensetzung und Gefuge
1958, 44 Seiten, 24 Abb., 1 Tab., DM 11,—

HEFT 558
Dr. phil. C. A. Roos, Aachen
Menschlich bedingte Fehlleistungen im Betrieb und Moglichkeiten ihrer Verringerung
in Vorbereitung

HEFT 559
Prof. Dr. H. E. Schwiete und Dipl.-Chem. R. Gauglitz, Aachen
Die Verflussigung von Montmorillonitschlämmen
in Vorbereitung

HEFT 560
Prof. Dr. med. J. Vonkennel und Dr. G. Froitzheim, Köln
Zur Prufung silikonhaltiger Hautschutzsalben
in Vorbereitung

HEFT 561
Prof. Dipl.-Ing W. Sturtzel und Dr.-Ing. Schmidt-Stiebitz, Duisburg
Verbesserung des Wirkungsgrades von Düsenpropellern durch zusatzlich angeordnete Mischdusen
in Vorbereitung

HEFT 562
Prof. Dr.-Ing. H. Schenck, Prof. Dr. phil. habil N. G. Schmahl und Dr.-Ing. G. Funke, Aachen
Die Reduzierbarkeit von Eisenerzen
in Vorbereitung

HEFT 563
Dr. D. v. Oppen, Dortmund
Beiträge zur Soziologie der Gemeinde im Ruhrgebiet.— II. Familien in ihrer Umwelt
in Vorbereitung

HEFT 565
Dr. K. Hahn und Dr. R. Mackensen, Dortmund
Beiträge zur Soziologie der Gemeinde im Ruhrgebiet. — IV Die kommunale Neuordnung des Ruhrgebietes, dargestellt am Beispiel Dortmunds
in Vorbereitung

HEFT 566
Dr. H. Klages, Dortmund
Der Nachbarschaftsgedanke und die nachbarliche Wirklichkeit in der Großstadt
in Vorbereitung

HEFT 567
Dr. rer. nat K. Sauerwein, Dusseldorf
Anwendungen radioaktiver Isotope in der Technik
in Vorbereitung

HEFT 568
Prof. Dr. Alde, Dipl.-Chem. M. Dollhausen und Dipl.-Chem. M. Tremery, Koln
Über einige neue Reaktionen des Indens
in Vorbereitung

HEFT 569
Dr. phil. habil P. Holemann, Ing. R. Hasselmann und J. Strootmann, Dusseldorf
Acetylenverluste an Naßentwicklern
in Vorbereitung

HEFT 570
Prof. Dr.-Ing. habil K. Krekeler, Dr.-Ing H. Peukert und Dipl.-Ing O. Schwarz, Aachen
Kerbempfindlichkeit thermoplastischer Kunststoffe abhängig von der Kerbform und der Beanspruchungstemperatur
in Vorbereitung

HEFT 571
Privatdozent Dr. med. W. Klosterkotter, Munster
Wirkung der Kieselsäure bei der Entstehung der Silikose
1958, 166 Seiten, 98 Abb., DM 41,95

HEFT 572
Dipl.-Kaufmann Dipl.-Volksw. Jean-Baptiste Felten, Koln
Wert und Bewertung ganzer Unternehmungen unter besonderer Berucksichtigung der Energiewirtschaft
in Vorbereitung

HEFT 573
Prof. Dr. phil. F. Wever, Dr. rer. nat. W. Jellinghaus und Dr.-Ing Toshimori Shuin, Dusseldorf
Gemischt-keramische Sinterwerkstoffe aus Aluminiumoxyd und Eisen oder Eisenlegierungen
in Vorbereitung

HEFT 574
Dr.-Ing. habil H. Klingelhöffer, Munchen
Trocknungsvorgänge beim Beschichten von Papier und Pappen mit Kunststoffdispersionen
in Vorbereitung

HEFT 575
Prof. Dr. phil. habil. C. Kröger, Aachen
Verkokungsverhalten der Steinkohlenmacerale und ihrer Mischungen
in Vorbereitung

HEFT 576
Prof. Dr. F. Micheel und Dr. H. G. Bussmann, Munster
Untersuchung synthetischer Kohlenhydrat-Eiweißverbindungen mit der Ultracentrifuge bei der Elektrophorese
in Vorbereitung

HEFT 577
S. Ruff u. a.
Untersuchungen zur therapeutischen Anwendung des Sauerstoffmangels
1958, 128 Seiten, 30 Abb., DM 29,10

HEFT 578
G. Fellner
Der Einfluß der Fluggeschwindigkeit auf die Wirtschaftlichkeit von Durch- und Ausstromtriebwerk
in Vorbereitung

HEFT 579
Dipl.-Ing. H. J. Koch, Essen
Untersuchungen uber den Abhebedruck von Brenngasen
in Vorbereitung

HEFT 580
Prof. Dr.-Ing A. Gotte und Dipl.-Chem G. Scholz, Aachen
Unterstutzung der Entwässerung von Feinkohle durch chemische Hilfsmittel
in Vorbereitung

HEFT 581
Obermedizinalrat a. D. Dr. med F. Bassermann, Regensburg
Elektronenoptische Untersuchungen an Ultradunnschnitten des Tuberkulose-Erregers sowie der kasigen Gewebsnekrose und zum Problem des Vorkommens einer mycobakteriellen L-Phase
in Vorbereitung

HEFT 582
Dr. phil. C. A. Roos, Aachen
Arbeitsleistung und Arbeitsgute
in Vorbereitung

HEFT 583
Prof. Dr. phil. F. Kirchner, Dipl.-Phys H. Baron und Dipl.-Phys. H. Kirchner, Köln
Verwendbarkeit von Zählrohren zu massenspektrometrischen Untersuchungen
in Vorbereitung

HEFT 584
G. Kroebel, Köln
Maßnahmen der Nachwuchs- und Talentforderung im Deutschen Gewerkschaftsbund
1958, 72 Seiten, DM 16,35

HEFT 585
Dr. phil. M. Simoneit, Köln
Gedanken und Vorschlage zur Auslese technischer Talente
in Vorbereitung

HEFT 586
Dr.-Ing W. A. Fischer und Dr. rer. nat A. Hoffmann, Dusseldorf
Verhalten von Eisen- und Stahlschmelzen im Hochvakuum
in Vorbereitung

HEFT 587
Dipl.-Ing. H. Schmidt, Krefeld
Auswirkung der Stromungsverhältnisse in Trommelwaschmaschinen unter besonderer Berucksichtigung des Durchlaufspulens
in Vorbereitung

HEFT 588
Dr.-Ing. W. Wilhelm, Aachen
Untersuchungen uber den Einfluß der Auspuffrohrabmessungen auf den Ladungswechsel einer Einzylinder-Zweitakt-Vergasermaschine mit Kurbelkastenspulung
in Vorbereitung

HEFT 589
Prof. Dr. phil. habil. C. Kröger, Aachen
Wärmebedarf der Silikatglasbildung
in Vorbereitung

HEFT 590
Übergabe des Synchro-Zyklotrons an das Institut fur Strahlen- und Kernphysik der Universitat Bonn am 8 Mai 1957
in Vorbereitung

HEFT 591
Dr. Schairer, Köln
Aufgabe, Struktur und Entwicklung der Stiftungen
in Vorbereitung

HEFT 592
Verein zur Forderung des Forschungsinstituts fur Rationalisierung an der Rhein.-Westf. Technischen Hochschule Aachen
Das Forschungsinstitut fur Rationalisierung an der Rhein.-Westf. Technischen Hochschule Aachen
in Vorbereitung

HEFT 593
Dr. phil. C. A. Roos, Aachen
Berufseignung und Berufseinsatz — I. Teil
in Vorbereitung

HEFT 594
Prof. Dr. A. Nikuradse, Munchen
Energieabsorption von Atomkernstrahlen in organischen Stoffen und durch sie hervorgerufene Reaktionsprozesse
in Vorbereitung

HEFT 595
Prof. Dr. A. Nikuradse und Dipl.-Phys K. Kugler, Munchen
Einfluß der molekularen bzw atomaren Beschaffenheit der Festwandoberflächenschicht auf die Wechselwirkung zwischen auftreffenden Gasmolekulen und der Wand
in Vorbereitung

HEFT 596
Dipl.-Ing K.-H. Hardieck, Aachen
Theoretische und experimentelle Untersuchungen der stationären Vorgänge in magnetischen Verstärkern
in Vorbereitung

HEFT 597
Prof. Dr. phil F. Wever, Dr. phil. W. Wink und Dr. rer. nat. W. Jellinghaus, Dusseldorf
Suszeptibilitätsmessungen an hochwarmfesten Legierungen auf Nickel-Chrom- und Kobalt-Nickel-Chrom-Grundlage
in Vorbereitung

HEFT 598
Prof. Dr.-Ing F. A. F. Schmidt, Aachen
Hydrodynamische und mechanische Gesetzmaßigkeit eines nach dem Scheibenverteilerprinzip arbeitenden Einspritzsystems fur Ottomotore
in Vorbereitung

WESTDEUTSCHER VERLAG · KÖLN UND OPLADEN

HEFT 599
Dr phil W Koch und Dipl -Phys Dr phil H Sundermann, Dusseldorf
Elektrochemische Grundlagen der Isolierung von Gefugebestandteilen in metallischen Werkstoffen
in Vorbereitung

HEFT 600
Dr phil W Koch, Dr phil S Eckhard und Dr rer nat F Strucker, Dusseldorf
Die lichtelektrische Spektralanalyse der Gase im Stahl
in Vorbereitung

HEFT 601
W Barbo und E Stiller, Koln
Die Lage des Technisch-Wissenschaftlichen Nachwuchses und der Technisch-Wissenschaftlichen Hochschulen in der Bundesrepublik
in Vorbereitung

HEFT 602
H von Stebut, Koln
Die Hochschulen in der Aufwartsentwicklung Westdeutschlands
in Vorbereitung

HEFT 603
Prof. Dr -Ing L Engel und Dr -Ing J Foerster, Clausthal-Zellerfeld
Gummielastische Stoffe als Dämpfungselemente an schlagenden Werkzeugen
in Vorbereitung

HEFT 604
Dipl -Ing H Grottrup, Aachen
Studienanalyse halbautomatischer Dokumentationsselektoren
in Vorbereitung

HEFT 605
Ing L Bommes, M -Gladbach
Bestimmung von Leistung und Wirkungsgrad eines Ventilators
in Vorbereitung

HEFT 606
Oberbaurat Prof. Dr -Ing W Meyer zur Capellen, Aachen
Eine Getriebegruppe mit stationarem Geschwindigkeitsverlauf
in Vorbereitung

HEFT 607
Prof Dr rer pol H Jecht, Munster
Die Wettbewerbslage der westdeutschen Juteindustrie
in Vorbereitung

HEFT 608
Prof Dr habil W Linke und Dipl -Ing W Hufschmidt, Aachen
Wärmeubergang bei pulsierender Stromung
in Vorbereitung

HEFT 609
Technisch-Wissenschaftliches Buro fur die Bastfaserindustrie, Bielefeld
Verteilung der Bastfasern im Verzugsfeld einer Nadelstabstrecke
1958, 56 Seiten, 10 Abb , 2 Tab., DM 13,45

HEFT 610
Prof. J W Korte, Dr -Ing P A Macke und Dipl -Ing R Lapierre
Gestaltung von Straßenverkehrsanlagen
in Vorbereitung

HEFT 611
Dr R Schairer, Koln
Aufgaben der Talentforderung
in Vorbereitung

HEFT 612
Dr H Bauer, Koln
Der Betrieb als Bildungsfaktor
in Vorbereitung

HEFT 613
Prof Dr phil habil E Graeser, Gottingen
Vergleichende Studien uber die Art, die Bedeutung und den Erfolg der Ausbildung von Ingenieuren, Mathematikern und Naturwissenschaftlern in der sogenannten Deutschen Demokratischen Republik und in der Bundesrepublik
in Vorbereitung

HEFT 614
Prof Dr W Weltzien, Krefeld
Die Textilforschungsanstalt Krefeld 1920—1958
Ein Bericht zur Einweihung ihres Neubaus Frankenring 2
1958, 100 Seiten, 16 Abb , 23,50

HEFT 615
Prof Dr W Weizel und Duk Hyun Whang, Bonn
Stromverteilung auf der Kathode einer Glimmentladung in Spalten bei hohen Drucken und abseits stehender Anode
in Vorbereitung

HEFT 616
Prof Dr W Weizel und W Oblendorf, Bonn
Die Glimmentladung in spaltartigen Entladungsraumen
in Vorbereitung

HEFT 617
Prof Dipl -Ing W Sturzel und Dr -Ing W Graff, Duisburg
Systematische Untersuchungen von Kleinschiffsformen auf flachem Wasser im unter- und uberkritischen Geschwindigkeitsbereich
in Vorbereitung

HEFT 618
Prof Dipl -Ing W Sturtzel, Dr -Ing W Graff, Duisburg
Untersuchungen der in stehendem und stromendem Wasser festgestellten Anderungen des Schiffswiderstandes durch Druckmessungen
in Vorbereitung

HEFT 619
Prof Dr med O Graf, Dr med Dr phil J Rutenfranz, Dortmund
Zur Frage der Belastung von Jugendlichen
in Vorbereitung

HEFT 620
Dr rer nat D Horstmann, Dusseldorf
Der Einfluß von Aluminium im Eisen- und im Zinkbad auf den Zinkangriff
in Vorbereitung

HEFT 621
Techn -Wissensch Buro fur die Bastfaser-Industrie, Bielefeld
Untersuchungen zur Verbesserung des Leinenwebstuhles V
in Vorbereitung

HEFT 622
Prof. Dr W. Franz, Munster
Theorie der Elektronenbeweglichkeit in Halbleitern
in Vorbereitung

HEFT 623
Dr phil C A Roos, Aachen
Berufseignung und Berufseinsatz, II Teil
in Vorbereitung

HEFT 624
Prof Dr G Schmölders, Köln
Progression und Regression
in Vorbereitung

HEFT 625
Prof Dr -Ing habil W Petersen und Dr.-Ing S Wawroscheck, Aachen
Brikettierungsversuche zur Erzeugung von Möllerbriketts fur die Schwelverhuttung
in Vorbereitung

HEFT 626
Deutsches Krankenhaus-Institut e V , Dusseldorf
Arbeitsablaufe auf Krankenstationen
in Vorbereitung

HEFT 627
Prof Dr phil H Wurmbach, Bonn
Steuerung von Wachstum und Formbildung
in Vorbereitung

HEFT 628
Prof Dr -Ing E Siebel, Dusseldorf
Die Ermittlung der Fließkurven von Schraubenwerkstoffen
in Vorbereitung

WESTDEUTSCHER VERLAG · KÖLN UND OPLADEN

GPSR Compliance

The European Union's (EU) General Product Safety Regulation (GPSR) is a set of rules that requires consumer products to be safe and our obligations to ensure this.

If you have any concerns about our products, you can contact us on ProductSafety@springernature.com

In case Publisher is established outside the EU, the EU authorized representative is:

Springer Nature Customer Service Center GmbH
Europaplatz 3
69115 Heidelberg, Germany

Batch number: 10585057

Printed by Printforce, the Netherlands